智能制造技术专业“十三五”规划教材
产教融合系列教程
应用型人才终身学习计划

XINJE 信捷电气　EduBot 哈工海渡教育集团　JJZ 技皆知

智能视觉技术应用初级教程（信捷）

总主编　张明文
主　编　李　新　王璐欢
副主编　覃高鄂　黄建华　何定阳

“六六六”教学法
- 六个典型项目
- 六个鲜明主题
- 六个关键步骤

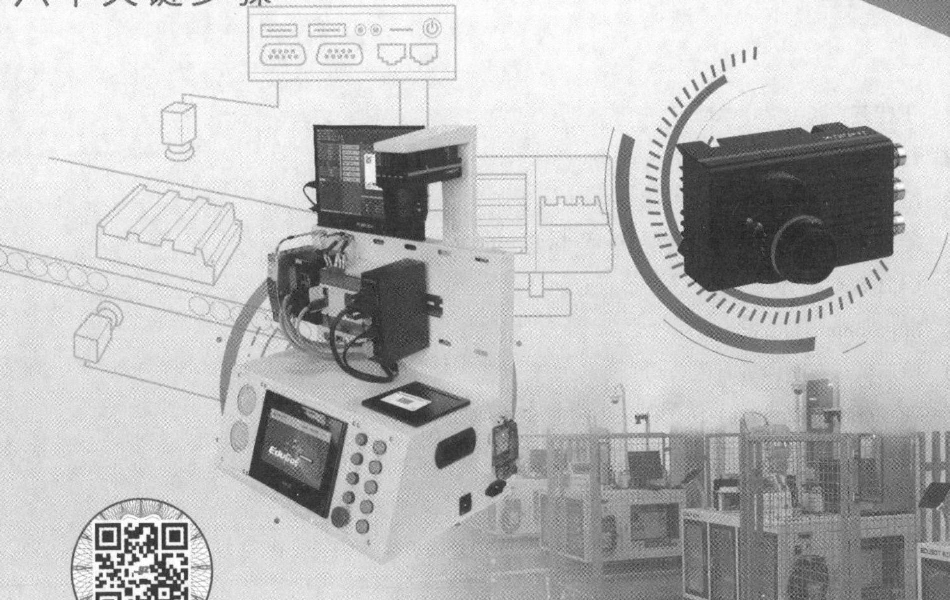

www.jijiezhi.com

教学视频+电子课件+技术交流

哈爾濱工業大學出版社
HARBIN INSTITUTE OF TECHNOLOGY PRESS

内 容 简 介

智能视觉技术是当代智能制造、自动控制等领域中重要的研究内容之一。本书涵盖视觉技术基础、PLC 技术基础、HMI 技术基础等内容；基于具体案例，将理论知识与实际应用相结合，讲解了智能视觉技术在智能视觉引导定位、缺陷检测、尺寸测量和条码识别等实际工业生产中的应用。全书共 6 个项目，包括芯片定位项目、药品检测项目、螺母测量项目、二维码识别项目、细胞检测项目和物流分类项目，各项目分解为若干个任务，循序渐进、由浅入深地介绍智能视觉技术。

本书图文并茂，通俗易懂，具有很强的实用性和可操作性，既可作为高等院校和中高职院校工业机器人等相关专业的课程教材，又可作为视觉培训机构用书，同时可供相关行业的技术人员参考。

图书在版编目（CIP）数据

智能视觉技术应用初级教程：信捷 / 李新，王璐欢主编. —哈尔滨：哈尔滨工业大学出版社，2020.11（2023.1 重印）
产教融合系列教程 / 张明文总主编
ISBN 978-7-5603-9208-0

Ⅰ. ①智… Ⅱ. ①李… ②王… Ⅲ. ①计算机视觉—教材 Ⅳ.TP302.7

中国版本图书馆 CIP 数据核字（2020）第 224090 号

策划编辑 王桂芝 张 荣
责任编辑 佟雨繁
出版发行 哈尔滨工业大学出版社
社 址 哈尔滨市南岗区复华四道街 10 号 邮编 150006
传 真 0451-86414749
网 址 http://hitpress.hit.edu.cn
印 刷 哈尔滨市石桥印务有限公司
开 本 787mm×1 092mm 1/16 印张 16.75 字数 420 千字
版 次 2020 年 11 月第 1 版 2023 年 1 月第 2 次印刷
书 号 ISBN 978-7-5603-9208-0
定 价 48.00 元

编审委员会

前　言

如今，中国已成为全球机器视觉研究和应用最活跃的地区之一，其应用涵盖了工业、农业、医药、军事、航天、气象、天文、公安、交通、安全、科研等各个领域。在一些不适于人工作业的工作环境或者人工视觉难以满足要求的工作场合，用机器视觉来替代人工视觉，可以大大提高生产效率和自动化程度。

无锡信捷电气股份有限公司（XINJE）作为中国工业自动化产品研发与应用领域的知名企业，始终以“自主创新、迅捷务实”为宗旨，坚持树立国产品牌，打破国际技术垄断，拥有多项专利技术和业内首创的核心技术，多年来为中国装备制造业提供了先进可靠的进口替代产品与自动化解决方案。

2019 年 4 月 30 日教育部在天津召开新闻发布会，介绍“六卓越一拔尖”计划 2.0 有关情况，要求在全国高校掀起一场未来卓越工程师培养的“质量革命”，全面实现高等教育内涵式发展。信捷电气长期与高等院校深度产教融合、校企协同育人，在教育与产业接轨方面取得了丰硕的成果，与国内多所知名院校联合制定了一系列培养方案、课程大纲、教材教案、实验实训等教学要素，得到师生广泛欢迎。

本书作为产业教育系列教材，主要内容分为两大部分：第一部分深入浅出地介绍了机器视觉的基础理论，包括硬件系统与图像处理；第二部分从点、线、圆基本定位等实际工程项目入手介绍了机器视觉的典型应用案例。两部分内容相辅相成，重点关注智能视觉技术工程能力的培养。

本书图文并茂，通俗易懂，实用性强，既可作为高等院校本专科生及研究生辅助教材，也可供企业工程师参考使用。为了提高教学效果，在教学方法上，建议采用启发式教学、开放性学习，重视小组讨论；在学习过程中，建议结合本书配套的教学辅助资源，如教学课件及视频素材、教学参考与拓展资料等。

限于编者水平，书中难免存在疏漏及不足之处，敬请读者批评指正。任何意见和建议可反馈至 E-mail:edubot_zhang@126.com。

编　者

2020 年 8 月

目　录

第一部分　基础理论

第 1 章　智能视觉系统概况……1

1.1　智能视觉产业概况……1

1.2　智能视觉发展概况……2

1.2.1　国外发展现状……2

1.2.2　国内发展现状……2

1.2.3　产业发展趋势……3

1.3　智能视觉技术基础……3

1.3.1　视觉系统组成……3

1.3.2　视觉系统分类……4

1.3.3　主要技术参数……6

1.4　智能视觉应用……10

1.4.1　引导……11

1.4.2　检测……11

1.4.3　测量……12

1.4.4　识别……13

1.5　智能视觉人才培养……13

1.5.1　人才分类……13

1.5.2　产业人才现状……14

1.5.3　产业人才职业规划……14

1.5.4　产业融合学习方法……15

第 2 章　智能视觉产教应用系统……17

2.1　智能相机简介……17

2.1.1　产品介绍……17

2.1.2　基本组成……18

2.1.3　技术参数……23

2.2 产教应用系统简介 …… 23
2.2.1 系统简介 …… 23
2.2.2 基本组成 …… 24
2.2.3 典型应用 …… 25
2.3 关联硬件 …… 25
2.3.1 PLC 技术基础 …… 25
2.3.2 触摸屏技术基础 …… 27

第 3 章 智能视觉系统编程基础 …… 30

3.1 智能视觉软件简介及安装 …… 30
3.1.1 软件介绍 …… 30
3.1.2 软件安装 …… 31
3.2 软件界面 …… 35
3.2.1 主界面 …… 35
3.2.2 菜单栏 …… 36
3.2.3 工具栏 …… 37
3.2.4 其他常用窗口 …… 38
3.3 编程结构 …… 39
3.3.1 常用指令 …… 39
3.3.2 常用控件 …… 40
3.3.3 数据类型 …… 41
3.4 编程示例 …… 41
3.4.1 程序创建 …… 42
3.4.2 程序编写 …… 43
3.4.3 程序调试 …… 45

第二部分 项目应用

第 4 章 基于模板匹配的芯片定位项目 …… 47

4.1 项目目的 …… 47
4.1.1 项目背景 …… 47
4.1.2 项目需求 …… 48
4.1.3 项目目的 …… 48
4.2 项目分析 …… 49
4.2.1 项目构架 …… 49

4.2.2 项目流程 …… 49
4.3 项目要点 …… 50
4.3.1 相机标定 …… 50
4.3.2 模板匹配 …… 51
4.4 项目步骤 …… 52
4.4.1 应用系统连接 …… 52
4.4.2 应用系统配置 …… 53
4.4.3 关联程序设计 …… 53
4.4.4 主体程序设计 …… 60
4.4.5 项目程序调试 …… 69
4.4.6 项目总体运行 …… 70
4.5 项目验证 …… 70
4.5.1 效果验证 …… 70
4.5.2 数据验证 …… 72
4.6 项目总结 …… 73
4.6.1 项目评价 …… 73
4.6.2 项目拓展 …… 73
第 5 章 基于像素强度的药品检测项目 …… 76
5.1 项目目的 …… 76
5.1.1 项目背景 …… 76
5.1.2 项目需求 …… 76
5.1.3 项目目的 …… 77
5.2 项目分析 …… 78
5.2.1 项目构架 …… 78
5.2.2 项目流程 …… 78
5.3 项目要点 …… 79
5.3.1 像素强度 …… 79
5.3.2 I/O 通信 …… 80
5.4 项目步骤 …… 82
5.4.1 应用系统连接 …… 82
5.4.2 应用系统配置 …… 83
5.4.3 主体程序设计 …… 84
5.4.4 项目程序调试 …… 94
5.4.5 项目总体运行 …… 95

5.5 项目验证……97
5.5.1 效果验证……97
5.5.2 数据验证……99
5.6 项目总结……100
5.6.1 项目评价……100
5.6.2 项目拓展……101
第6章 基于形状拟合的螺母测量项目……103
6.1 项目目的……103
6.1.1 项目背景……103
6.1.2 项目需求……103
6.1.3 项目目的……104
6.2 项目分析……105
6.2.1 项目构架……105
6.2.2 项目流程……105
6.3 项目要点……106
6.3.1 形状拟合……106
6.3.2 Modbus 通信……107
6.4 项目步骤……109
6.4.1 应用系统连接……109
6.4.2 应用系统配置……110
6.4.3 主体程序设计……115
6.4.4 关联程序设计……122
6.4.5 项目程序调试……123
6.4.6 项目总体运行……126
6.5 项目验证……128
6.5.1 效果验证……128
6.5.2 数据验证……130
6.6 项目总结……133
6.6.1 项目评价……133
6.6.2 项目拓展……133
第7章 基于图形码的二维码识别项目……136
7.1 项目目的……136
7.1.1 项目背景……136

7.1.2 项目需求 …… 136

7.1.3 项目目的 …… 137

7.2 项目分析 …… 138

7.2.1 项目构架 …… 138

7.2.2 项目流程 …… 138

7.3 项目要点 …… 139

7.3.1 全局变量 …… 139

7.3.2 图形码 …… 139

7.4 项目步骤 …… 141

7.4.1 应用系统连接 …… 141

7.4.2 应用系统配置 …… 142

7.4.3 主体程序设计 …… 146

7.4.4 关联程序设计 …… 151

7.4.5 项目程序调试 …… 157

7.4.6 项目总体运行 …… 162

7.5 项目验证 …… 163

7.5.1 效果验证 …… 163

7.5.2 数据验证 …… 166

7.6 项目总结 …… 168

7.6.1 项目评价 …… 168

7.6.2 项目拓展 …… 169

第 8 章 基于形态处理的细胞检测项目 …… 171

8.1 项目目的 …… 171

8.1.1 项目背景 …… 171

8.1.2 项目需求 …… 171

8.1.3 项目目的 …… 172

8.2 项目分析 …… 173

8.2.1 项目构架 …… 173

8.2.2 项目流程 …… 173

8.3 项目要点 …… 174

8.3.1 阈值提取 …… 174

8.3.2 形态处理 …… 175

8.4 项目步骤 …… 176

8.4.1 应用系统连接 …… 176

8.4.2 应用系统配置 ……177
8.4.3 主体程序设计 ……180
8.4.4 关联程序设计 ……187
8.4.5 项目程序调试 ……190
8.4.6 项目总体运行 ……195
8.5 项目验证 ……196
8.5.1 效果验证 ……196
8.5.2 数据验证 ……199
8.6 项目总结 ……201
8.6.1 项目评价 ……201
8.6.2 项目拓展 ……202
第9章 基于定位检测的物流分类项目 ……205
9.1 项目目的 ……205
9.1.1 项目背景 ……205
9.1.2 项目需求 ……205
9.1.3 项目目的 ……206
9.2 项目分析 ……207
9.2.1 项目构架 ……207
9.2.2 项目流程 ……207
9.3 项目要点 ……208
9.3.1 高斯模糊 ……208
9.3.2 条形码 ……209
9.4 项目步骤 ……210
9.4.1 应用系统连接 ……210
9.4.2 应用系统配置 ……212
9.4.3 主体程序设计 ……214
9.4.4 关联程序设计 ……233
9.4.5 项目程序调试 ……240
9.4.6 项目总体运行 ……245
9.5 项目验证 ……246
9.5.1 效果验证 ……246
9.5.2 数据验证 ……249
9.6 项目总结 ……253
参考文献 ……254

第一部分　基础理论

第1章　智能视觉系统概况

1.1　智能视觉产业概况

※ 智能视觉简介

机器视觉的研究起始于20世纪50年代，经过六十多年的发展，大致经历了五个阶段：概念提出、开始发展、发展正轨、趋于成熟、高速发展，如图1.1所示。

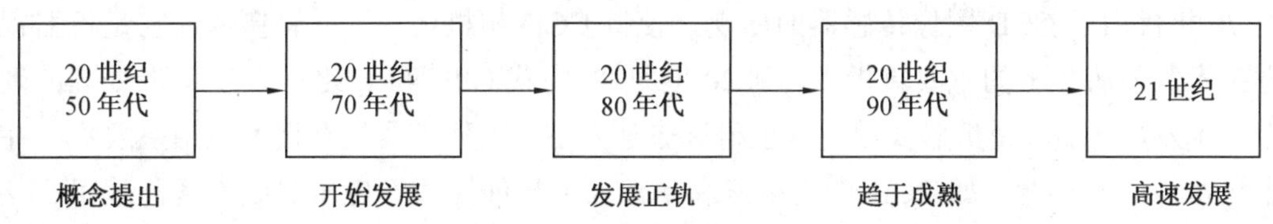

图1.1　机器视觉发展历程

进入21世纪，机器视觉进入高速发展、广泛应用的时期，工业领域是机器视觉应用中最大的领域，其应用行业包括：电子产品生产、印刷、医疗设备、汽车工业、药品生产、食品生产、半导体材料生产、纺织等，如图1.2所示。

按照应用领域与细分技术的特点，机器视觉进一步可以分为工业视觉和计算机视觉两类。相应地，其应用领域可以划分为智能制造和智能生活两类，如工业探伤、自动焊接、医学诊断、跟踪报警、移动机器人、指纹识别、模拟战场、智能交通、医疗、无人机与无人驾驶、智能家居等。2021年，全球的机器视觉市场规模预计将达到150亿美元，尤其以亚洲为代表的区域，将占到30%以上的市场份额。

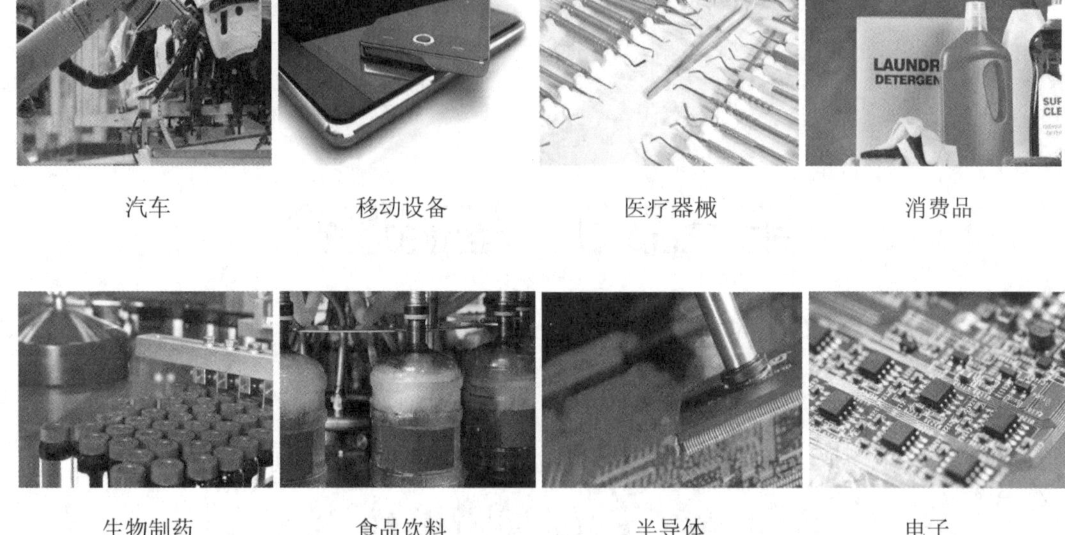

汽车　移动设备　医疗器械　消费品

生物制药　食品饮料　半导体　电子

图 1.2　机器视觉行业应用

1.2　智能视觉发展概况

1.2.1　国外发展现状

国外最早于 20 世纪 50 年代提出机器视觉的概念，真正开始发展是在 70 年代，到 90 年代才逐渐趋于成熟。机器视觉开始是在对机器人的研究过程中发展起来的，20 世纪 70 年代由于 CCD 图像传感器的出现，使得 CCD 相机代替了硅靶摄像，它是机器视觉技术发展历史上的重要转折点，到 20 世纪 80 年代 CPU 和 DSP 等数字图像处理的硬件技术发展迅猛，使机器视觉技术也得以飞速发展。国外机器视觉技术应用主要集中在半导体与电子行业，如 PCB 印刷电路和单双面多层线路板、电子封装设备与技术、丝网印刷设备、SMT 表面贴装等领域。目前，国外的机器视觉技术已经趋于成熟，不过在诸如工业 4.0 等市场热点的推动下，预期近 3～5 年，国外机器视觉技术市场应用规模仍将不断增长。

1.2.2　国内发展现状

国内机器视觉在 20 世纪 90 年代进入发展期，继北美、欧洲还有日本之后，全球制造中心开始向中国转移，机器视觉技术逐渐开始发展。初期，由于国内的许多行业都是新兴行业，且机器视觉的技术还未普及，所以很多行业都没有应用机器视觉，即使有应用也是用于低端方向。不过随着国内配套基础建设的完善和技术、资金的积累，各行各业对图像和机器视觉技术的工业自动化、智能化需求开始广泛出现，国内机器视觉技术进入成长期。随着《中国制造 2025》等文件的推出，以及研发技术的不断突破，越来越多的行业开始采用机器视觉技术，尤其表现在 3C 制造、食品包装、医疗和汽车零部件等行业，国内机器视觉技术进入高速发展期。目前，中国已经成为全球机器视觉技术发展最活跃的地区之一，国内机器视觉向多领域、多行业、多层次延伸，不仅在相关行业有非常大的应用空间，在其他领域也有广阔的发展前景。

1.2.3　产业发展趋势

机器视觉的发展趋势如下。

1. 性能快速提升

更高性能的实现主要来自于更强计算能力的处理器、更高分辨率的传感器、更好功能的软件算法。随着成像技术的不断发展和芯片算法的不断提高，机器视觉系统的性能得到了快速提升，尤其表现在运算处理的精度和效率上。

2. 产品小型化

产品的小型化趋势使更小的空间内可包装更多的部件，这意味着机器视觉产品体积将变得更小，这样就能够在更多空间有限的场合中应用。

3. 集成产品增多

智能相机是在一个单独的盒内集成了处理器、镜头、光源、控制、通信等硬件，用户无须分别采购镜头、相机、光源等硬件，大幅降低了工程时间与成本的消耗。智能相机的发展预示了集成器件增多的趋势。

4. 性价比持续提升

随着机器视觉技术的不断发展，实现同样的应用效果所需的资金成本变得更少。面对不断上升的劳动力成本和制造业转型升级的需求，机器视觉技术不断被更多的企业接受。

1.3　智能视觉技术基础

1.3.1　机器视觉系统组成

机器视觉就是用机器代替人眼来做测量和判断。机器视觉系统在作业时，工业相机首先获取到工件当前的图像信息，并传输给视觉系统进行分析处理，和执行单元（如工业机器人）进行通信，实现工件坐标系与执行单元坐标系之间的转换，最后引导执行单元完成作业。一个完整的机器视觉系统是由众多功能模块共同组成的，所有功能模块相辅相成，缺一不可，如图 1.3 所示。

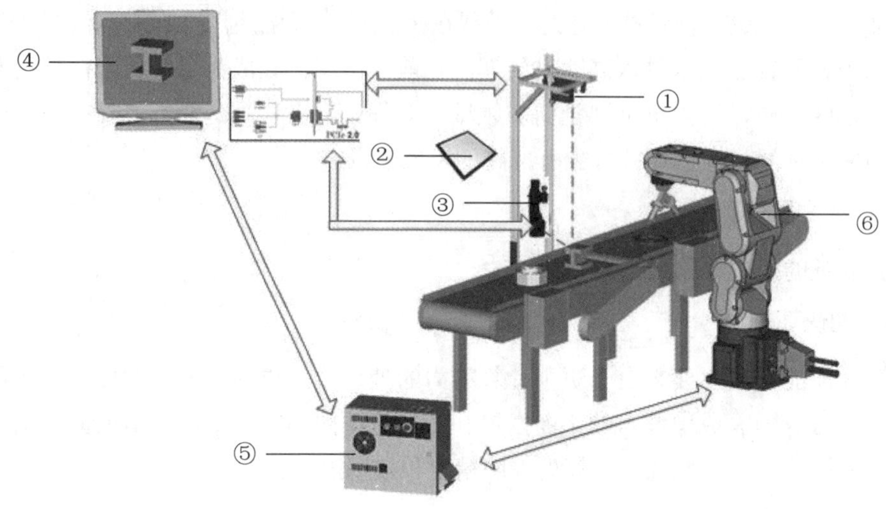

图 1.3　典型的机器视觉系统组成

①相机与镜头。这部分属于成像器件，通常的视觉系统都是由一套或者多套这样的成像系统组成。如果有多路相机，可以由图像卡切换来获取图像数据，也可以通过同步控制同时获取多相机通道的数据。

②光源。光源作为辅助成像器件，对成像质量的好坏往往起到至关重要的作用，各种形状的 LED 灯、高频荧光灯、光纤卤素灯等类型的光源都被广泛采用。

③传感器。通常以光纤开关、接近开关等元件来判断被测对象的位置和状态，触发图像传感器进行正确的图像采集。

④图像处理软件。机器视觉软件用来对输入的图像进行数据处理，然后通过一定的运算得出结果，这个输出的结果可以是 PASS/FAIL 信号、坐标位置、字符串等。常见的机器视觉软件以 C/C++图像库、ActiveX 控件、图形式编程环境等形式出现，可以是专用功能的（比如仅仅用于 LCD 检测、BGA 检测、模板对准等），也可以是通用目的的（包括定位、测量、条码/字符识别、斑点检测等）。通常情况下，智能相机集成了上述①、④部分的功能。

⑤控制单元（包含 I/O、运动控制、电平转化单元等）。一旦视觉软件完成图像分析（除非仅用于监控），就需要和外部单元进行通信以完成对生产过程的控制。简单的控制可以直接利用部分图像采集卡自带的 I/O，相对复杂的逻辑/运动控制则必须依靠所附加的可编程逻辑控制单元/运动控制卡，来控制机器人等设备实现必要的动作。

⑥执行单元等外部设备。工业机器人作为视觉系统的主要执行单元之一，可根据控制单元的指令及处理结果，完成对工件的搬运、筛选、加工等操作。

1.3.2　机器视觉系统分类

典型的机器视觉系统分为两大类：基于 PC（或板卡）的机器视觉系统（PC-Based Vision System）和嵌入式机器视觉系统。

1. 基于 PC 的机器视觉系统

基于 PC 的机器视觉系统，通过开发机器视觉应用软件，配合光学硬件，如工业相机、镜头和光源等，实现工业自动化过程所需的定位、测量、识别、引导等功能。基于 PC 的机器视觉系统的软件多为定制，根据客户实际的应用需求进行开发。通常情况下，应用软件是基于某种商业化机器视觉函数库进行二次开发，如 Cognex 公司的 VisionPro，Adept 公司的 HexSight，以及德国产品 Halcon 等，所以基于 PC 的机器视觉系统又称为可编程视觉系统。机器视觉开发过程对软件工程师的专业能力要求较高，既需要掌握编程语言进行编程，还需要熟悉机器视觉理论和各种开发工具、函数库的使用等。

基于 PC 的机器视觉应用系统空间占用较大、结构复杂、开发周期较长，但可达到理想的精度及速度，能实现较为复杂的系统功能。

2. 嵌入式机器视觉系统

嵌入式机器视觉系统中，相机集图像信号采集、信号转换和图像处理于一体，直接给出处理的结果。所有这些功能都在一个嵌入式视觉相机里全部完成，在体积上跟一个普通相机差不多，但因为它能实现机器视觉处理所需功能，因为所有功能由嵌入式视觉相机独立完成，同时尺寸近似于普通相机，所以嵌入式视觉相机又被称为智能化的相机，即智能相机。智能相机硬件多采用 X86 架构的高性能微处理器，软件基于实际操作系统，厂商制作丰富的图像处理和分析的底层函数库。一般智能相机的厂商提供与相机配套的视觉软件，如信捷公司的 X-SIGHT Vision Studio EDU 软件。用户通过调用软件中的工具和修改工具中的参数，即可实现视觉项目的开发与应用。

相较于基于 PC 的机器视觉系统，嵌入式视觉系统具有易学、易用、易维护、易安装等特点，可在短期内构建起可靠而有效的机器视觉系统，从而极大地提高了机器视觉项目的开发速度。两者的详细比较见表 1.1。

表 1.1　基于 PC 的机器视觉系统与嵌入式机器视觉系统比较

名称及指标	基于 PC 的机器视觉系统	嵌入式机器视觉系统
检测速度	快	较快
测量精度	高	较高
多相机支持	强	弱
相机功能支持	多	较少
复杂运算	强	弱
系统成本	高	低
工作空间	大	小
操作难度	困难	简单
稳定性	较稳定	稳定

1.3.3 主要技术参数

通常来说，智能相机包含以下几种主要技术参数。

1. 传感器尺寸

传感器尺寸是指图像传感器感光区域的面积大小，一般用英寸（″或 inch）来表示，通常指的是图像传感器的对角线长度。这个尺寸直接决定了整个系统的物理放大率，如 1/3″、1/2″、2/3″等，如图 1.4 所示。

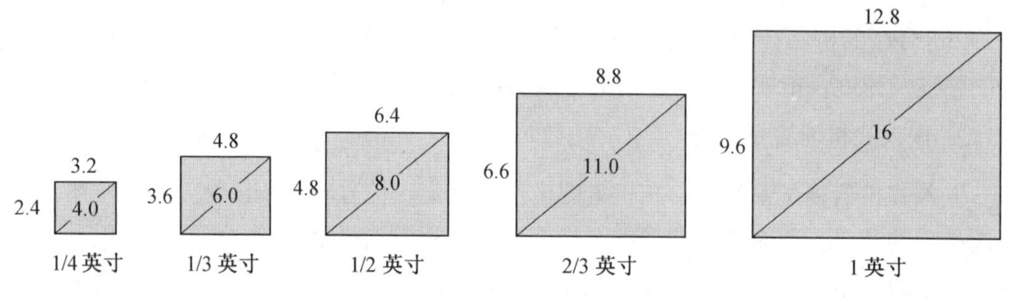

图 1.4　图像传感器尺寸（单位：mm）

注：相机制造业通用的规范是：

①工业相机的图像传感器长宽比为 4∶3。

②1/2 英寸传感器的对角线就是 1 英寸的一半，即对角线长度为 8 mm。

③1/4 英寸就是 1 英寸的 1/4，即对角线长度为 4 mm。

传感器尺寸越大，理论上可以聚集更多的感光单元，可以获得更高的像素。在像素不变的情况下，相机传感器尺寸越大，噪点控制能力就越强，因为单个感光元件之间的间距越大，相互之间的信号干扰就越小。

2. 分辨率

分辨率是相机每次采集图像的像素点数，是相机最为重要的性能参数之一，主要用于衡量相机对物象中明暗细节的分辨能力，用以描述图像细节分辨程度，通常是以横向和纵向像素点的数量来衡量。相机分辨率的高低，取决于相机中 CCD 芯片上像素的多少，通过把更多的像素紧密地排放在一起，可以得到更好的画质。分辨率可表示成水平像素点数×垂直像素点数的形式，如图 1.5 所示。

对于数字相机而言，分辨率一般是直接与光电传感器的像元数对应的，像元大小和像元数（分辨率）共同决定了相机靶面的大小。数字相机像元尺寸为 3～10 μm，一般像元尺寸越小，制造难度越大，图像质量也越不容易提高。

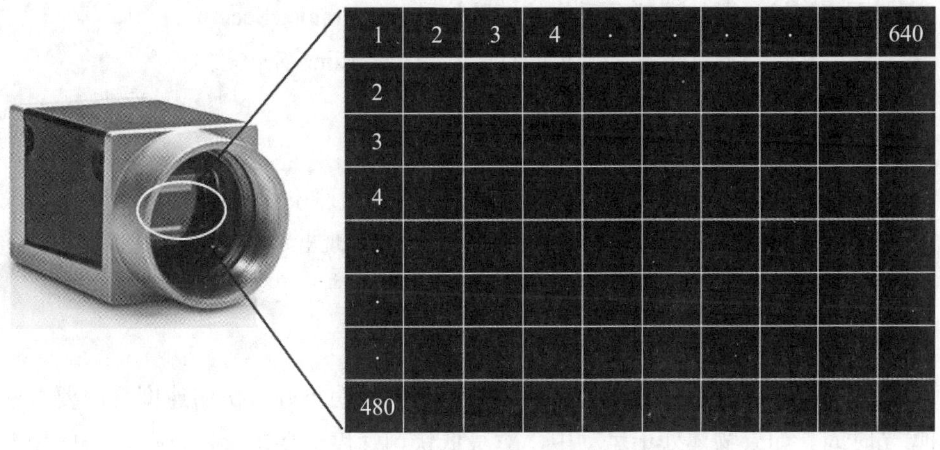

图 1.5　分辨率为 640×480 的相机

模拟相机的分辨率则取决于视频制式，如 PAL 制为 768×576，NTSC 制为 640×480，见表 1.2。

表 1.2　模拟相机标准

标准	使用地	帧率/（帧·s^{-1}）	彩色/黑白	分辨率
PAL	欧洲	25	彩色	768×576
NTSC	美国、日本	30	彩色	640×480
CCIR	欧洲	25	黑白	768×676
RS-170	美国、日本	30	黑白	640×480

可以看出，不同标准对应不同的分辨率等参数，需要将这些参数正确设置到图像采集卡中，才能获得准确的图像。就同类相机而言，分辨率越高，相机的档次越高。但是并非分辨率越高越好，需要仔细权衡得失。画质与效能高级的镜头性能、自动曝光性能、自动对焦性能等多种因素密切相关。

3. 像素与像素深度

像素是传感器感光面上的最小感光单位。像素深度是每个像素数据的位数，也用它来度量图像的分辨率，常用的是 8 bit，对于数字相机还会有 10 bit、12 bit、14 bit 等。增加像素深度可以增强测量的精度，但同时也降低了系统的速度，并且提高了系统集成的难度（线缆增加，尺寸变大等）。

4. 最大帧率/行频

最大帧率/行频是指相机采集、传输图像的速率。通常一个系统要根据被测物体的运动速度和大小、视野范围、测量精度计算得出所需要的相机帧率。以下为不同类型相机的帧率：

（1）面阵相机：通常为每秒采集的帧数，单位：Frames/Sec。

（2）线阵相机：通常为每秒采集的行数，单位：Lines/Sec。

（3）模拟制式相机：这个频率是固定值。

（4）数字相机：是个可变的值。

注：①面阵相机是一种可以一次性地获取图像并能及时进行图像采集的相机。

②线阵相机是指采用线阵图像传感器的相机，图像呈现出线状，虽然也是二维图像，但长度可以达到几 K，宽度只有几个像素。

5. 曝光方式和快门速度

快门用于控制感光芯片的曝光时间。如果物体照明不好，快门速度就需要慢些，以增加曝光时间。如果物体处于运动中，对最低快门速度的要求会高一些。一般情况下，快门速度一般可达到 10 μs，高速相机还可以更快。以下为线阵相机与面阵相机的曝光方式：

（1）线阵相机：均采用逐行曝光的方式。

（2）面阵相机：有帧曝光、场曝光和滚动行曝光等常见方式。

6. 特征分辨率

特征分辨率是指相机能够分辨的实际物理尺寸的大小。特征分辨率与视场和分辨率密切相关。其中，视场是指相机实际所拍摄到的物理范围大小，如图 1.6 所示。

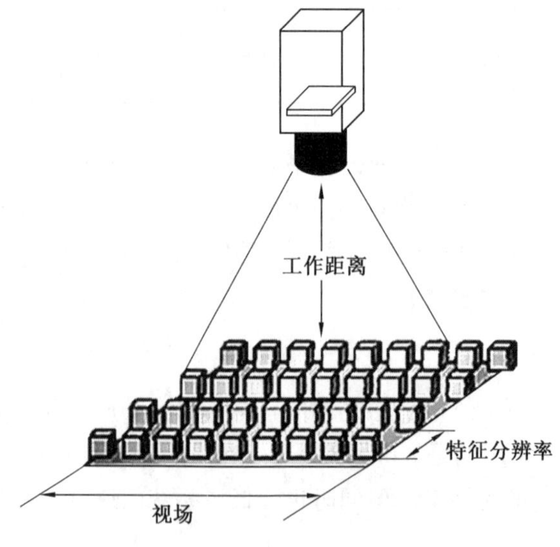

图 1.6　相机特征分辨率

物体最小的特征一般至少需要两个像素来表示。根据视场和相机分辨率，我们可以计算出特征分辨率。计算特征分辨率的公式为

$$特征分辨率=视场/相机分辨率\times 2$$

例如：相机分辨率为 640×480，横向的视场是 60 mm，那么在横向的特征分辨率为 60/640×2=0.187 5 mm。

7. 数据接口类型

根据信号的输出方式不同，工业相机分为模拟相机和数字相机两种类型。

模拟相机以模拟电平的方式表达视频信号，其优点是技术成熟、成本低廉，对应的图像采集卡价格也比较低，适用于大部分的视觉应用。其缺点是模拟相机的帧率和分辨率较低，在高速、高精度机器视觉应用中难以满足要求。

数字相机采用数字信号进行信息传递，先把图像信号数字化后再通过数字接口传入电脑中。常见的数字相机接口有 USB、Firewire、Camera Link 和 GigE，如图 1.7 所示。

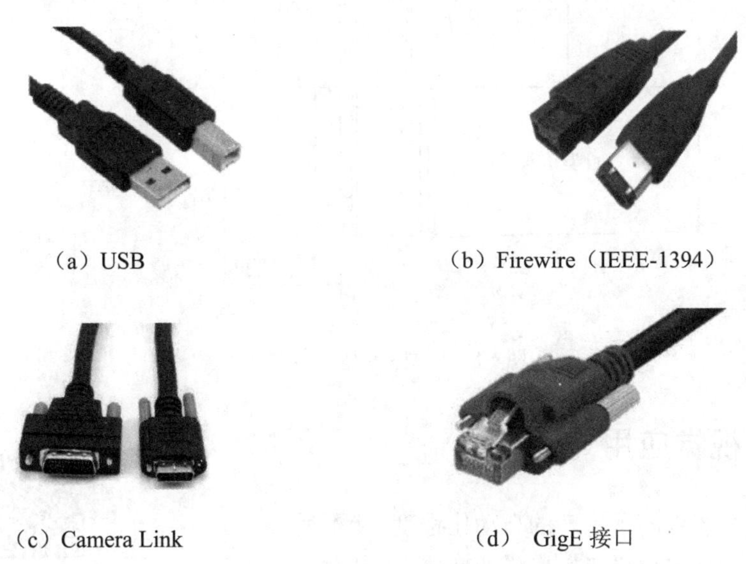

（a）USB （b）Firewire（IEEE-1394）

（c）Camera Link （d） GigE 接口

图 1.7 数字相机数据接口

USB 接口类型的相机较多地用于商用娱乐，例如 USB 摄像头。USB 接口类型的工业相机型号较少，在工业中的使用程度不高。

Firewire（IEEE-1394）接口开始是为数字相机和 PC 连接设计的，它的特点是速度快（400 Mbps），通过总线方式供电且支持热插拔。

Camera Link 是一个工业高速串口数据连接标准，它是由 National Instruments（简称 NI）公司、摄像头供应商和其他图像采集公司在 2000 年 10 月联合推出的。它在一开始就对接线、数据格式触发、相机控制等做了考虑，所以非常方便机器视觉应用。Camera Link 的数据传输率可达 1 Gbps，高速率、高分辨率和高数字化率，信噪比也大大改善。Camera Link 的标准数据线长 3 m，最长可达 10 m。在高速或高分辨率的视觉应用场景中，Camera Link 接口类型的工业相机可作为优先被选择的对象。

GigE 接口即千兆以太网接口，综合了高速数据传输和远距离的特点，而且电缆（使用普通网线即可）易于获取、性价比高。

8. 光学接口

光学接口是指工业相机与镜头之间的接口，常用的镜头接口有 C 型、CS 型、F 型等。

C 型与 CS 型接口的区别在于镜头与摄像机接触面至镜头焦平面的距离不同，C 型接口为 17.5 mm，CS 型接口为 12.5 mm，如图 1.8 所示。对于 F 型接口，此距离为 46.5 mm，接口类型为卡口。F 型接口一般用于大靶面相机，即靶面超过 1 英寸的相机。

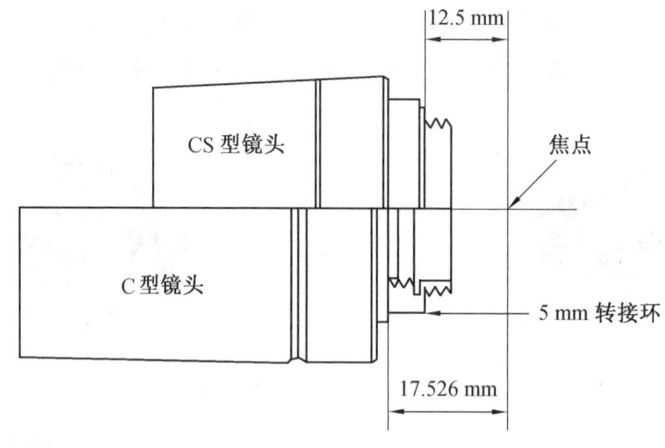

图 1.8　C 型/CS 型光学接口

1.4　智能视觉应用

※ 智能视觉应用

机器视觉系统提高了生产的自动化程度，让不适合人工作业的危险工作环境变成了机器作业环境，让大批量、持续生产变成了现实，大大提高了生产效率和产品精度。其可快速获取信息并自动处理，也同时为工业生产的信息集成提供了方便。随着技术的成熟与发展，按照功能的不同，智能视觉应用可以分成 4 类：引导、检测、测量和识别，各功能对比见表 1.3。

表 1.3　智能视觉功能及应用对比表

类别	引导	检测	测量	识别
功能	引导定位物体位姿信息	检测产品完整性、位置准确性	实现精确、高效的非接触式测量应用	快速识别代码、字符、数字、颜色、形状
输出信息	位置和姿态	完整性相关信息	几何特征	数字、字母、符号信息
场景应用	定位元件位姿	检测元件缺损	测量元件尺寸	识别元件字符

1.4.1 引导

视觉引导是指视觉系统通过非接触传感的方式，实现指导执行单元按照工作要求对目标物体进行作业，包括零件的定位放取、工件的实时跟踪等。

引导功能输出的是目标物体的位置和姿态，将其与规定的公差进行比较，并确保元件处于正确的位置和姿态，以验证元件装配是否正确。视觉引导可用于将元件在二维或三维空间内的位置和方向报告给机器人或机器控制器，让机器人能够定位元件或机器，以便将元件对位。视觉引导机器人定位抓取阿胶块的应用，如图 1.9 所示。

视觉引导还可用于与其他机器视觉工具进行对位。在生产过程中，元件可能是以未知的方向呈现到相机面前，通过定位元件，将其他机器视觉工具与该元件对位，能够实现工具自动定位，如图 1.10 所示。

图 1.9　机器人视觉引导应用

图 1.10　视觉外包装引导定位应用

1.4.2 检测

视觉检测是指视觉系统通过非接触动态测量的方式，检测出包装、印刷有无错误、划痕等表面的相关信息，或者检测制成品是否存在缺陷、污染物、功能性瑕疵，并根据检测结果来控制执行单元进行相关动作，实现产品检验。

视觉检测功能应用广泛，在医疗行业，机器视觉用于检测片剂式药片是否存在缺陷，如图 1.11（a）所示。在食品行业，机器视觉用于确保产品与包装的匹配性，以及检查包装瓶上的安全密封垫、封盖和安全环是否存在等，如图 1.11（b）所示。

这种检测方法除了能完成常规的空间几何形状、形体相对位置、物件颜色等的检测外，如配上超声波、激光、X 射线探测装置，则还可以进行物件内部的缺陷探伤、表面涂层厚度测量等作业。

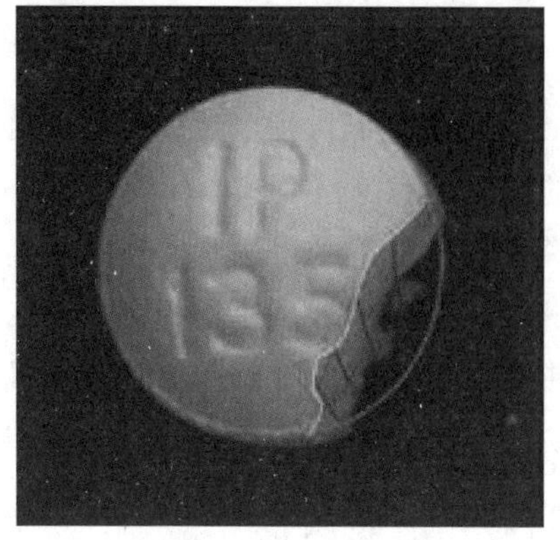

（a）药片缺陷检测

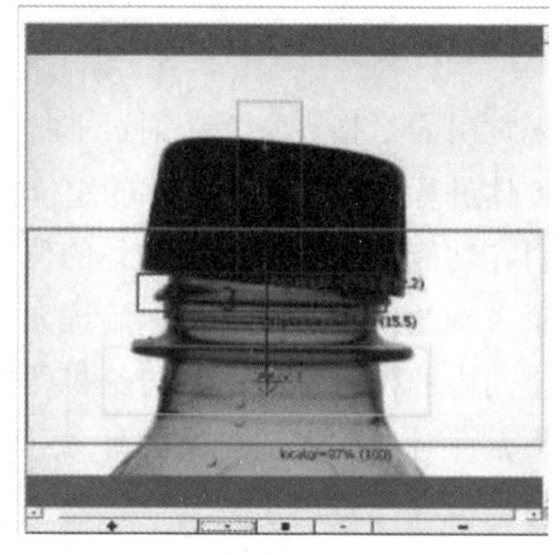

（b）可乐瓶盖合格性检测

图 1.11　机器视觉系统检测应用

1.4.3　测量

视觉测量是指求取被检测物体相对于某一组预先设定标准的偏差，如外轮廓尺寸、形状信息等。

测量功能可以输出目标物体的几何特征等信息。通过计算被检测物体上两个或两个以上的点，或者通过几何位置之间的距离来进行测量，然后确定这些测量结果是否符合规格；如果不符合，视觉系统将向外部控制器发送一个未通过信号，进而触发生产线上的不合格产品剔除装置，将该物品从生产线上剔除。常见的机器视觉测量应用包括齿轮、接插件、汽车零部件、IC 元件管脚、麻花钻、螺钉螺纹检测等。在实际应用中，常见应用如元件尺寸测量，如图 1.12（a）所示，零部件中圆尺寸测量，如图 1.12（b）所示。

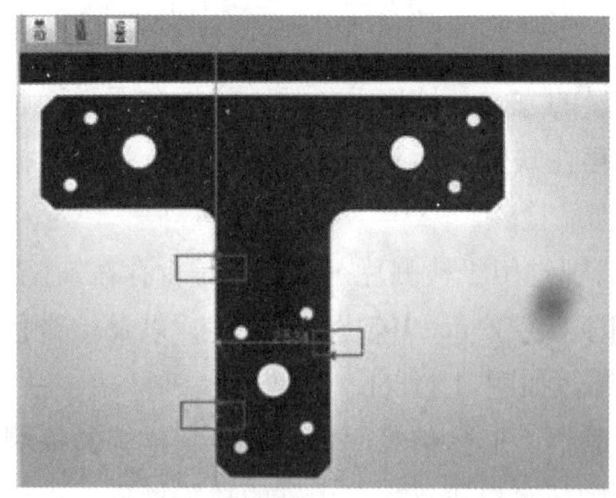

（a）元件尺寸测量

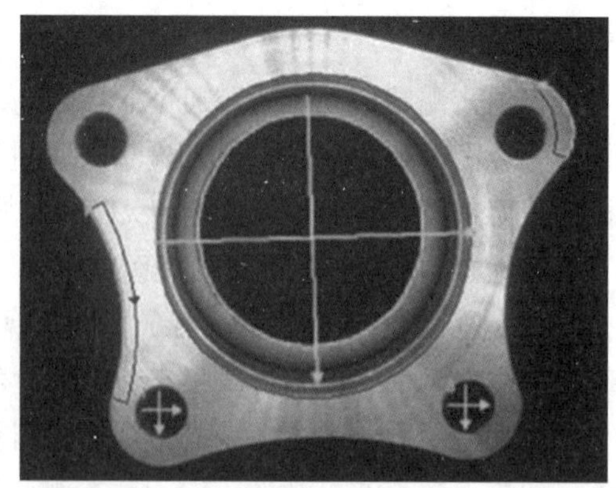

（b）零部件中圆尺寸测量

图 1.12　机器视觉元件测量应用

1.4.4　识别

视觉识别是指通过读取条码、DataMatrix 码、直接部件标识（DPM）及元件、标签和包装上印刷的字符，或者通过定位独特的图案和基于颜色、形状、尺寸或材质等来识别元件。

识别功能输出数字、字母、符号等的验证或分类信息。其中，字符识别系统能够读取字母、数字、字符，无须先备知识；而字符验证系统则能够确认字符串的存在性。DPM 能够确保可追溯性，从而提高资产跟踪和元件真伪验证能力。DPM 应用是指将代码或字符串直接标记在元件上面。

实际应用中，在输送装置上配置视觉系统，机器人就可以对存在形状、颜色等差异的物件进行非接触式检测，识别分拣出合格的物件，如文字字符识别、二维码识别、颜色识别，如图 1.13 所示。

（a）文字字符识别

（b）二维码识别

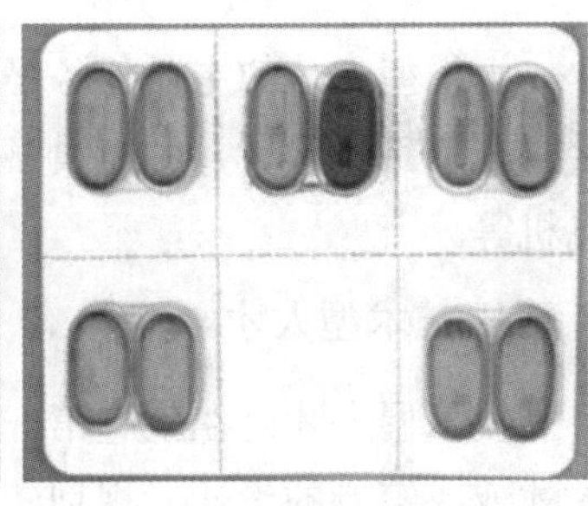

（c）颜色识别

图 1.13　视觉识别应用

1.5　智能视觉人才培养

1.5.1　人才分类

人才是指具有一定的专业知识或专门技能，进行创造性劳动，并对社会做出贡献的人，是人力资源中能力和素质较高的劳动者。

具体到企业中，人才的概念是指具有一定的专业知识或专门技能，能够胜任岗位能力要求，进行创造性劳动并对企业发展做出贡献的人，是人力资源中能力和素质较高的员工。

按照国际上的分法，普遍认为人才分为学术型人才、工程型人才、技术型人才、技能型人才四类，如图 1.14 所示。其中，学术型人才单独分为一类，工程型、技术型与技能型人才统称为应用型人才。

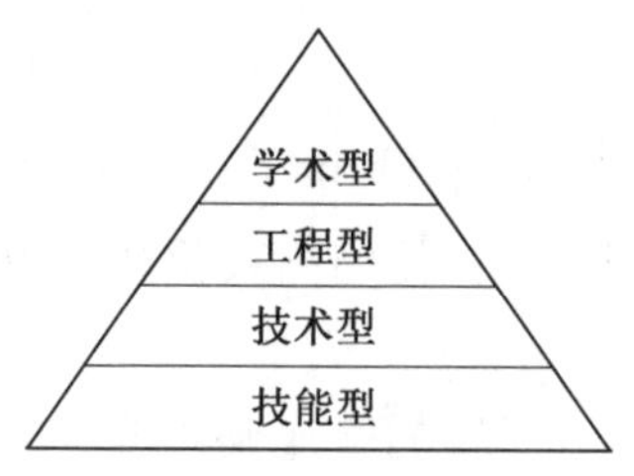

图 1.14　人才分类

1. 学术型人才

学术型人才是指从事研究客观规律、发现科学原理的人才，他们的主要任务是致力于将自然科学和社会科学领域中的客观规律转化为科学原理，如数学、物理学、航空动力学等。

2. 工程型人才

工程型人才的主要任务是把学术型人才所发现的科学原理转化成可以直接运用于社会实践的工程设计、生产设备、工作规划、运行决策等，如根据航空动力学理论设计出飞机等。

3. 技术型人才

技术型人才是在生产第一线或工作现场从事为社会谋取直接利益的工作，把工程型人才或决策者的设计、规划、决策变换成物质形态或对社会产生具体作用，技术型人才有一定的理论基础，但更强调在实践中应用。

4. 技能型人才

技能型人才是指各种技艺型操作性的技术工人，主要从事操作技能方面的工作，强调工作实践的熟练程度。

1.5.2　产业人才现状

在“中国制造 2025”国家战略的推动下，中国制造业正向价值更高端的产业链延伸，加快从制造大国向制造强国转变。因此，在这样一个数字化、智能化的时代，对机器视觉的需求规模日益增大。预计 2022 年中国机器视觉产业规模将超过 180 亿元，所涉及的上下游产业链市场规模更为庞大。

1.5.3　产业人才职业规划

机器视觉技术是一门多学科交叉的综合性学科，对人才岗位的需求主要分为以下三类。

1. 技术创新岗位

视觉传感技术涉及电工电子技术、图像处理技术、计算机应用技术、机器视觉控制、自动检测与处理等学科领域，同时伴随着工业互联网及人工智能的发展，视觉系统的智能化、网络化显得尤为重要，需要大量从事技术创新岗位的人才专注于研发创新和探索实践。

2. 复合型应用岗位

纵观当今社会，智能制造技术无疑是世界制造业未来发展的重要方向之一。人才作为实施制造业发展战略的重要支撑，加大人力资本投资，改革创新教育与培训体系，大力培养技术技能紧缺人才，重点关注机器视觉技术领域人才培养，提升视觉应用等先进制造业人才的关键能力和素质是培养视觉应用复合型人才的重要途径。

3. 安全保障岗位

视觉系统引导机器人进行工作，安全保障工作同样是重中之重。由于视觉系统的复杂性，需要具备相关专业知识的人才对设备进行定期维护和保养，才能保证系统长期、稳定地运行。这要求相关技术人才具有分析问题和解决问题的能力，及时发现并解决潜在的问题，维护生命、生产安全。

1.5.4　产业融合学习方法

产业融合学习方法参照国际上一种简单、易用的顶尖学习法——费曼学习法。（理查德·费曼是美国物理学家，1965 年诺贝尔物理奖得主）

费曼学习法的关键在于学习模式的转变，它能够真正意义上地改变我们的学习模式。图 1.15 所示为不同学习方法下的学习效率图。

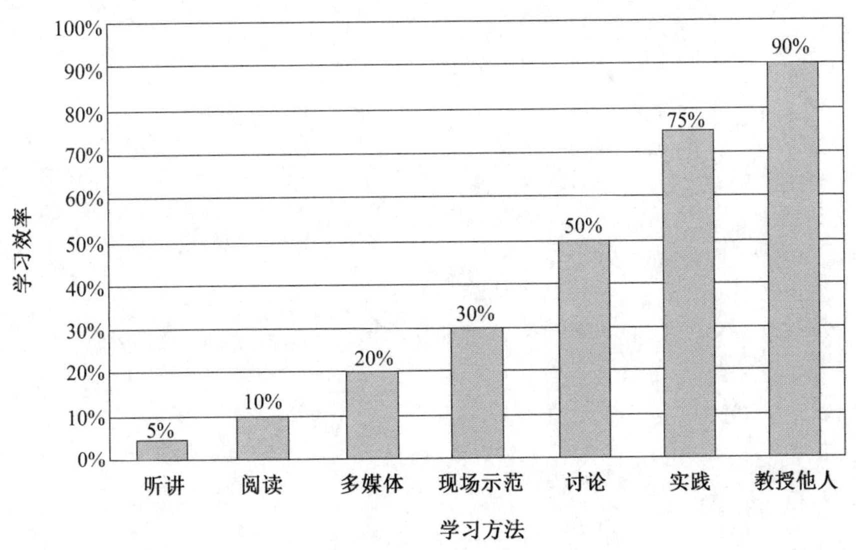

图 1.15　不同学习方法下的学习效率

从图 1.15 中可以知晓，对于一种新知识，通过别人的讲解，只能获取 5%的知识；通过自身的阅读可以获取 10%的知识；通过多媒体等渠道的宣传可以掌握 20%的知识；通过现场实际的示范可以掌握 30%的知识；通过相互间的讨论可以掌握 50%的知识；通过实践可以掌握 75%的知识；最后达到能够教授他人的水平，就能够掌握 90%的知识。

根据上述掌握知识的多少，可以通过下面 4 个部分进行知识体系的梳理。

（1）注重理论与实践相结合。对于技能学习来说，实践是掌握技能的最好方式，理论对实践具有重要的指导意义，两者相结合才能既了解系统原理，又掌握技术应用。

（2）通过项目案例掌握应用。在技术领域中，相关原理往往非常复杂，难以在短时间内掌握，但是作为工程化的应用实践，其项目案例更为清晰明了，可以更快地掌握应用方法。

（3）进行系统化的归纳总结。任何技术的发展都是有相关技术体系的，通过个别案例很难全部了解，需要在实践中不断归纳总结，形成系统化的知识体系，才能掌握相关应用，学会举一反三。

（4）通过互相交流加深理解。个人对知识内容的理解可能存在片面性，通过多人的相互交流，合作探讨，可以碰撞出不一样的思路技巧，实现对技术的全面掌握。

第 2 章　智能视觉产教应用系统

※ 智能相机简介

2.1　智能相机简介

2.1.1　产品介绍

信捷 SPV-SmartCam 系列智能相机是一种高度集成化、基于 X86 架构的机器视觉系统。它将图像数据的采集、处理与通信功能集成于相机内部，从而为机器视觉应用提供了可靠稳定的硬件平台，可满足各应用领域的检测需求。

SPV-SmartCam 系列智能相机型号构成如图 2.1 所示。

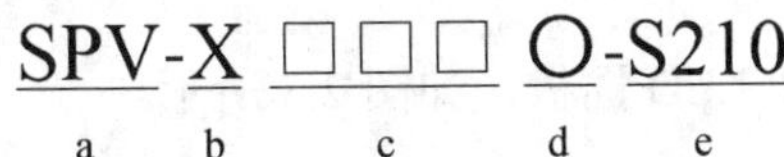

图 2.1　SPV-SmartCam 系列智能相机型号构成

a—SPV 系列工业智能相机；b—X-Sight；c—像素（W）；d—M（黑白）、C（彩色）；e—产品系列代号

SPV-SmartCam 系列智能相机可供选择的相机型号多样，见表 2.1。

表 2.1　SPV-SmartCam 系列智能相机产品型号

产品型号	色彩	分辨率	光学尺寸	最大帧率	快门方式
SPV-X130M-S210	黑白	130 万（1 280*1 024）	1/2 英寸	90	全局快门
SPV-X130C-S210	彩色	130 万（1 280*1 024）	1/2 英寸	90	全局快门
SPV-X500M-S210	黑白	500 万（2 448*2 048）	2/3 英寸	35.7	全局快门
SPV-X500C-S210	彩色	500 万（2 448*2 048）	2/3 英寸	35.7	全局快门
SPV-XA20M-S210	黑白	1 200 万（4 072*3 046）	1/1.7 英寸	30	卷帘
SPV-XA20C-S210	彩色	1 200 万（4 072*3 046）	1/1.7 英寸	30	卷帘

智能相机系统由智能相机和 I/O 模块构成，如图 2.2 所示。

（a）智能相机

（b）I/O 模块

图 2.2　智能相机系统

2. 1. 2　基本组成

1. 相机

相机面板分为接口面板和 LED 面板，如图 2.3 所示。

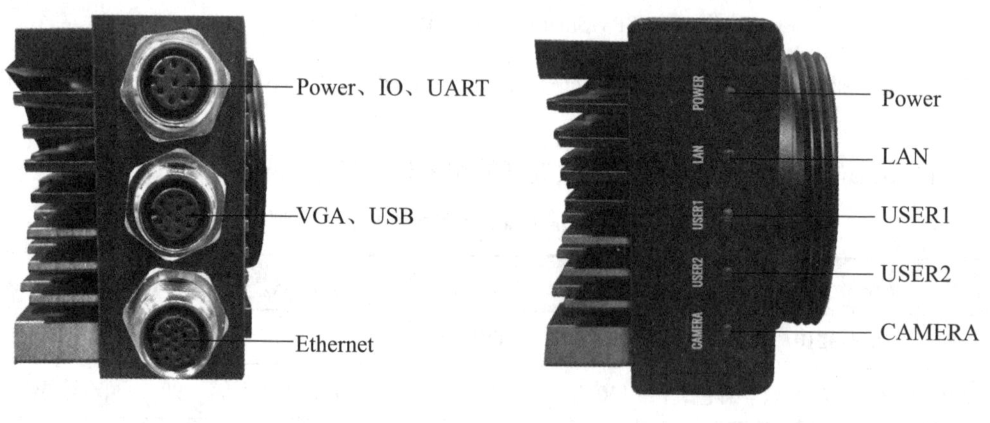

（a）相机接口面板　　（b）相机 LED 面板

图 2.3　相机面板

（1）接口面板。

SPV-SmartCam 系列智能相机面板有 3 个接口。其中，“Power、IO、UART 接口”集成了电源供电、数字 IO、串口通信的功能，“VGA、USB 接口”集成了图像输出、外部供电（5 V）的功能，“Ethernet 接口”集成了 Modbus TCP 通信的功能。

（2）LED 面板。

SPV-SmartCam 系列智能相机的面板上有 5 个 LED 指示灯，其详细说明见表 2.2。

表 2.2　LED 指示灯说明

序号	名称	颜色	状态显示
1	POWER	绿	DC 电源开：常亮；DC 电源关：熄灭
2	LAN	绿	数据传输：常亮；无连接：熄灭
3	USER1	绿	可编程状态灯
4	USER2	绿	可编程状态灯
5	CAMERA	绿	PCIE 通信正常：常亮；开始采集图像：闪烁

2. I/O 模块

SPV-SmartCam 系列智能相机的 I/O 模块扩展了很多 I/O 接口，如图 2.4 所示，支持最长 8 m 的连接相机的线缆，采用 DIN35 mm 导轨式安装，可以直接固定在生产线的机柜中。

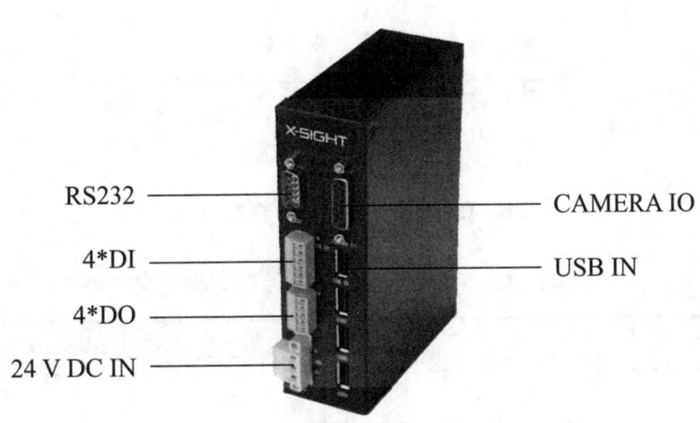

图 2.4　I/O 模块面板接口

（1）RS232 接口。

RS232 通信接口采用 DB9 接口，接口管脚分布如图 2.5 所示，管脚定义见表 2.3。

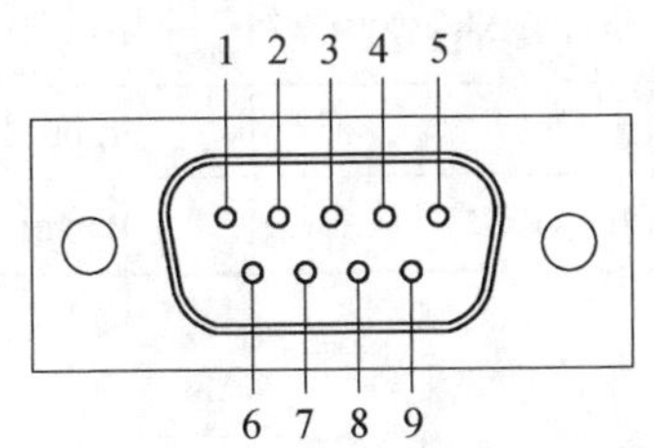

图 2.5　RS232 DB9 接口管脚分布

表 2.3　RS232 接口管脚定义

管脚序号	信号名称	信号方向	功能描述
2	RX	Input	RS232 输入
3	TX	Output	RS232 输出
5	GND	Power	RS232 信号地
1、4、6、7、8、9	NC	NA	未连接

（2）CAMERA IO 接口。

CAMERA IO 接口采用 DB15 接口，接口管脚分布如图 2.6 所示，管脚定义见表 2.4。

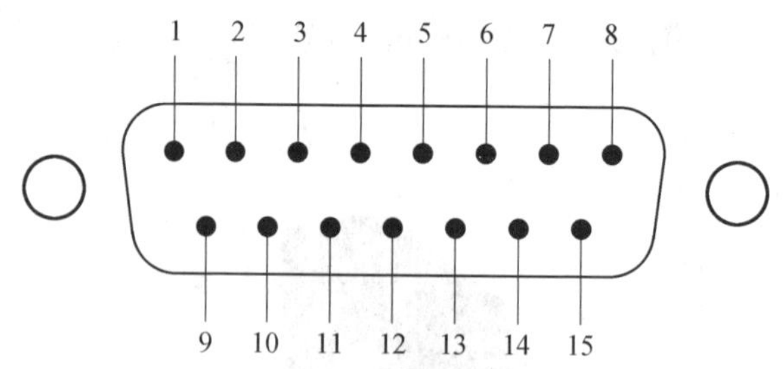

图 2.6　CAMERA IO 接口管脚分布

表 2.4　CAMERA IO DB15 接口管脚定义

管脚序号	信号名称	信号方向	功能描述
1	VCCIN	Power	电源输入
2	GND	Power	RS232 信号地
3	RS232-RXD	Input	RS232 输入
4	RS232-TXD	Output	RS232 输出
5、6、7、8	DI1、DI2、DI3、DI4	Input	数字输入
9、10、11、12	DO1、DO2、DO3、DO4	Output	数字输出
13	DO-（OUT_GND）	Power	输出公共端
14	Trigger+	Input	数字输入
15	DI-（IN_GND）	Power	输入公共端

（3）输入输出接口。

I/O 模块提供 4 组数字输入输出通道，其内部原理如图 2.7 所示。

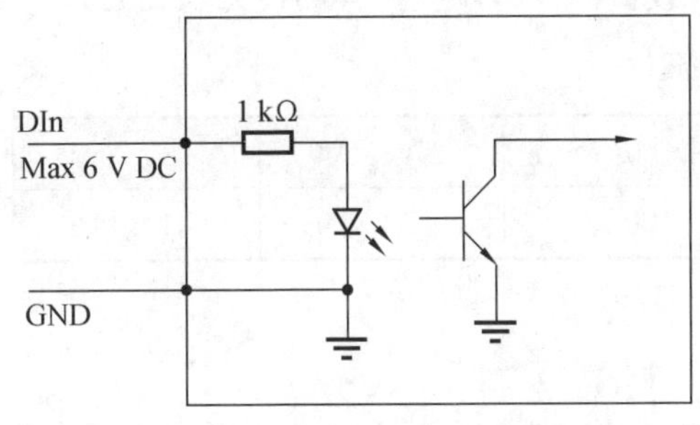

(a) 数字输入通道内部原理

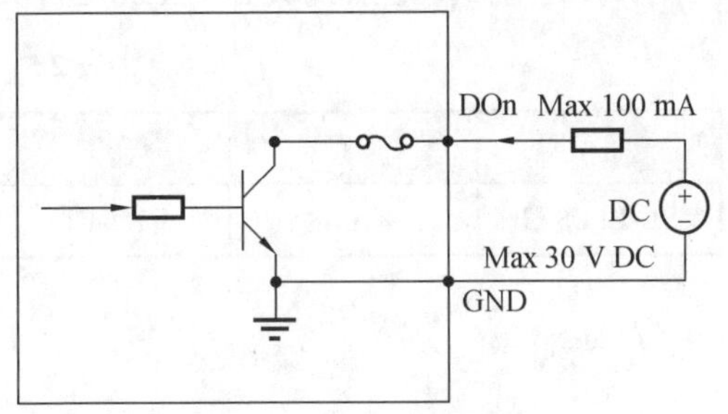

(b) 数字输出通道内部原理

图 2.7　数字输入输出通道内部原理图

3. 镜头

如果把工业相机比喻成人类的眼睛，则相机中的传感器（CCD 或 CMOS）相当于人眼中的视网膜，镜头就相当于晶状体，其直接关系到监看物体的远近、范围和效果。镜头的作用是聚集光线，使感光器件获得清晰影像。在机器视觉系统中，镜头直接影响成像质量的优劣以及算法的实现和效果。

镜头按焦距可分为短焦镜头、中焦镜头和长焦镜头；按视场大小分为广角、标准和远摄镜头；按结构分为固定光圈定焦镜头、手动光圈定焦镜头、自动光圈定焦镜头、手动变焦镜头、自动变焦镜头、自动光圈电动变焦镜头、电动三可变（光圈、焦距、聚焦均可变）镜头等；按用途可分为微距镜头和远心镜头。机器视觉系统常用镜头如图 2.8 所示。

(a) 定焦镜头

(b) 微距镜头

(c) 广角镜头

(d) 鱼眼镜头

(e) 远心镜头

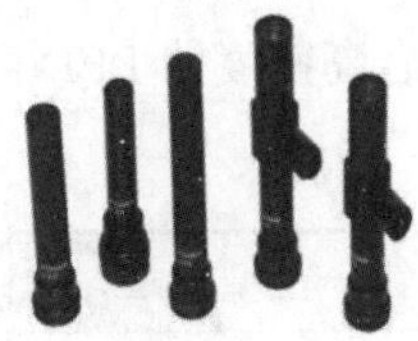

(f) 显微镜头

图 2.8　机器视觉系统常用镜头

本书选用信捷定焦镜头 SL-LF08-C，其具有较低的图像畸变，其属性见表 2.5。

表 2.5　镜头属性

产品型号	焦距	光圈	分辨率	感应尺寸	接口
SL-LF08-C	8 mm	F1.4-F16	100 万	1/1.8"	C 接口

4. 光源

在设计一套机器视觉应用系统时，光源选择十分重要。一般而言，相似颜色（或色系）混合变亮，相反颜色混合变暗。如果采用单色 LED 照明，可使用滤光片隔绝环境干扰。在光源选择时，要从多方面进行考虑：采用几何学原理来考虑样品、光源和相机位置；考虑光源形状和颜色以加强被测量物体和背景的对比度。机器视觉系统常用光源如图 2.9 所示。

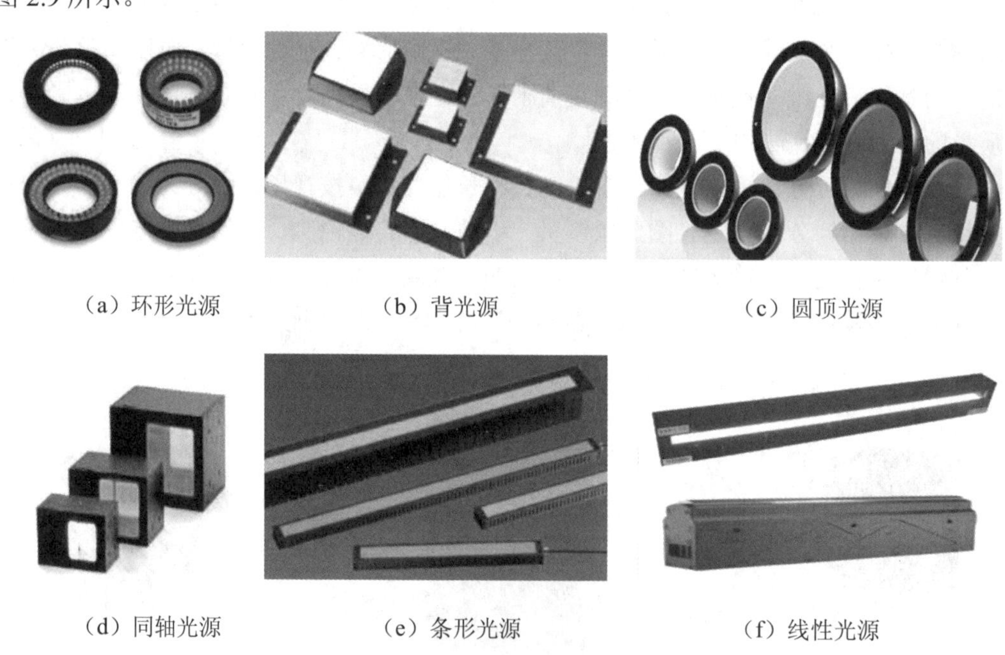

（a）环形光源　（b）背光源　（c）圆顶光源

（d）同轴光源　（e）条形光源　（f）线性光源

图 2.9　机器视觉系统常用光源

本书选用信捷环形光源 SI-JD120A00-W，采用紧凑型设计，以节省安装空间；同时其具有高密度的 LED 阵列，可解决对角照射阴影问题，其属性见表 2.6。

表 2.6　光源属性

产品型号	尺寸	角度	颜色
SI-JD120A00-W	70/30 mm	0°	白色

2.1.3　技术参数

SPV-SmartCam 系列智能相机是一款高分辨率且耐用的独立视觉系统。凭借采集和处理高细节图像的能力，即使安装距离较远，X-SIGHT 智能相机也能在大范围内提供高精度的元件定位、测量和检测功能。其紧凑的尺寸可方便地安装到空间受限的生产线上，机身周围还配备了显示“合格”与“不合格”信息的 LED 指示灯，可直观地观察目标工件的检测状态。其主要技术参数如下：

➢ Intel®ATOM™ 1.91 GHz 四核处理器 N4200。
➢ 工具之间的拖放链接可实现快速的数值、结果和图像通信。
➢ 系统集成度高，结构紧凑，性能稳定。
➢ 40～2 000 万像素可供选择，满足不同用户精度需求。
➢ 5 个绿色指示灯，其中 2 个用户可编程自定义其功能。
➢ 内置专业机器视觉软件，不用编程即可实现快速视觉开发。
➢ 支持系统具有断电保护功能。
➢ 硬件看门狗定时器（1～256 s，软件可编程）。
➢ 4 个光耦隔离输入，4 个光耦隔离输出，支持 5 V/12 V/24 V 电平。
➢ 1 个标准的 9 芯 RS232 接口。
➢ 宽温工作（范围：-40～+80 ℃）。

SPV-X130C-S210 相机的主要技术参数见表 2.7。

表 2.7　主要技术参数

相机属性	规格
型号	SPV-X130C-S210
图像传感器	1/2-inch
感光芯片	PYTHON 1300
有效像素数	1 280(H)*1 024(V)
曝光方式	逐行全帧扫描全局
帧速率	90.0 fps
色彩	彩色

2.2　产教应用系统简介

2.2.1　系统简介

智能视觉产教应用系统是以信捷智能相机为核心，结合 PLC、触摸屏等工业中常用设备，进行自主设计的视觉应用平台。该应用系统可实现视觉引导、检测、测量、识别等实验教学。通过该系统，学员可以掌握机器视觉的相关知识和应用开发技能。

本应用系统结构设计紧凑，系统完全开放，程序完全开源，使教学、实验过程更加容易上手。平台分为功能应用区和电气控制区，用户能够根据需要进行配置，提升机器视觉综合应用能力。智能视觉产教应用系统如图 2.10 所示。

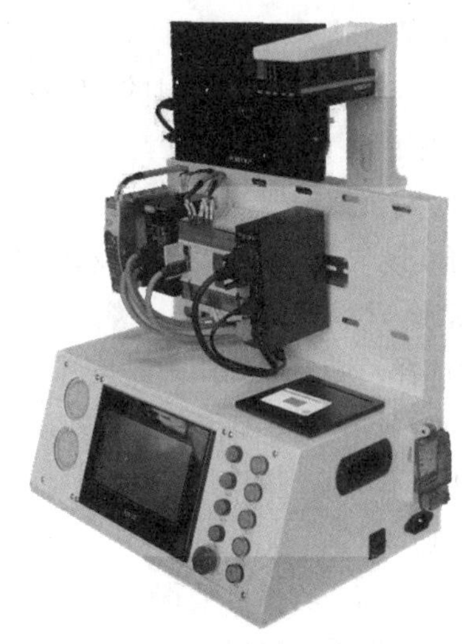

图 2.10　智能视觉产教应用系统

2.2.2　基本组成

智能视觉产教应用系统拥有丰富的工业自动化元素，包括智能相机、PLC、触摸屏、显示器、工业级电源模块、工业交换机等，系统组成如图 2.11 所示。

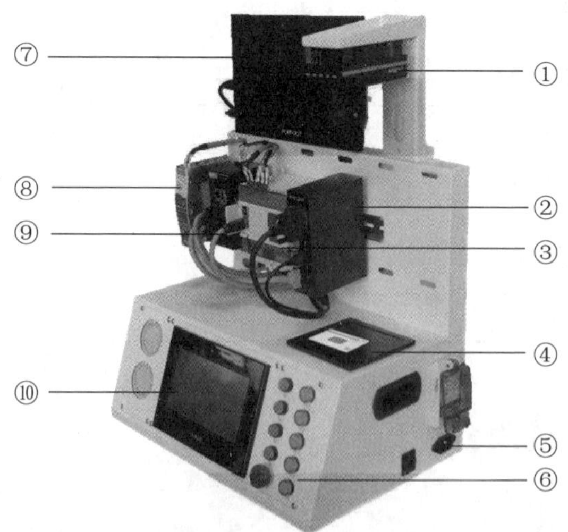

①—智能视觉相机及光源；②—视觉 I/O 模块；③—可编程控制器；④—视觉应用卡；⑤—编程调试及电源接口；⑥—可编程用户 I/O 信号；⑦—显示器；⑧—电源模块；⑨—工业交换机；⑩—人机界面

图 2.11　智能视觉产教应用系统组成

2.2.3　典型应用

智能视觉系统提高了工业生产的自动化、智能化程度，主要应用领域见表 2.8。

表 2.8　主要应用领域

序号	应用类别	示例	主要应用行业
1	引导	输出坐标空间，引导机器人精准定位	电子产品制造 汽车 消费品行业 食品和饮料业 物流业 包装业 医药业
2	检测	零件或部件的有无检测	
		目标位置和方向检测	
3	测量	尺寸和容量检测	
		预设标记的测量，如孔位到孔位的距离	
4	识别	标准一维码、二维码的解码	
		光学字符识别（OCR）和确认（OCV）	
		色彩和瑕疵检测	

本书以智能视觉系统四大典型应用为参考，完成了以下项目：

（1）基于智能视觉系统的引导定位技术可以实现芯片定位。

（2）基于智能视觉系统的缺陷检测技术可以实现药片检测。

（3）基于智能视觉系统的尺寸测量技术可以实现螺母测量。

（4）基于智能视觉系统的条码识别技术可以实现二维码识别。

（5）基于智能视觉系统的形态处理技术可以实现细胞检测。

（6）基于智能视觉系统的引导定位技术和条码识别技术可以实现物流分类。

2.3　关联硬件

2.3.1　PLC 技术基础

PLC（可编程逻辑控制器）是一种专门为在工业环境下应用而设计的数字运算操作电子系统。它采用一种可编程的存储器，在其内部存储执行逻辑运算、顺序控制、定时、计数和算术运算等操作的指令，通过数字式或模拟式的输入输出来控制各种类型的机械设备或生产过程。

※ 关联硬件

智能视觉产教应用系统采用信捷 XD 系列模块化紧凑型 PLC，如图 2.12 所示，其具有可扩展性强、灵活度高等特点，支持 2～10 轴高速脉冲输出，具备更大的内部资源空间。其具有可实现标准工业通信的通信接口以及整套强大的集成功能，是完整、全面的自动化解决方案的重要组成部分。

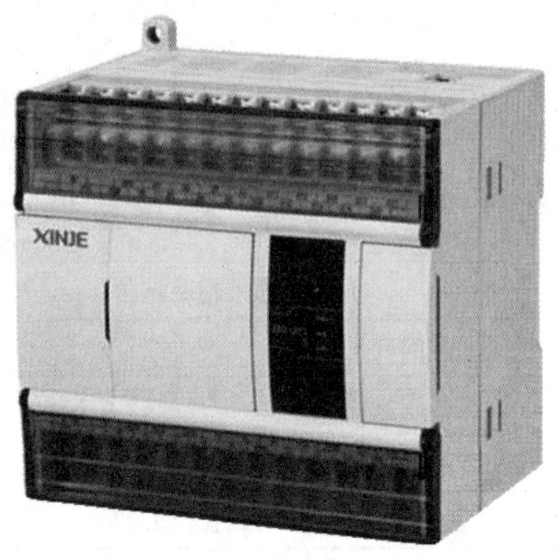

图 2.12　信捷 XD 系列 PLC

1. 主要功能特点

（1）安装简单方便，结构紧凑，并配备了可拆卸的端子板。

（2）具有强大的扩展能力，包括可扩展模块、扩展 ED 和扩展 BD。

（3）集成的以太网接口用于上下载程序、在线监控、远程通信以及与其他设备 TCP/IP 通信。

（4）为用户指令和数据提供高达 512 kB 的共用工作内存。

（5）集成工艺功能，包括多路高速输入、脉冲输出。

2. 主要技术参数

信捷 XD5-24T-E 型 PLC 是 XD 系列 PLC 的典型代表，其主要规格参数见表 2.9。

表 2.9　XD5-24T-E 型 PLC 主要规格参数

型号	XD5-24T-E
用户程序容量	512 kB
板载 I/O	数字 I/O：14 点输入、10 点输出
高速计数器	HSC0～HSC39
脉冲输出	支持 2～10 轴高速脉冲输出
扩展能力	最多支持 16 个扩展模块；最多 2 个扩展 BD 板；1 个左扩展 ED 模块
高速运算	基本处理指令时间为 0.02～0.05 μs（XDH 可达 0.005～0.03 μs），扫描时间为 10 000 步 1 ms，程序容量最高达 1.5 MB（XDH 高达 4 MB）
通信端口	RJ45 口、COM 口、USB 口
供电电源规格	电压范围：20.4～28.8 V DC

3. 软件开发环境

信捷 XD 系列 PLC 编程控制软件为 XDPPro，用户通过该开发环境可以进行两种方式编程：梯形图编程或指令表编程。程序编辑窗口如图 2.13 所示。基于该开发环境，可对 XD 系列可编程控制器进行联机、程序上下载、PLC 的启停、数据上下载、相关信息查询、PLC 的初始化、程序的加解锁和打印等功能的操作。

当 PLC 设置密码以后，在程序加锁的状态下，无法读出 PLC 中的程序，可起到保护程序的作用。在上载过程中，如果连续输入密码错误，PLC 会自动封锁密码，这时需要将 PLC 重新上电，才可以进行打开密码及上载操作。

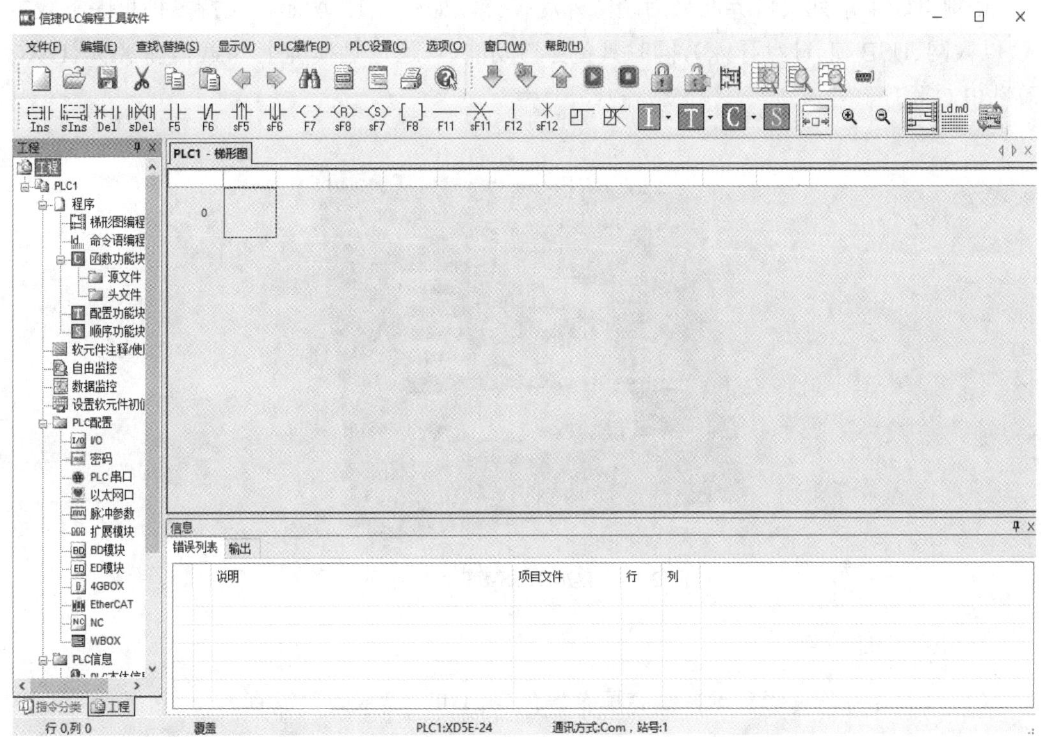

图 2.13　XDPPro 软件程序编辑窗口

2. 3. 2　触摸屏技术基础

人机界面（Human Machine Interface，HMI），又称触摸屏，是人与设备之间传递、交换信息的媒介和对话接口。在工业自动化领域，各个厂家提供了种类型号丰富的产品可供选择。根据功能的不同，工业人机界面习惯上被分为文本显示器、触摸屏人机界面和平板电脑三大类，如图 2.14 所示。

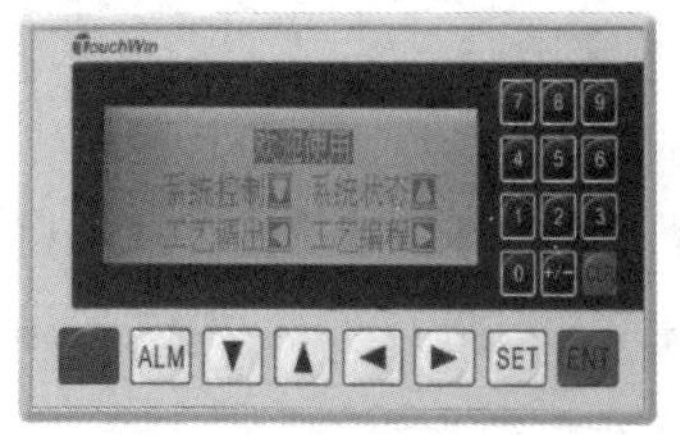

（a）文本显示器

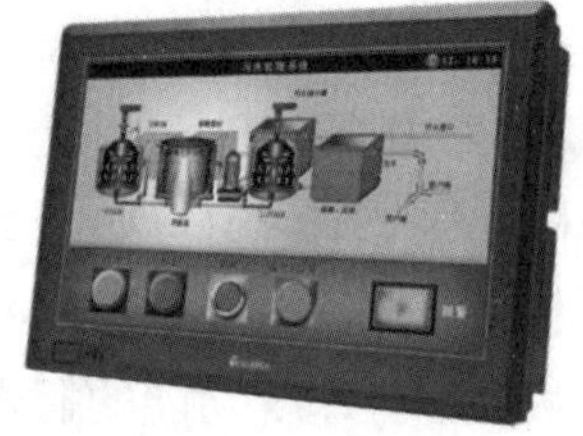

（b）触摸屏人机界面

（c）平板电脑

图 2.14　常用工业人机界面

信捷 TGM 系列人机界面采用超薄外观设计，如图 2.15 所示，支持多种程序下载方式（以太网、USB 口、U 盘导入），同时具备穿透功能，可通过触摸屏上/下载信捷 XD/XL/XG 系列 PLC 程序。

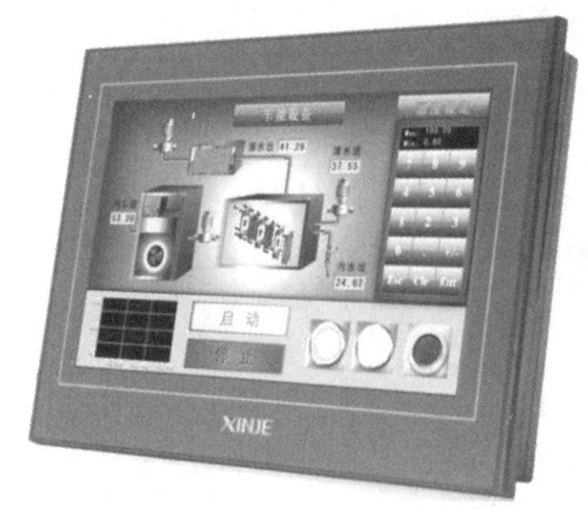

图 2.15　TGM765S-ET 人机界面

1. 主要功能特点

（1）1 600 万色真彩显示，高亮屏幕，色彩饱和，显示效果逼真。

（2）高速 400 MHz 主频 CPU，128 MB 内存配置，处理能力强，下载速度快。

（3）使用 USB 端口上传或加载数据。

（4）支持多种语言及多种文字设定。

（5）具备多种通信接口，RJ45 以太网口，支持与 TBOX、西门子 1200 及其他 Modbus TCP 设备通信。

2. 主要技术参数

信捷 TGM765S-ET 型人机界面的主要规格参数见表 2.10。

表 2.10　主要规格参数

型号	TGM765S-ET
显示尺寸	7 寸 TFT 液晶显示，LED 背光
分辨率	800×480
存储空间	128 MB
触摸面板	四线电阻式触摸板
接口	RJ45 口、COM 口、USB 口
供电电源规格	额定电压：24 V DC；电压范围：22～26 V DC

3. 软件开发环境

TouchWin 是一款专业的信捷触摸屏编程软件，包含多种图库和部件资料，多样的语言文字表现形式，为用户提供快捷的画面编辑平台。TouchWin 支持 TH、TW、TP、TGM 系列触摸屏设计，另增加了 XY 折线图和数据表格功能，其软件界面如图 2.16 所示。

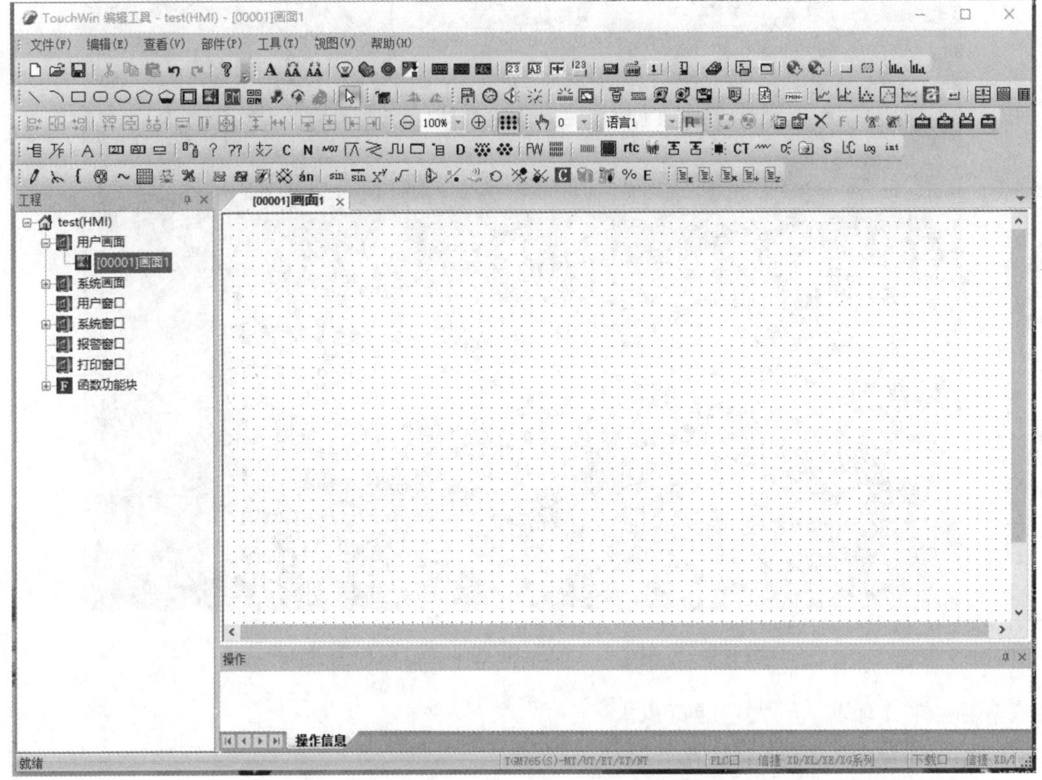

图 2.16　TouchWin 软件界面

第 3 章　智能视觉系统编程基础

3.1　智能视觉软件简介及安装

❋ 智能视觉软件

3.1.1　软件介绍

1. X-SIGHT Vision Studio EDU

X-SIGHT Vision Studio EDU 是一款专为机器视觉工程开发设计的一款图形化编辑软件，提供功能强大的图像分析工具和丰富的结果输出工具，方便用户进行自定义运算，可加快项目开发进程，缩短项目周期。软件主界面如图 3.1 所示。

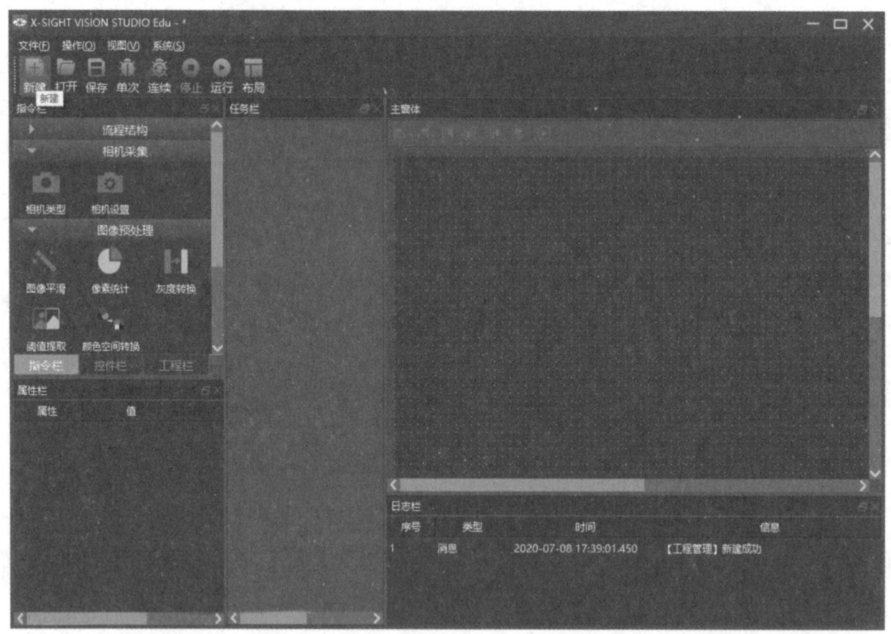

图 3.1　X-SIGHT Vision Studio EDU 软件主界面

该软件具有以下五大功能特点：

（1）具有六大类 34 种图形算法工具。

（2）直观化的图形编辑界面。

（3）简单的工具参数设置，可快速创建视觉检测工程。

（4）指令丰富，支持多种数据类型。

（5）编程与监控一体化，便于数据的统计和现场的有效管理。

2. CodeMeter Control Center

CodeMeter Control Center 是一款综合的软件加密解决方案，包括硬件加密狗及软件授权技术，软件界面如图 3.2 所示，其中图 3.2（a）为未插加密狗的软件界面，图 3.2（b）为插上加密狗后的软件界面。硬件加密狗型号是 CmStick/C Basic，如图 3.3 所示，配合软件 CodeMeter Control Center 共同使用。

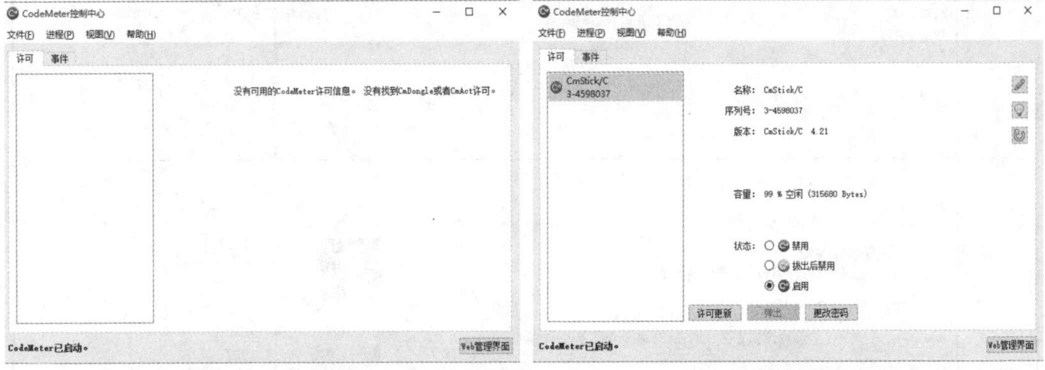

（a）未插加密狗　　　　（b）已插加密狗

图 3.2　CodeMeter Control Center 软件界面

图 3.3　CmStick/C Basic 加密狗

CodeMeter Control Center 加密软件具有以下三大功能特点：

（1）通过配置文件自定义用户出错信息。

（2）AES 和 ECC 加密算法：保证通信通道安全，数据不被监听。

（3）升级硬件狗固件及设定网络授权便捷。

3.1.2　软件安装

软件 X-SIGHT Vision Studio EDU 安装的操作步骤见表 3.1。

表 3.1　软件 X-SIGHT Vision Studio EDU 安装的操作步骤

序号	图片示例	操作步骤
1		双击运行安装文件“XSightVisionStudioEdu”
2	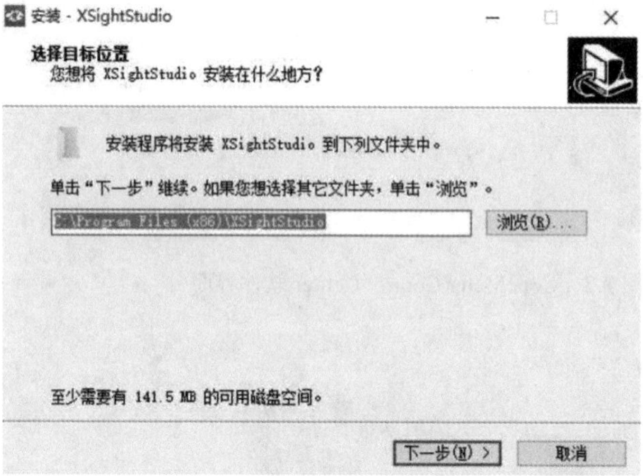	选择安装路径（建议选择默认安装路径），点击【下一步】按钮
3	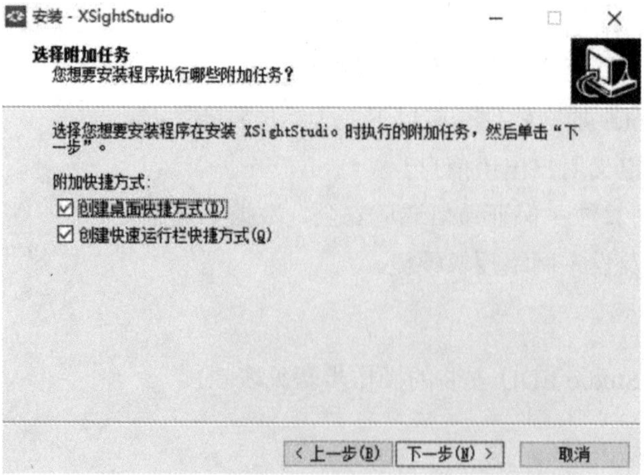	点击【下一步】按钮

续表 3.1

序号	图片示例	操作步骤
4	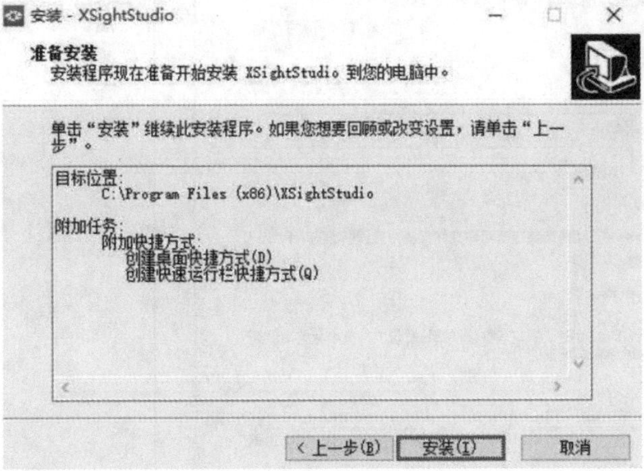 安装 - XSightStudio 准备安装 安装程序现在准备开始安装 XSightStudio 到您的电脑中。 单击“安装”继续此安装程序。如果您想要回顾或改变设置，请单击“上一步”。 目标位置: C:\Program Files (x86)\XSightStudio 附加任务: 附加快捷方式: 创建桌面快捷方式(D) 创建快速运行栏快捷方式(Q) < 上一步(B) 安装(I) 取消	点击【安装】按钮
5	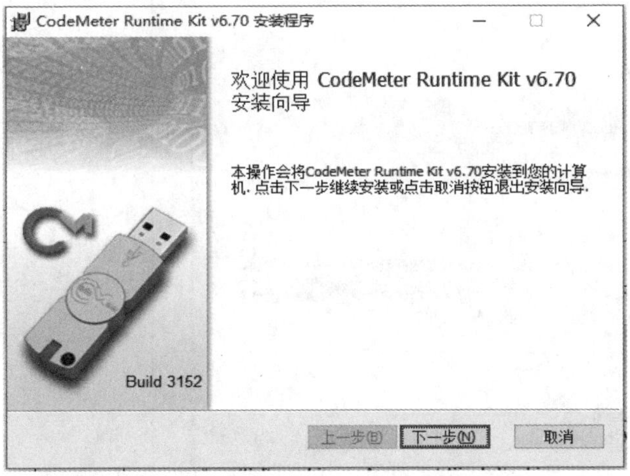 CodeMeter Runtime Kit v6.70 安装程序 欢迎使用 CodeMeter Runtime Kit v6.70 安装向导 本操作会将CodeMeter Runtime Kit v6.70安装到您的计算机. 点击下一步继续安装或点击取消按钮退出安装向导. Build 3152 上一步(B) 下一步(N) 取消	点击【下一步】按钮
6	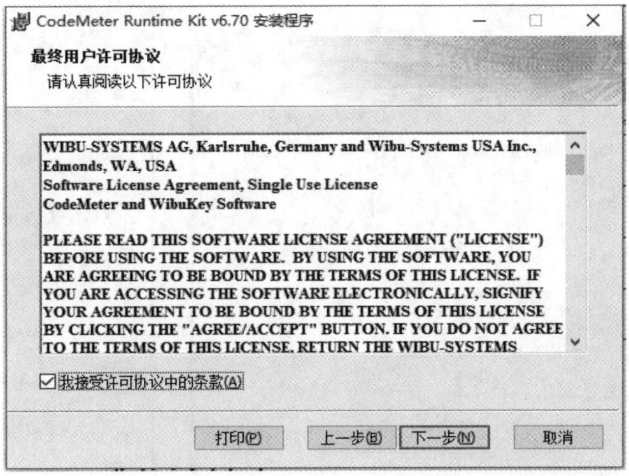 CodeMeter Runtime Kit v6.70 安装程序 最终用户许可协议 请认真阅读以下许可协议 WIBU-SYSTEMS AG, Karlsruhe, Germany and Wibu-Systems USA Inc., Edmonds, WA, USA Software License Agreement, Single Use License CodeMeter and WibuKey Software PLEASE READ THIS SOFTWARE LICENSE AGREEMENT ("LICENSE") BEFORE USING THE SOFTWARE. BY USING THE SOFTWARE, YOU ARE AGREEING TO BE BOUND BY THE TERMS OF THIS LICENSE. IF YOU ARE ACCESSING THE SOFTWARE ELECTRONICALLY, SIGNIFY YOUR AGREEMENT TO BE BOUND BY THE TERMS OF THIS LICENSE BY CLICKING THE "AGREE/ACCEPT" BUTTON. IF YOU DO NOT AGREE TO THE TERMS OF THIS LICENSE, RETURN THE WIBU-SYSTEMS ☑我接受许可协议中的条款(A) 打印(P) 上一步(B) 下一步(N) 取消	勾选“我接受许可协议中的条款”，点击【下一步】按钮

续表 3.1

序号	图片示例	操作步骤
7	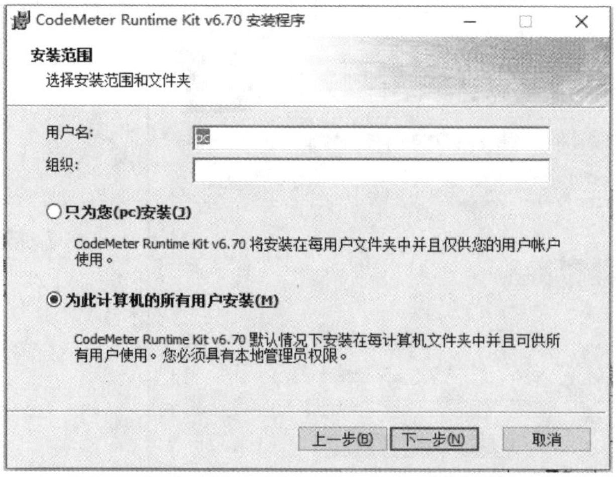 CodeMeter Runtime Kit v6.70 安装程序 安装范围 选择安装范围和文件夹 用户名: pc 组织: ○只为您(pc)安装(J) CodeMeter Runtime Kit v6.70 将安装在每用户文件夹中并且仅供您的用户帐户使用。 ◉为此计算机的所有用户安装(M) CodeMeter Runtime Kit v6.70 默认情况下安装在每计算机文件夹中并且可供所有用户使用。您必须具有本地管理员权限。 上一步(B) 下一步(N) 取消	点击【下一步】按钮
8	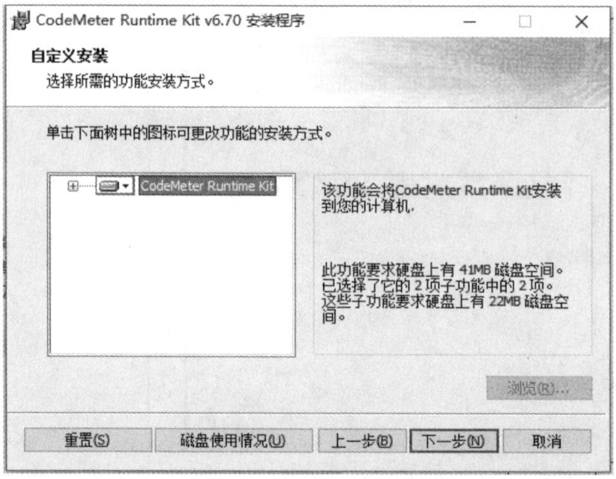 CodeMeter Runtime Kit v6.70 安装程序 自定义安装 选择所需的功能安装方式。 单击下面树中的图标可更改功能的安装方式。 CodeMeter Runtime Kit 该功能会将CodeMeter Runtime Kit安装到您的计算机。 此功能要求硬盘上有 41MB 磁盘空间。已选择了它的 2 项子功能中的 2 项。这些子功能要求硬盘上有 22MB 磁盘空间。 浏览(R)... 重置(S) 磁盘使用情况(U) 上一步(B) 下一步(N) 取消	点击【下一步】按钮
9	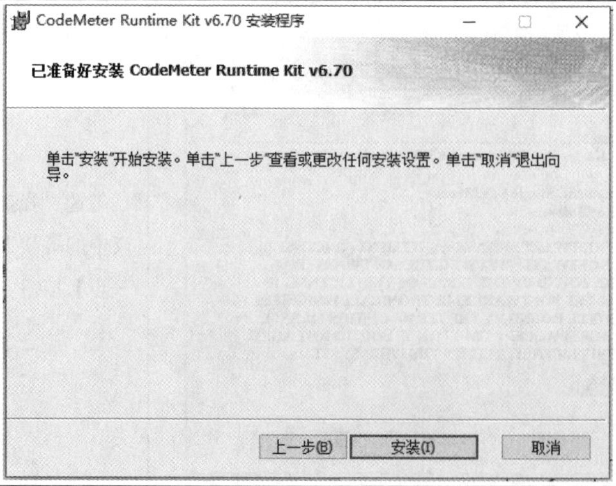 CodeMeter Runtime Kit v6.70 安装程序 已准备好安装 CodeMeter Runtime Kit v6.70 单击"安装"开始安装。单击"上一步"查看或更改任何安装设置。单击"取消"退出向导。 上一步(B) 安装(I) 取消	点击【安装】按钮，等待数秒

续表 3.1

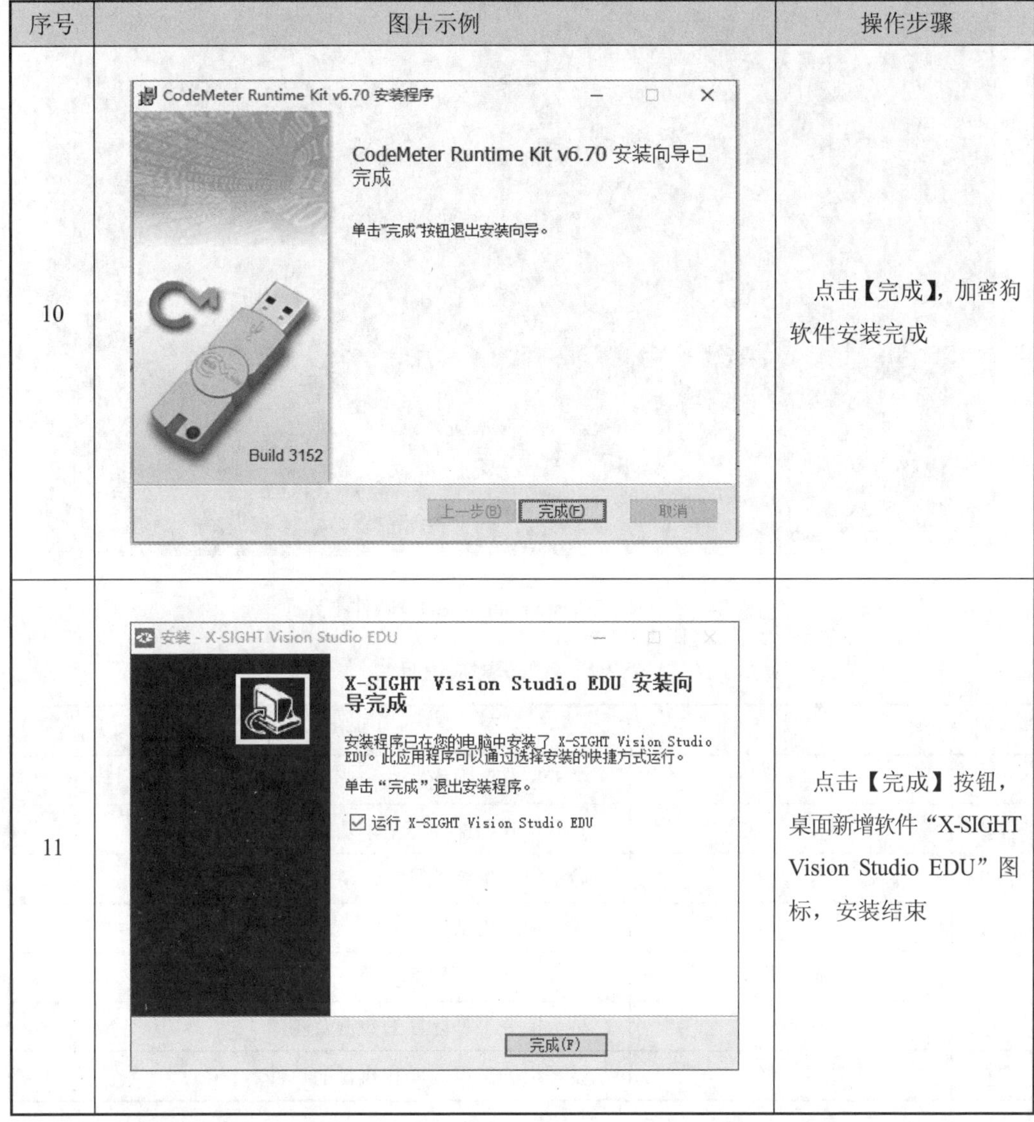

序号	图片示例	操作步骤
10		点击【完成】，加密狗软件安装完成
11		点击【完成】按钮，桌面新增软件“X-SIGHT Vision Studio EDU”图标，安装结束

注：X-SIGHT Vision Studio EDU 软件安装包中包含 Microsoft Visual C++运行库、加密狗加密软件 CodeMeter Control Center。

3.2　软件界面

3.2.1　主界面

X-SIGHT Vision Studio EDU 软件主界面如图 3.4 所示，各部分对应说明见表 3.2。

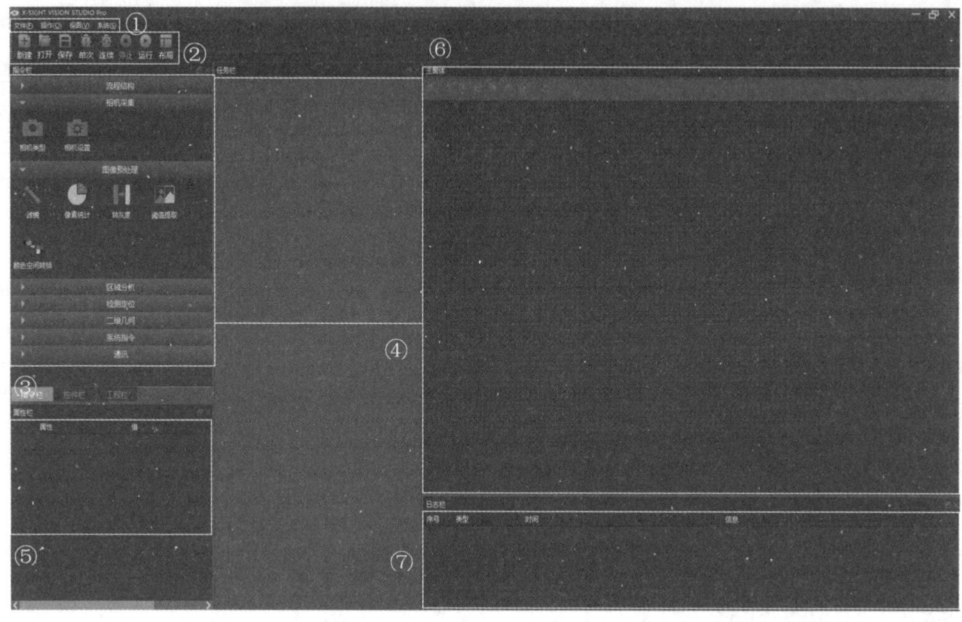

图 3.4　X-SIGHT Vision Studio EDU 软件主界面

表 3.2　各部分对应说明

序号	名称	说　明
①	菜单栏	在下拉菜单中能够选择要进行的操作
②	常规工具栏	显示打开、保存等基本功能
③	指令栏	显示所有指令工具
④	任务栏	放置和连接指令
⑤	属性栏	设置指令工具相关参数
⑥	主窗体	显示指令工具计算的数据及图像
⑦	日志栏	显示相关工程编译和执行的事件

3.2.2　菜单栏

菜单栏是按照程序功能分组排列的按钮集合，一般位于软件主界面的左上方，由文件、操作、视图、系统四个菜单构成，如图 3.5 所示，菜单栏说明见表 3.3。

文件(F)　操作(O)　视图(V)　系统(S)

图 3.5　菜单栏

表 3.3　菜单栏说明

菜单	文件	操作	视图	系统
子项	新建 Ctrl+N 打开 Ctrl+O 保存 Ctrl+S 另存为 Ctrl+Shift+S 退出	单次 F5 连续 F6 停止 Shift+F6 运行 Ctrl+R	布局 保存布局 ✔ 指令栏 ✔ 属性栏 ✔ 控件栏 ✔ 工程栏 ✔ 任务栏 ✔ 主窗体 ✔ 日志栏 ✔ 常用工具栏	关于 F11 帮助 F12
功能	工程的新建、保存等	调试工程	调整窗口布局	基本信息与帮助

3.2.3　工具栏

工具栏是指在软件程序中，综合各种常用工具，让用户方便使用的一个区域。X-SIGHT Vision Studio EDU 软件工具栏的工具包括新建、打开、保存、单次、连续、停止、运行、布局，如图 3.6 所示，详细说明见表 3.4。

图 3.6　工具栏

表 3.4　工具栏介绍

标识	名称	说　明
	新建	新建工程
	打开	打开现有工程
	保存	保存当前工程
	单次	执行程序到迭代结束
	连续	执行程序直到用户按下“停止”按钮结束
	停止	终止程序，释放相机资源
	运行	运行当前工程
	布局	将布局调整为初始布局

3.2.4 其他常用窗口

X-SIGHT Vision Studio EDU 软件常用窗口：主窗体窗口、属性栏窗口和图形编辑窗口。

1. 主窗体窗口

主窗体窗口分为两个区域：①调整区域 ②放置区域，如图 3.7 所示。其中调整区域是用来调整放置区域中控件的对齐方式，使用户（UI）界面更加美观；放置区域存放用户所用控件和显示程序运行结果（包含画面和数据）。

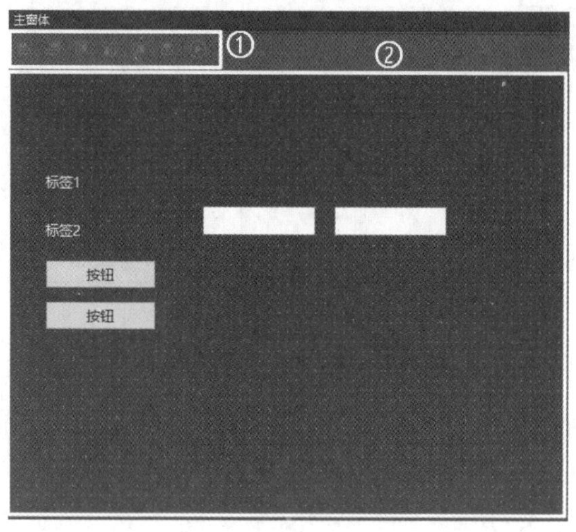

图 3.7 主窗体区域

2. 属性栏窗口

应用程序开发过程中所使用的大部分指令和控件都包含内部参数，点击指令或者控件即可在属性栏查看和修改其详细属性。为了获得理想的结果，需要在属性栏设置相应的参数，以单目标定位指令为例，设定方法如图 3.8 所示。

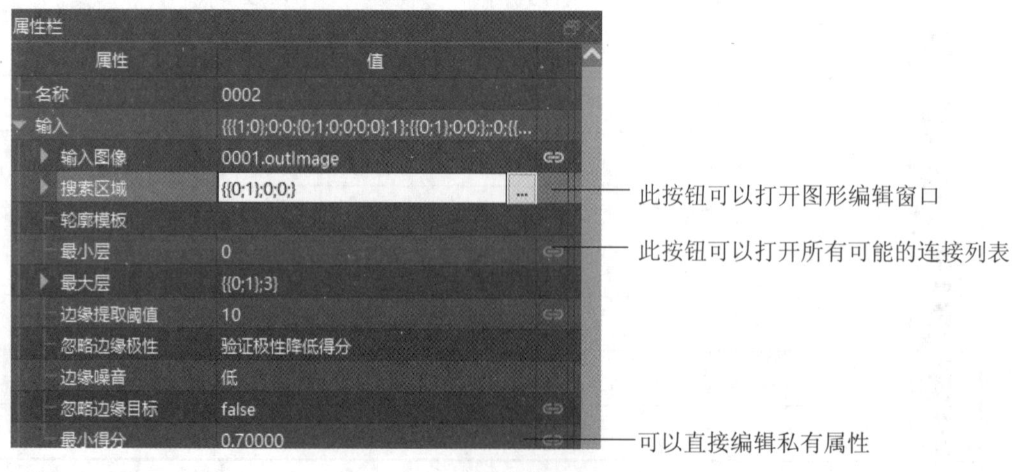

图 3.8 属性栏参数编辑

3. 图形编辑窗口

以单目标定位指令为例，点击属性栏中“搜索区域”后按钮【...】，可打开图形编辑窗口，如图 3.9 所示，图中序号名称及说明见表 3.5。

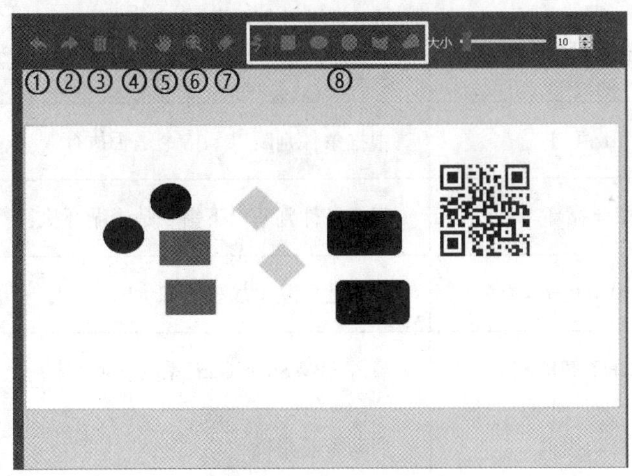

图 3.9 图形编辑窗口

表 3.5 图形编辑窗口说明

序号	名称	说　明
①	撤销	返回上一步操作
②	恢复	恢复撤销或删除的操作
③	清理	删除当前所绘制形状
④	选择	使用选择工具
⑤	拖动当前视图	拖动画面，便于创建模板
⑥	自适应	将图像调至合适视角
⑦	擦除	擦除形状，适应模板
⑧	区域形状工具	根据对应模板轮廓选择形状

3.3 编程结构

3.3.1 常用指令

※ 编程基础

指令是指计算机程序发送给计算机控制器的命令。程序是为实现特定目标或解决特定问题而用计算机语言编写的命令序列的集合。程序包括指令，指令构成程序。

X-SIGHT Vision Studio EDU 软件常用指令包括：If 语句、For 循环、模拟相机、X-SIGHT 智能相机、启动相机、设置触发模式、相机图像、提取区域、单边缘点检测、单目标定位、像素强度、圆定位、ModbusTCP，常用指令介绍见表 3.6。

表 3.6　常用指令介绍

标识	名称	说　明
If	If 语句	根据条件判断以下指令是否执行
For	For 循环	根据条件判断以下指令是否循环执行
模拟相机	模拟相机	从本地电脑中加载图像
X-SIGHT 智能相机	X-SIGHT 智能相机	载入 SPV-SmartCam 系列智能相机
启动相机	启动相机	启动智能相机
设置触发模式	设置触发模式	设定智能相机的触发模式
相机图像	相机图像	获取智能相机的图像
提取区域	提取区域	提取区域内的图像像素
单边缘点检测	单边缘点检测	沿着给定路径定位暗像素和亮像素之间的转换
单目标定位	单目标定位	通过比较物体边缘在图像中查找模板的单个匹配项
像素强度	像素强度	通过分析指定区域中的像素强度来验证对象是否存在
圆定位	圆定位	执行一系列边缘检测，寻找与检测到的点最匹配的圆
ModbusTCP	ModbusTCP	配置网口通信

3.3.2　常用控件

控件是指对数据和方法的封装，用来开发构架用户界面。控件可以有自己的属性和方法，其中属性是控件数据的直观展现，方法则是控件的一些简单而可见的功能。

常用控件包括标签、普通按钮、图片、编辑框、图形显示、表格等，详细功能说明如图 3.10 所示。

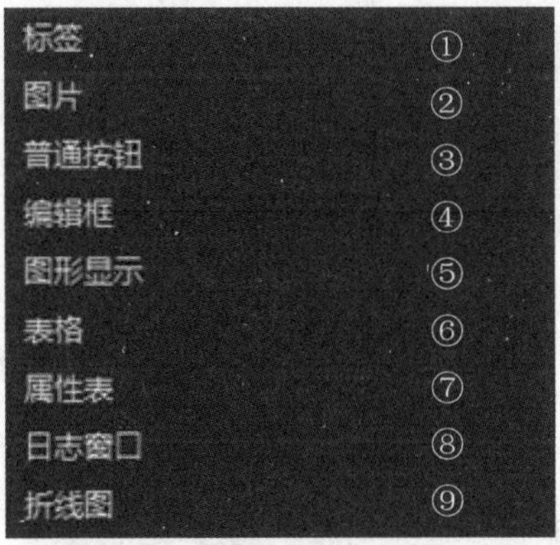

标签 ①
图片 ②
普通按钮 ③
编辑框 ④
图形显示 ⑤
表格 ⑥
属性表 ⑦
日志窗口 ⑧
折线图 ⑨

①在主窗体插入可编辑标签框
②加载本地图片
③点击按钮执行自定义任务
④在主窗体中插入可编辑文本框
⑤显示图像窗口
⑥显示数组信息
⑦显示指令参数
⑧显示相关工程编译和执行的事件
⑨显示数据变化走向

图 3.10　常用控件介绍

3.3.3　数据类型

数据类型是编程语言中为了对数据进行描述而定义的。因为机器不能直接识别数据，所以不同类型数据间相互运算时，在机器内部的执行方式是不一样的。这就要求用户先定义数据的特性再进行其他操作，这里的特性也就是数据类型。

X-SIGHT Vision Studio EDU 中常用数据类型包括：整型、浮点型、字符型、Bool、数组、排列顺序、内核形状、位置，详细说明见表 3.7。

表 3.7　数据类型介绍

名称	说　明
整型	基于 32 位的整数，允许存储范围从−2 147 483 648 到+2 147 483 467
浮点型	实数的一种数据类型，表示单精度（32 位）浮点数
字符型	存储有关字符序列的信息，通常用于文本数据
Bool	Bool 是一个逻辑类型，取值 False 和 True，0 为 False，1 为 True
数组	数组是零个、一个或多个相同类型元素的集合
排列顺序	决定对象按照升序或降序排列
内核形状	描述结构元素形状
位置	用于识别图像中的像素、矩阵中的元素等

3.4　编程示例

本节以彩色图像转为灰度图像为例，简单地演示 X-SIGHT Vision Studio EDU 的使用方法，示例效果如图 3.11 所示。编程思路如下：

（1）使用模拟相机指令加载本地电脑图像（通过在相机标识处修改文件路径）。

（2）使用图形显示控件将图像显示在主窗体中。

（3）使用分离通道指令将图像的颜色通道提取为单独的单色图像。

（4）使用图形显示控件获取单色图像。

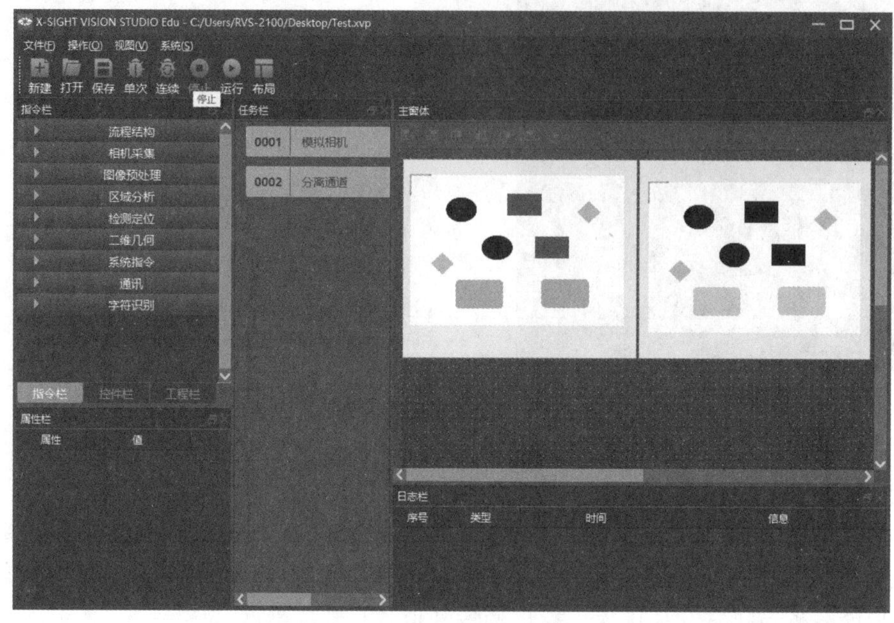

图 3.11　图像转换效果

3.4.1　程序创建

基于 X-SIGHT Vision Studio EDU 进行程序创建的操作步骤见表 3.8。

表 3.8　程序创建的操作步骤

序号	图片示例	操作步骤
1		双击桌面图标 X-SIGHT Vision Studio EDU 图标，打开软件主界面
2		点击左上方【保存】按钮，保存当前工程，命名工程：Test

续表 3.8

序号	图片示例	操作步骤
3	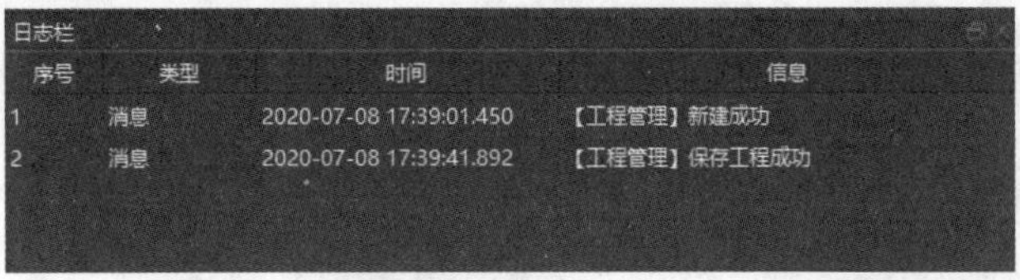 日志栏 序号 类型 时间 信息 1 消息 2020-07-08 17:39:01.450 【工程管理】新建成功 2 消息 2020-07-08 17:39:41.892 【工程管理】保存工程成功	主界面日志栏提示信息：保存工程成功，目标路径新增工程文件为：Test.xvp

3.4.2　程序编写

程序编写的操作步骤见表 3.9。

表 3.9　程序编写的操作步骤

序号	图片示例	操作步骤
1	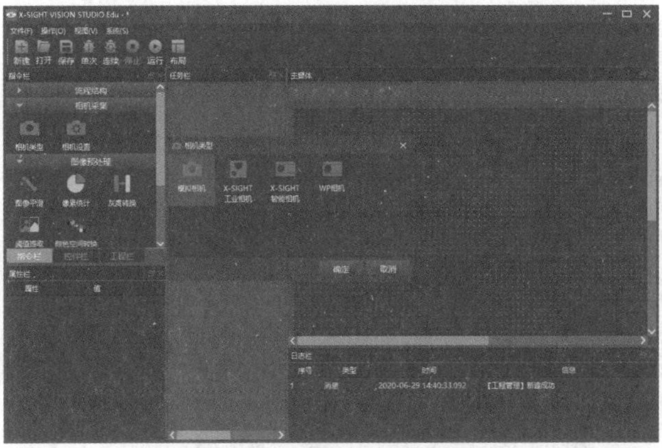	点击指令栏的“相机采集”，选择“相机类型”中的【模拟相机】获取本地图像
2		点击任务栏“0001 模拟相机”指令，修改其属性栏中参数： ①相机标识：C:/Users/CT1/Desktop

续表 3.9

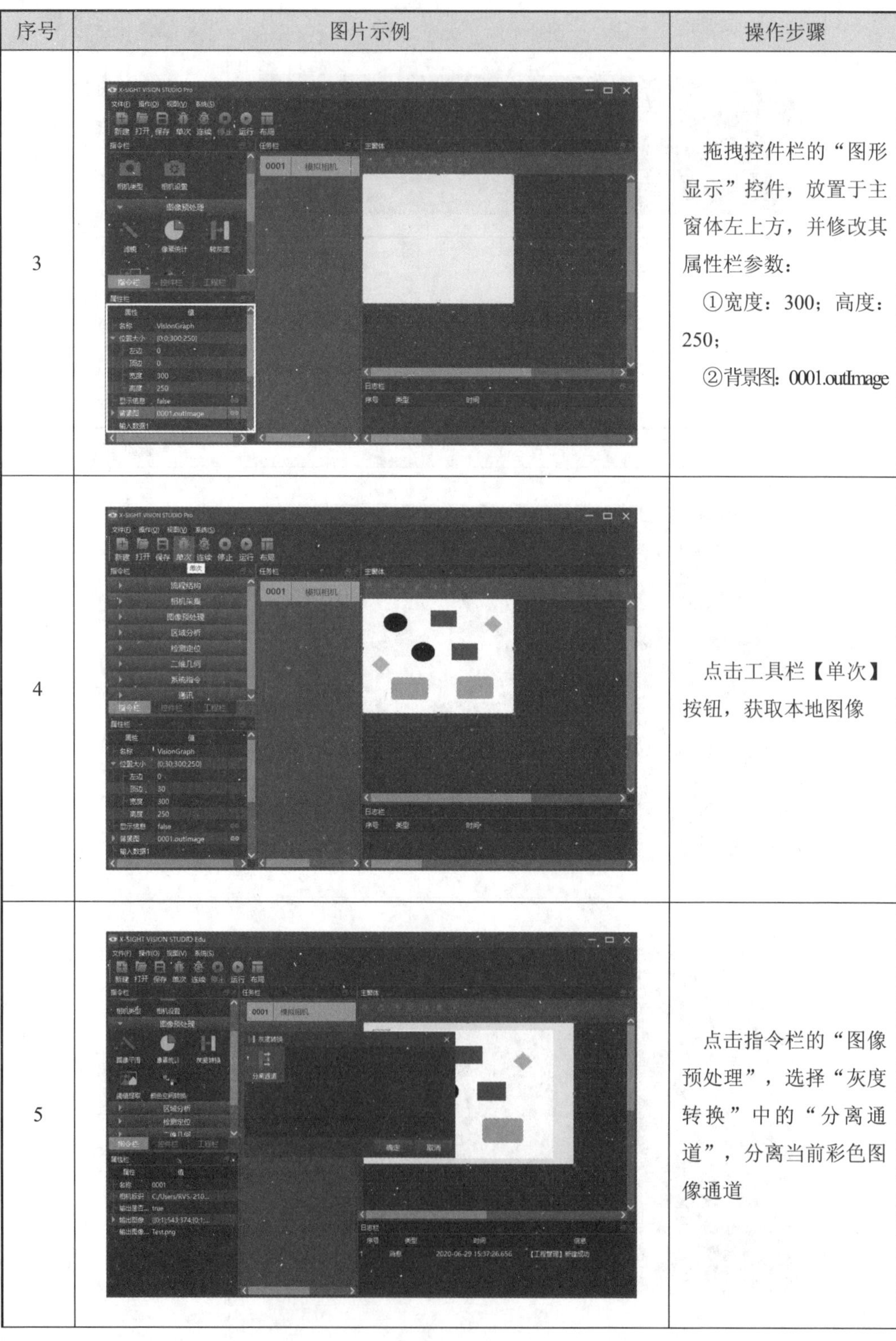

序号	图片示例	操作步骤
3		拖拽控件栏的“图形显示”控件，放置于主窗体左上方，并修改其属性栏参数： ①宽度：300；高度：250； ②背景图：0001.outImage
4		点击工具栏【单次】按钮，获取本地图像
5		点击指令栏的“图像预处理”，选择“灰度转换”中的“分离通道”，分离当前彩色图像通道

续表 3.9

序号	图片示例	操作步骤
6	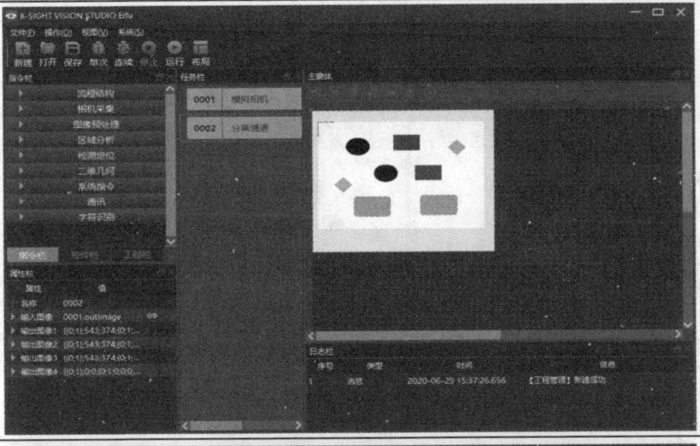	点击任务栏“0002 分离通道”指令，修改其属性栏参数： 输入图像：0001.outImage
7	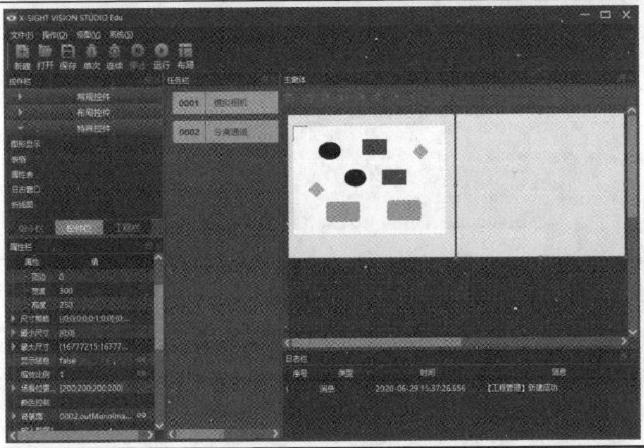	拖拽控件栏的“图形显示”控件，放置于主窗体左上方，并修改其属性栏参数： ①宽度：300；高度：250； ②背景图：0002.outMonoImage1

3.4.3 程序调试

程序调试的操作步骤见表 3.10。

表 3.10 程序调试的操作步骤

序号	图片示例	操作步骤
1	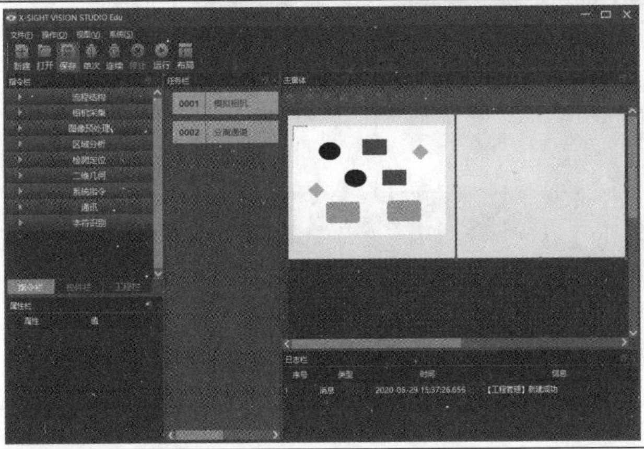	点击界面左上方【保存】按钮，保存当前程序

续表 3.10

序号	图片示例	操作步骤
2	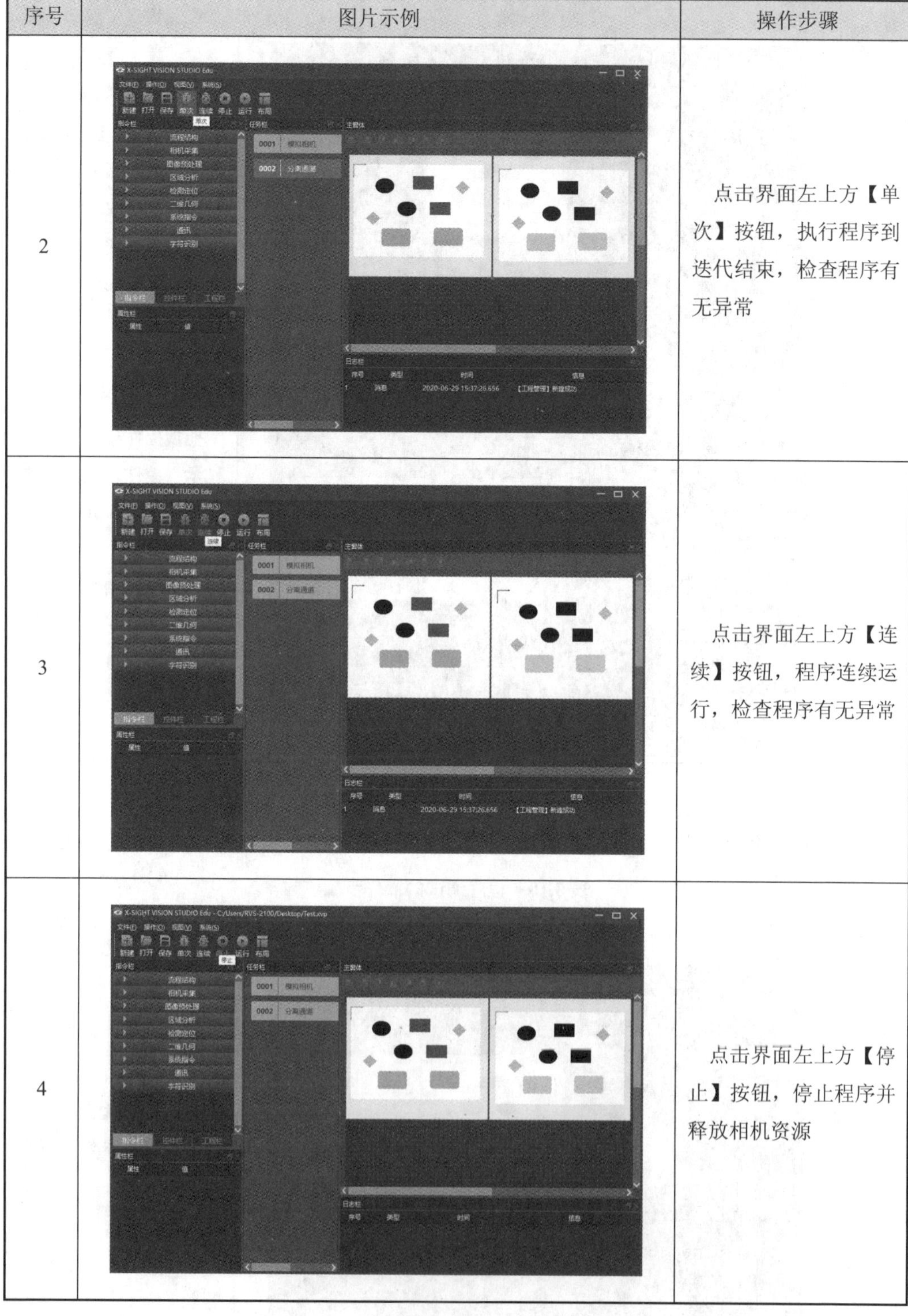	点击界面左上方【单次】按钮，执行程序到迭代结束，检查程序有无异常
3		点击界面左上方【连续】按钮，程序连续运行，检查程序有无异常
4		点击界面左上方【停止】按钮，停止程序并释放相机资源

第二部分　项目应用

第 4 章　基于模板匹配的芯片定位项目

※ 芯片定位项目简介

4.1　项目目的

4.1.1　项目背景

视觉定位是指视觉系统通过非接触传感的方式，实时识别工件的位置及姿态，采用智能视觉系统，确定工件的位置和角度信息，并通过坐标转换将坐标和角度信息发送至外部执行单元，配合执行单元完成精确抓取和装配的任务。视觉定位被广泛应用于半导体、汽车零部件、医疗等行业领域。图 4.1（a）所示为半导体行业芯片定位；图 4.1（b）所示为机械加工行业零部件定位。

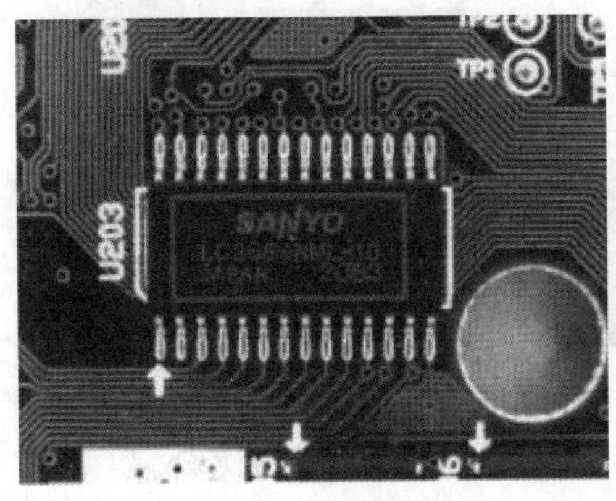

（a）半导体芯片定位

（b）机械零部件定位

图 4.1　智能视觉系统定位应用

4.1.2　项目需求

基于模板匹配的芯片定位项目选用 A3 号视觉应用卡——芯片定位来辅助完成，如图 4.2 所示。

视觉应用卡

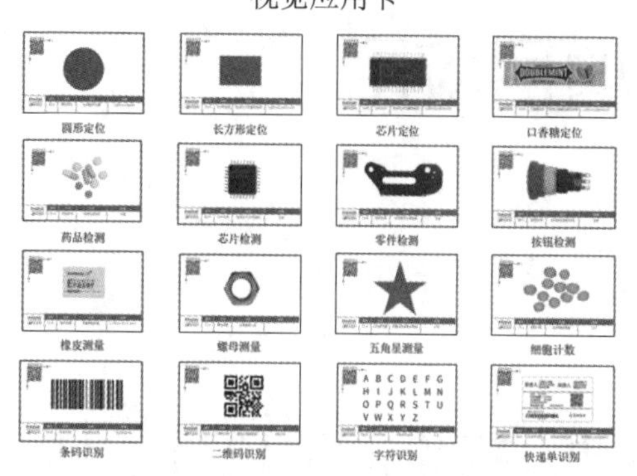

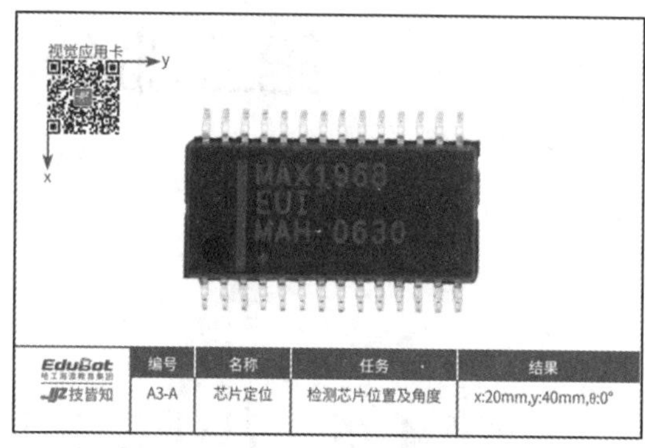

图 4.2　A3 号视觉应用卡——芯片定位

本项目通过 SPV-SmartCam 系列智能相机的模板匹配功能获取芯片的实时位置姿态信息，并将数据信息显示在主窗体中，效果如图 4.3 所示。

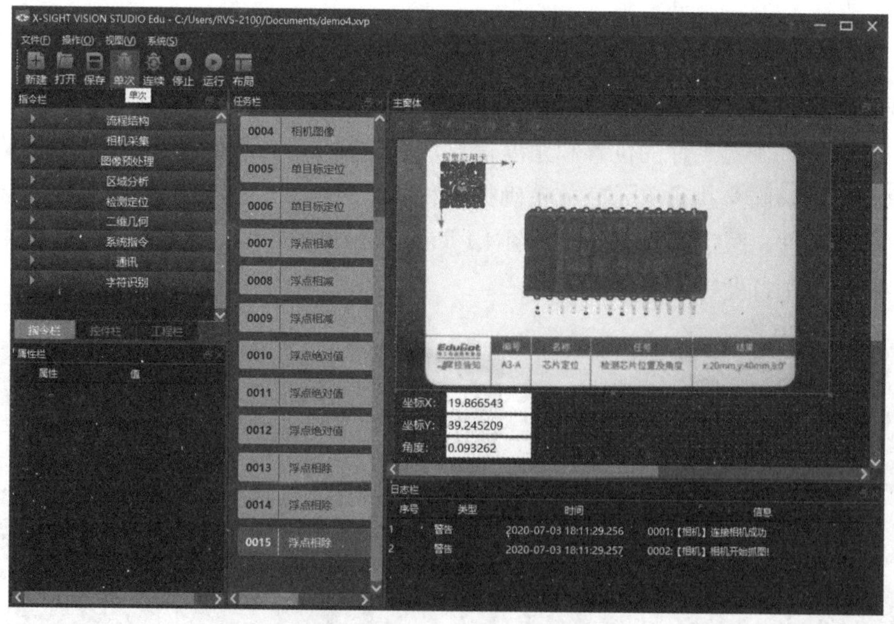

图 4.3　芯片定位效果

4.1.3　项目目的

（1）掌握相机类型和模板定位指令的使用方法。

（2）掌握图形显示、标签和编辑框控件的使用方法。

（3）掌握相机标定方法。

4.2　项目分析

4.2.1　项目构架

本项目为基于模板匹配的芯片定位项目，选用智能视觉产教应用平台的电源模块、I/O 模块、相机模块、显示模块，如图 4.4 所示。其中电源模块为 I/O 模块提供 24 V 电源；I/O 模块为相机模块供电，并集成 USB、通信接口供外部使用；相机模块采集、处理并输出图像信息；显示模块显示图像和数据信息。项目构架如图 4.5 所示。

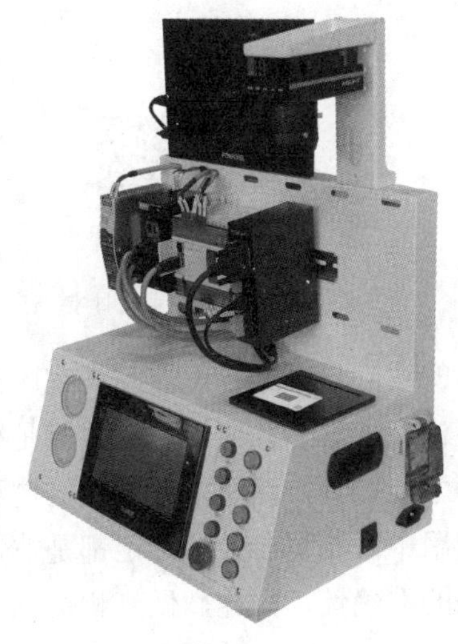

图 4.4　智能视觉产教应用平台图

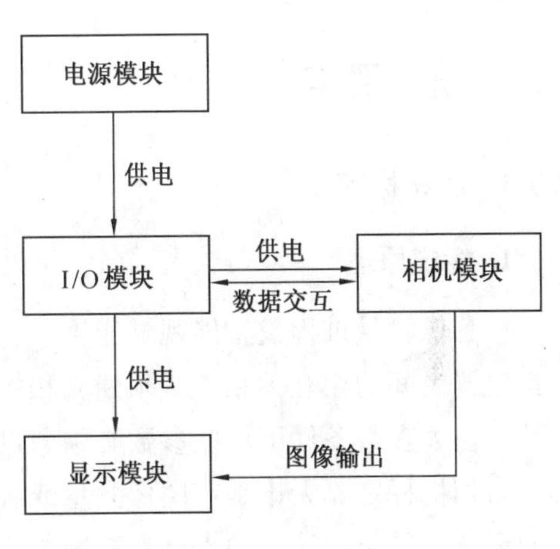

图 4.5　项目构架

4.2.2　项目流程

基于智能视觉系统模板定位技术，将动态目标（芯片）的位置姿态信息输出并显示，具体内容如下：

①使用 X-SIGHT 智能相机指令、启动相机指令、设置触发模式指令、相机图像指令和图形显示控件将实时图像显示在软件主窗体中。

②使用单目标定位指令获取二维码的位置姿态信息。

③使用单目标定位指令获取芯片位置姿态信息。

④使用浮点绝对值指令、浮点相减指令和浮点相除指令换算芯片坐标数据。

⑤使用标签控件和编辑框控件将对象的位置姿态数据显示在软件主窗体中。

基于模板匹配的芯片定位项目流程如图 4.6 所示。

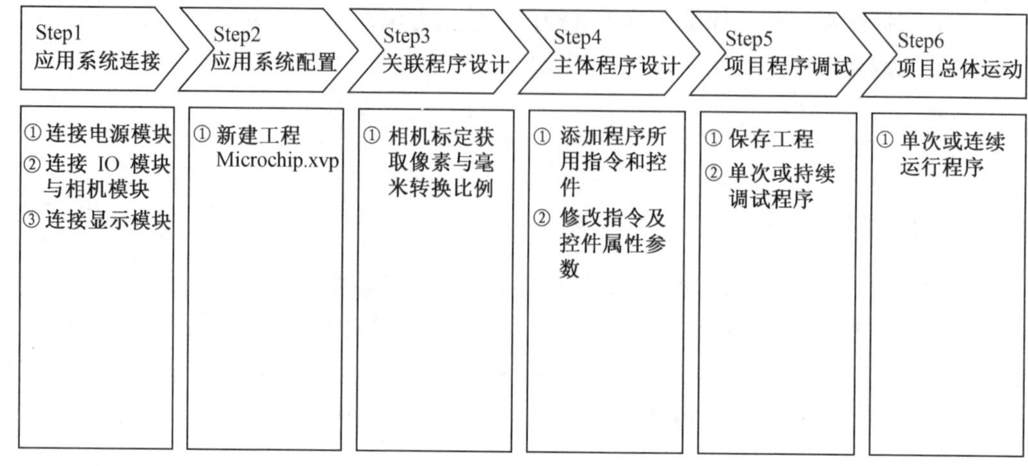

图 4.6　芯片定位项目流程

4.3　项目要点

※ 芯片定位项目要点

4.3.1　相机标定

1. 标定原理

在图像测量过程及智能视觉应用中，为确定物体的实际平面坐标位置与其在图像中像素位置之间的相互关系，必须建立相机成像的几何模型，这些几何模型参数就是相机参数。在大多数条件下这些参数必须通过实验与计算才能得到，这个求解参数的过程就称之为相机标定。无论是在图像测量或者智能视觉应用中，相机参数的标定都是非常关键的环节，其标定结果的精度直接影响相机工作结果的准确性。因此，做好相机标定是做好后续工作的前提。

2. 标定方法

相机的标定方法包括传统相机标定法、主动视觉相机标定法和相机自标定法，见表 4.1。

表 4.1　相机的标定方法

标定方法	优点	缺点	常用方法
传统相机标定法	可使用于任意的相机模型 精度高	需要标定物 算法复杂	Tsai 两步法、张氏标定法
主动视觉相机标定法	不需要标定物 算法简单 鲁棒性高	成本高 设备昂贵	主动系统控制相机做特定运动
相机自标定法	灵活性强 可在线标定	精度低 鲁棒性差	分层逐步标定，基于 Kruppa 方程

3. Tsai 两步法

本项目使用 Tsai 两步法进行相机标定，方法如下：

①在相机的视野中放置一个已知长度和宽度的长方形（长 30 mm，宽 20 mm），如图 4.7 所示。

②使用 X-SIGHT 智能相机指令、启动相机指令、设置触发模式指令和相机图像指令加载长方形图像。

③使用单边缘点检测指令、边缘线段定位和几何测量指令获取长方形的长（单位：像素）。

④使用相机的算术运算指令计算像素单位与毫米单位的比例。

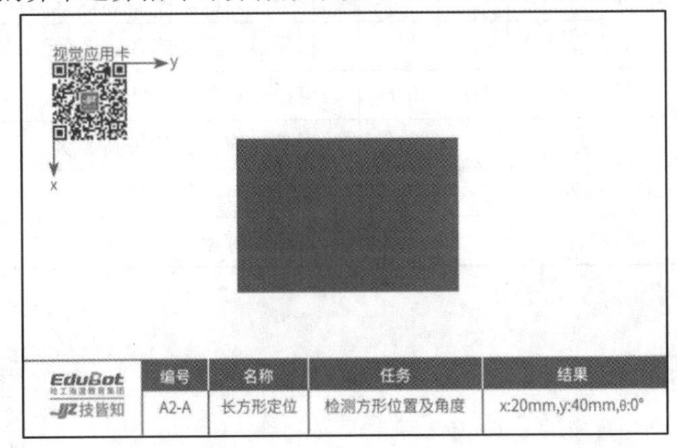

图 4.7　视觉应用卡——长方形

4.3.2　模板匹配

模板匹配是一种最原始、最基本的模式识别方法，通过研究某一特定对象物的图案位于图像的某一位置，进而识别对象物，是图像处理中最基本、最常用的匹配方法。

模板匹配定位分为单目标定位和多目标定位，根据图像中是否存在多个模板匹配项来选择单目标定位或者多目标定位。当目标对象在图像中数量为 1 时，选用单目标定位；当目标对象在图像中数量大于 1 时，选用多目标定位。本项目选用单目标定位，定位效果如图 4.8 所示，指令属性见表 4.2。

（a）待搜索图像　　（b）模板图像　　（c）匹配结果图像

图 4.8　图形单目标定位效果

表 4.2　单目标定位工具属性

属性	类型	取值范围	说　明
输入图像	图像		输入目标图像
搜索区域	区域		搜索区域
轮廓模板	轮廓模板		定义模板对象
最小层	整型	0～12	定义对象位置仍然处于优化状态的最底层
最大层	整型	0～12	定义可用于加速计算的降低分辨率级别的总数
边缘提取阈值	浮点型	0.01～+∞	用于与模板匹配的边缘的最小强度
忽略边缘极性	布尔型		指示是否应忽略边缘极性的标志
忽略边缘目标	布尔型		指示是否应忽略跨越图像边界的对象的标志
最小得分	浮点型	0.0～1.0	可接受对象的最低分数
加速最高等级	整型		用于加速计算的最高等级
目标对象	2D 目标对象		找到的对象信息
目标边缘	路径数组		找到的对象轮廓

4.4　项目步骤

※ 芯片定位项目步骤

4.4.1　应用系统连接

应用系统连接如图 4.9 所示。

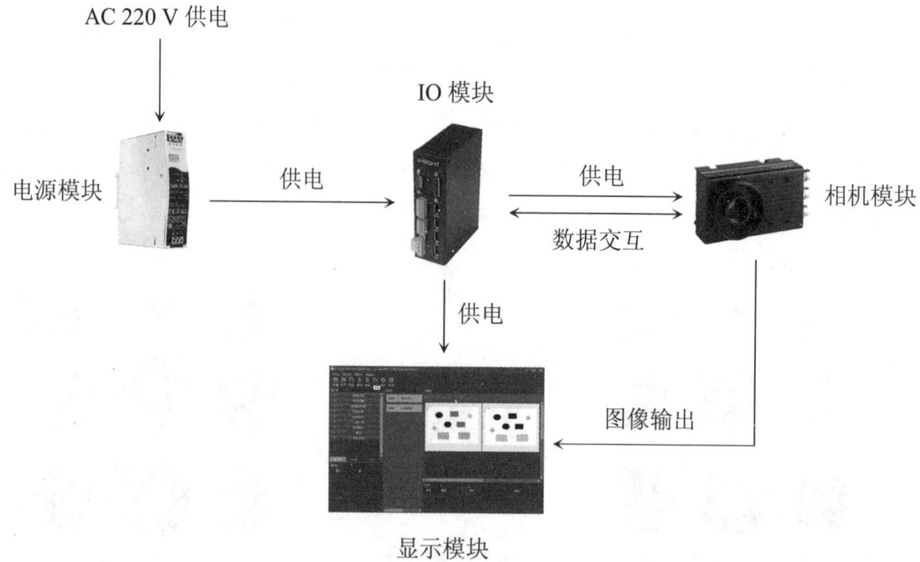

图 4.9　应用系统连接

4.4.2　应用系统配置

在完成应用系统连接后需新建工程，操作步骤见表 4.3。

表 4.3　新建工程的操作步骤

序号	图片示例	操作步骤
1		双击桌面图标"X-SIGHT Vision Studio EDU"，打开软件主界面
2	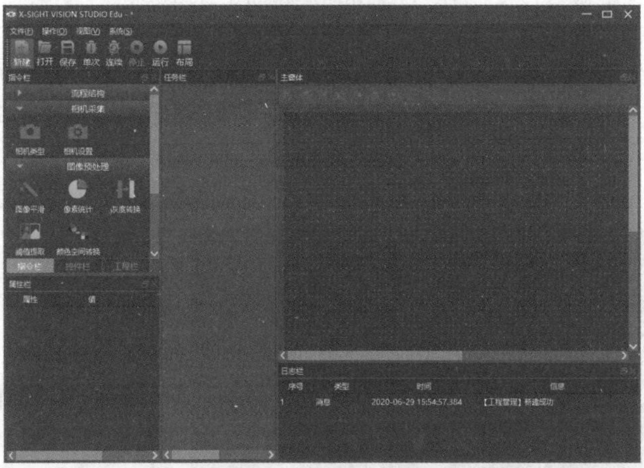	点击工具栏【新建】按钮，新建工程
3	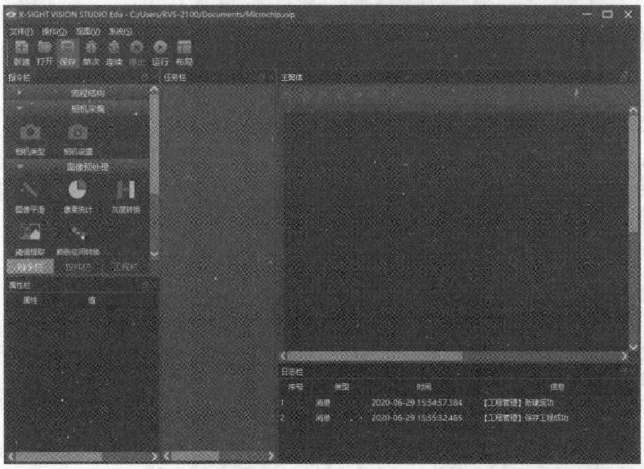	点击工具栏【保存】按钮，保存当前工程，命名工程：Microchip

4.4.3　关联程序设计

分析相机标定程序需使用的指令与控件，见表 4.4。

表 4.4　程序指令与控件

属性	名称	说　　明
指令	X-SIGHT 智能相机	载入 SPV-SmartCam 系列智能相机
	启动相机	启动智能相机
	设置触发模式	设置智能相机的触发模式
	相机图像	采集实时图像
	单边缘点检测	检测长方形短边的一点
	边缘线段定位	定位长方形的一条短边
	点到线段距离	计算长方形长边的长度（单位：像素）
控件	图形显示	显示相机采集的实时图像

相机标定的操作步骤见表 4.5。

表 4.5　相机标定的操作步骤

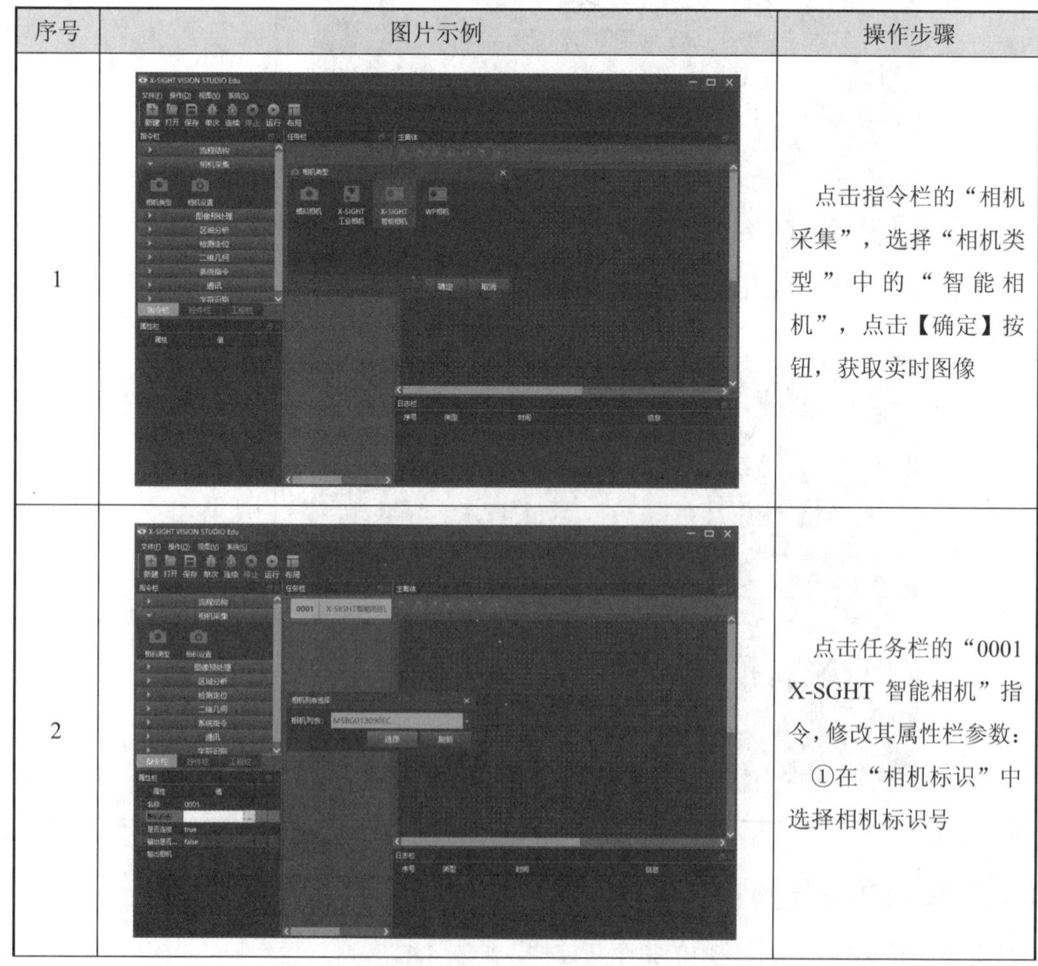

序号	图片示例	操作步骤
1		点击指令栏的“相机采集”，选择“相机类型”中的“智能相机”，点击【确定】按钮，获取实时图像
2		点击任务栏的“0001 X-SGHT 智能相机”指令，修改其属性栏参数： ①在“相机标识”中选择相机标识号

续表 4.5

序号	图片示例	操作步骤
3	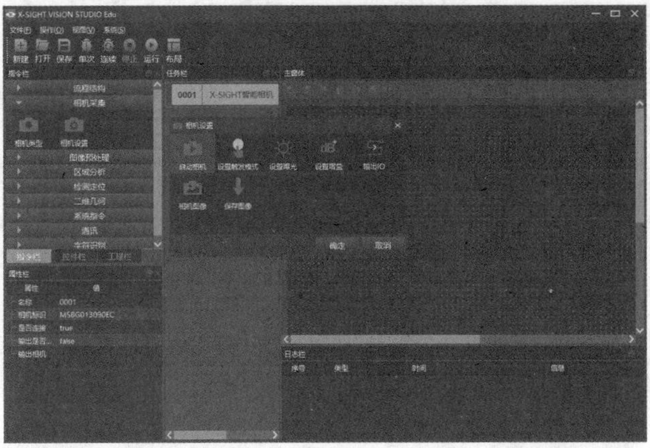	点击指令栏的“相机采集”，选择“相机设置”中的“启动相机”，点击【确定】按钮，启动相机
4	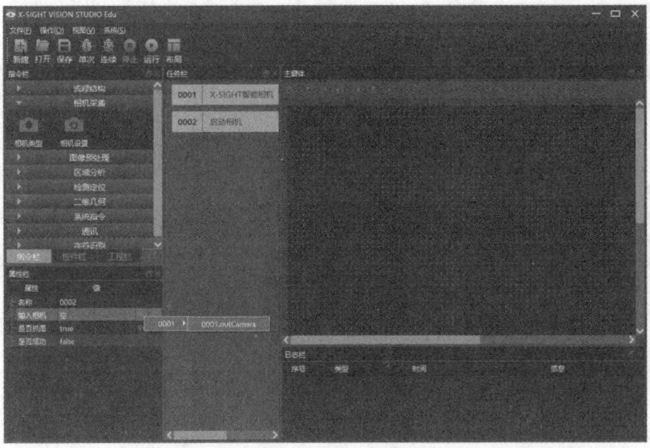	点击任务栏的“0002 启动相机”指令，修改其属性栏参数： ①输入相机：0001.outCamera
5	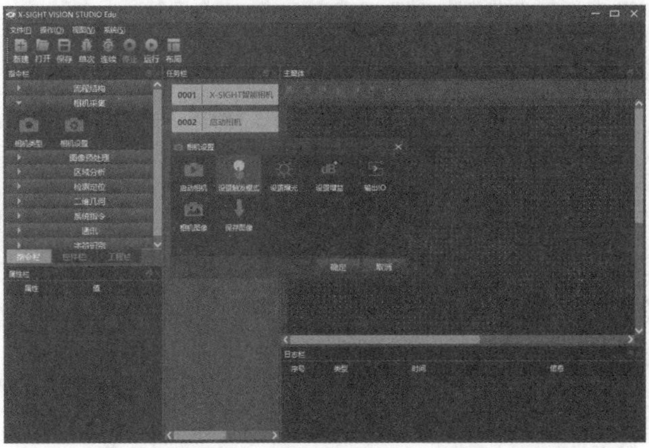	点击指令栏的“相机采集”，选择“相机设置”中的“设置触发模式”，点击【确定】按钮，修改相机的触发模式

续表 4.5

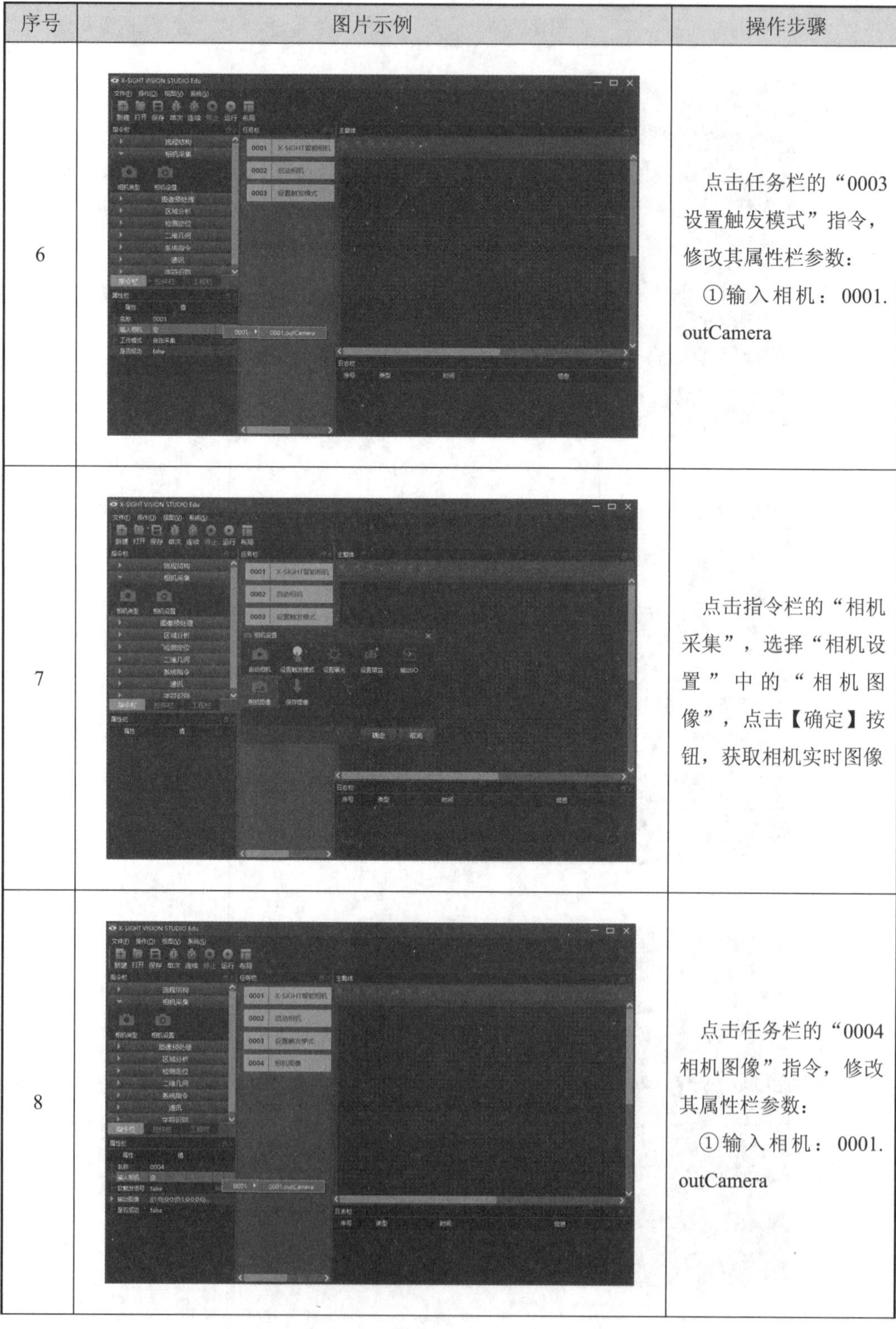

序号	图片示例	操作步骤
6		点击任务栏的“0003 设置触发模式”指令，修改其属性栏参数： ①输入相机：0001.outCamera
7		点击指令栏的“相机采集”，选择“相机设置”中的“相机图像”，点击【确定】按钮，获取相机实时图像
8		点击任务栏的“0004 相机图像”指令，修改其属性栏参数： ①输入相机：0001.outCamera

续表 4.5

序号	图片示例	操作步骤
9	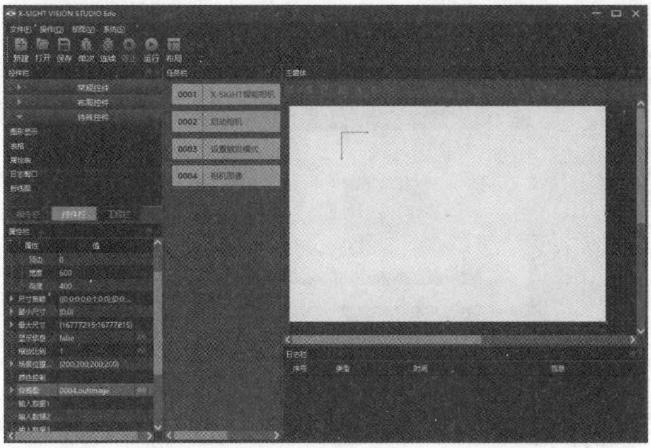	拖拽控件栏的“图形显示”控件至“主窗体”左上方，并设定其属性栏参数： ①宽度：600；高度：400； ②背景图：0004.outImage
10	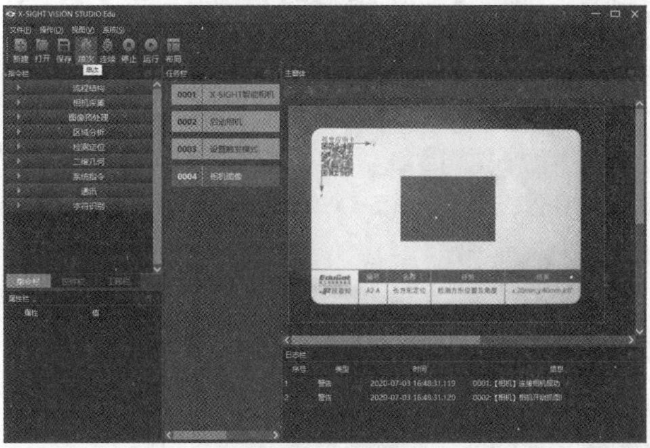	点击工具栏【单次】按钮，运行当前程序，将图像显示在主窗体
11	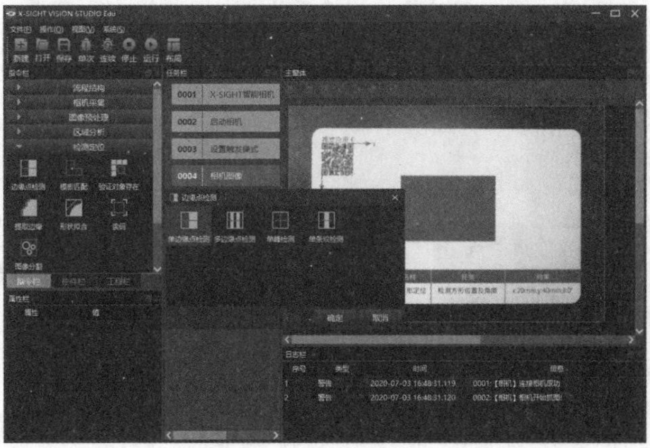	添加“单边缘点检测”指令，定位长方形左侧短边上一点。 点击指令栏的“检测定位”，选择“边缘点检测”中的“单边缘点检测”，点击【确定】按钮

续表 4.5

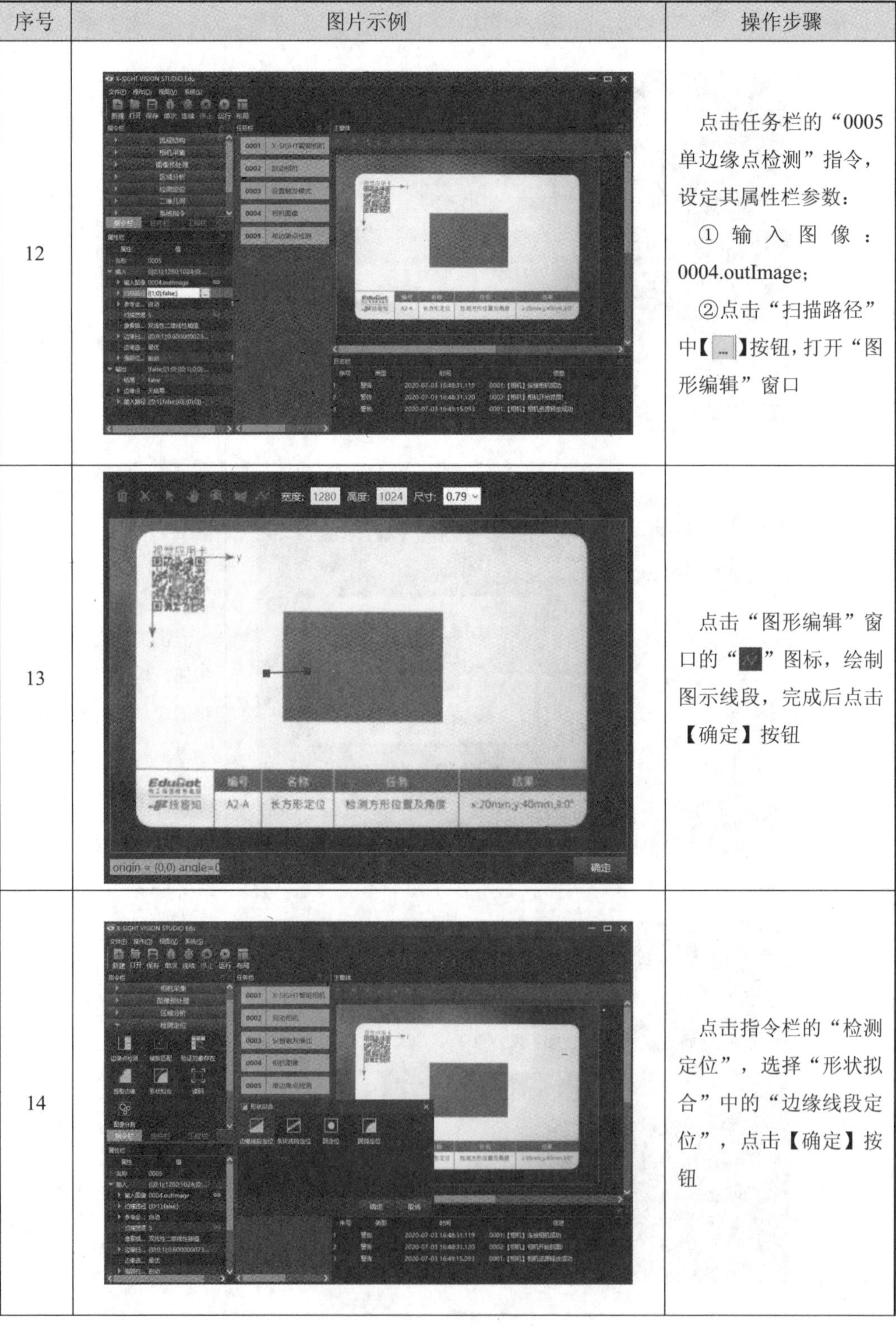

序号	图片示例	操作步骤
12		点击任务栏的“0005 单边缘点检测”指令，设定其属性栏参数： ① 输入图像：0004.outImage； ②点击“扫描路径”中【...】按钮，打开“图形编辑”窗口
13		点击“图形编辑”窗口的“ ”图标，绘制图示线段，完成后点击【确定】按钮
14		点击指令栏的“检测定位”，选择“形状拟合”中的“边缘线段定位”，点击【确定】按钮

续表 4.5

序号	图片示例	操作步骤
15	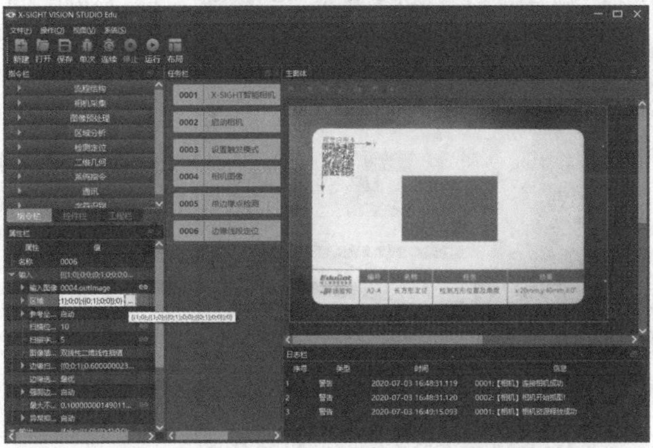	点击任务栏的“0006 边缘线段定位”指令，设定其属性栏参数： ① 输入图像：0004.outImage； ②点击“区域”中【...】按钮，打开“图形编辑”窗口
16	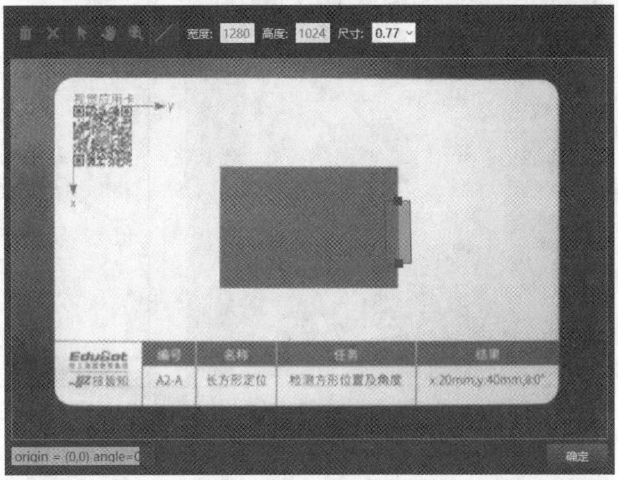	定位长方形的一条短边。 点击“图形编辑”窗口的“ ”图标，绘制图示长方形，完成后点击【确定】按钮
17	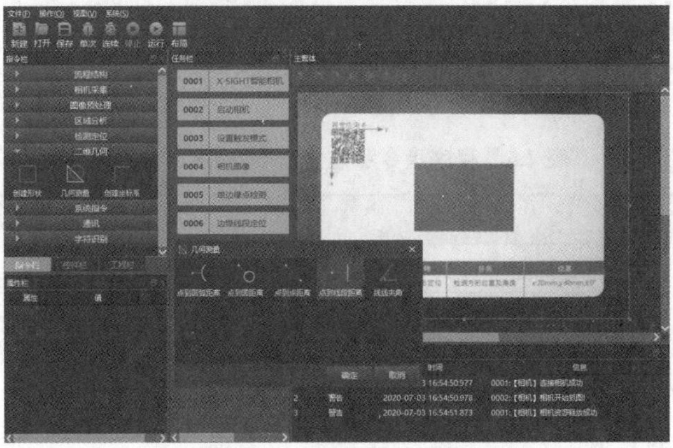	获取长方形长边的长度（单位：像素）。 点击指令栏的“二维几何”，选择“几何测量”中的“点到线段距离”，点击【确定】按钮

续表 4.5

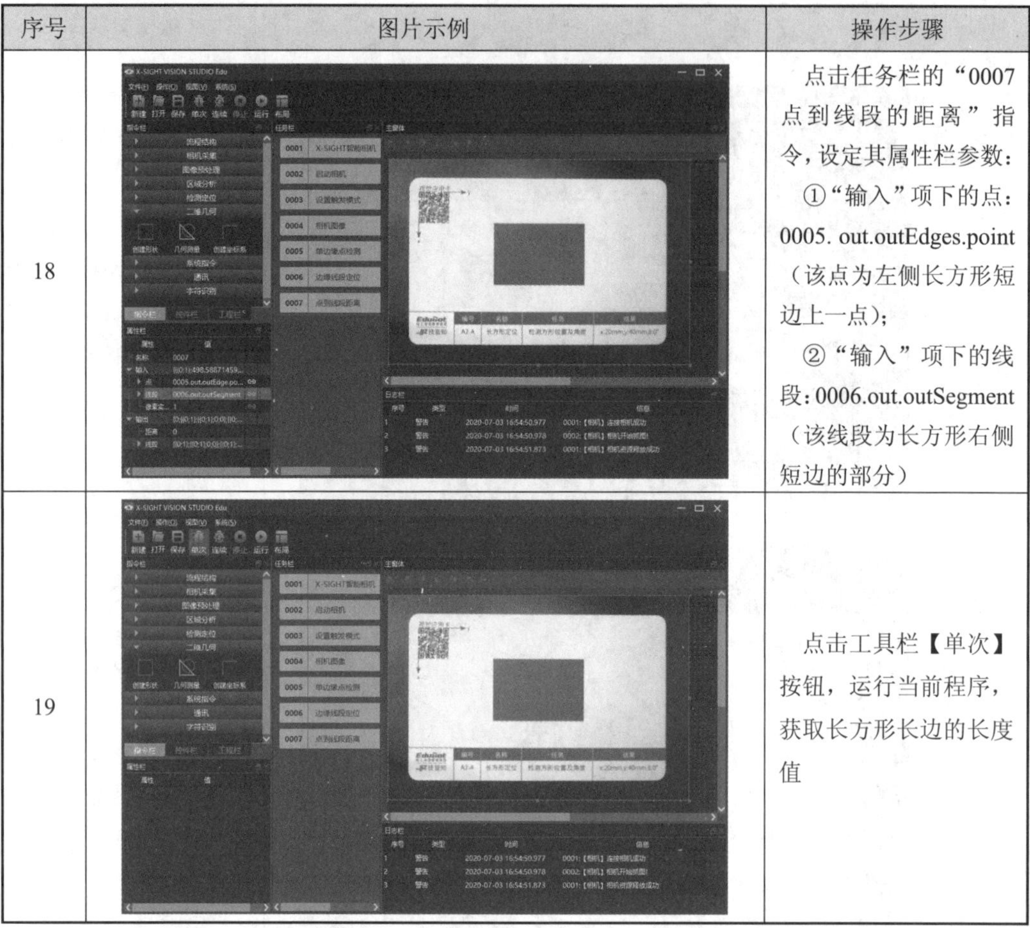

序号	图片示例	操作步骤
18		点击任务栏的“0007 点到线段的距离”指令，设定其属性栏参数： ①“输入”项下的点：0005. out.outEdges.point（该点为左侧长方形短边上一点）； ②“输入”项下的线段：0006.out.outSegment（该线段为长方形右侧短边的部分）
19		点击工具栏【单次】按钮，运行当前程序，获取长方形长边的长度值

已知长方形长边的实际长度为 30（单位：毫米），通过上述操作步骤获得当前长方形长边数值（单位：像素），多次取平均值等于 256.30（单位：像素），计算出像素与毫米的比例约等于 8.54。

4.4.4 主体程序设计

分析程序需使用的指令和控件，见表 4.6。

表 4.6 程序指令和控件

属性	名称	说明
指令	单目标定位	定义二维码和芯片的模板对象，并以二维码为模板建立相对坐标系
	浮点相减	计算两个浮点数的差，求出芯片坐标 x，y 和角度的相对位置
	浮点相除	计算两个浮点数的商，将像素值转换为实际尺寸值
控件	图形显示	显示相机采集的实时图像
	标签	在主窗体插入可编辑标签框
	编辑框	显示芯片的坐标姿态信息

程序编写的操作步骤见表 4.7。

表 4.7　程序编写的操作步骤

序号	图片示例	操作步骤
1		添加基本指令（采集相机图像）和图形显示控件，并修改其属性栏参数，点击【单次】按钮，获取实时图像
2		添加“单目标定位”指令，定义卡片上二维码作为模板对象。 点击指令栏的“检测定位”，选择“模板匹配”中的“单目标定位”，点击【确定】按钮，添加单目标定位指令
3		点击任务栏中“0005 单目标定位”指令，设定其属性栏参数： ① 输入图像：0004.outImage; ②点击“轮廓模板”中【...】按钮，打开“图形编辑”窗口

续表 4.7

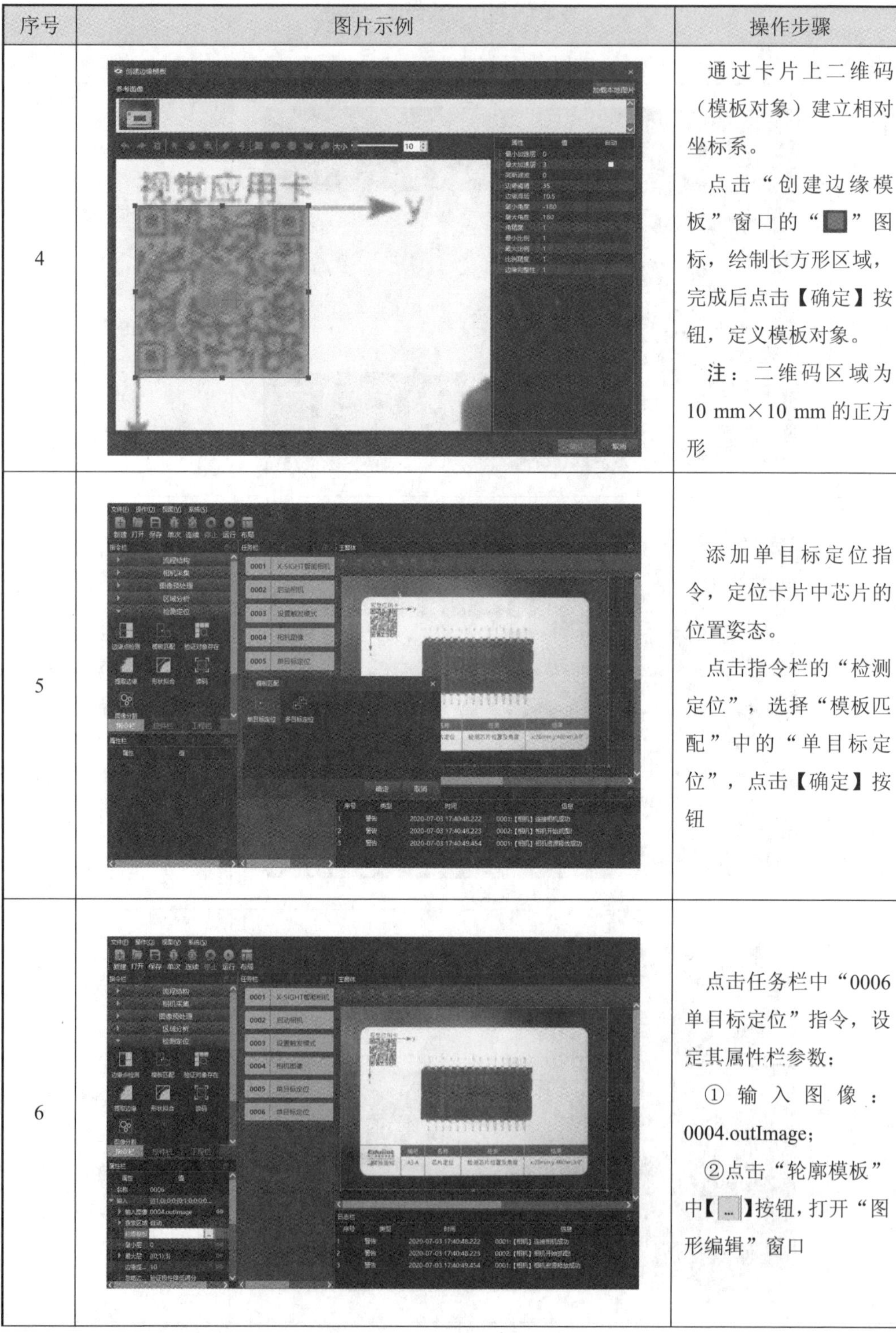

序号	图片示例	操作步骤
4		通过卡片上二维码（模板对象）建立相对坐标系。 点击“创建边缘模板”窗口的“ ”图标，绘制长方形区域，完成后点击【确定】按钮，定义模板对象。 **注**：二维码区域为 10 mm×10 mm 的正方形
5		添加单目标定位指令，定位卡片中芯片的位置姿态。 点击指令栏的“检测定位”，选择“模板匹配”中的“单目标定位”，点击【确定】按钮
6		点击任务栏中“0006 单目标定位”指令，设定其属性栏参数： ① 输入图像：0004.outImage； ②点击“轮廓模板”中【...】按钮，打开“图形编辑”窗口

续表 4.7

序号	图片示例	操作步骤
7	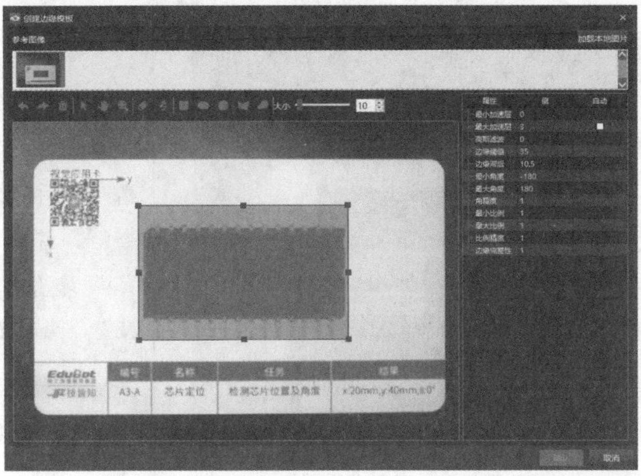	点击“创建边缘模板”窗口的“”图标，绘制长方形区域，完成后点击【确定】按钮，定义模板对象
8	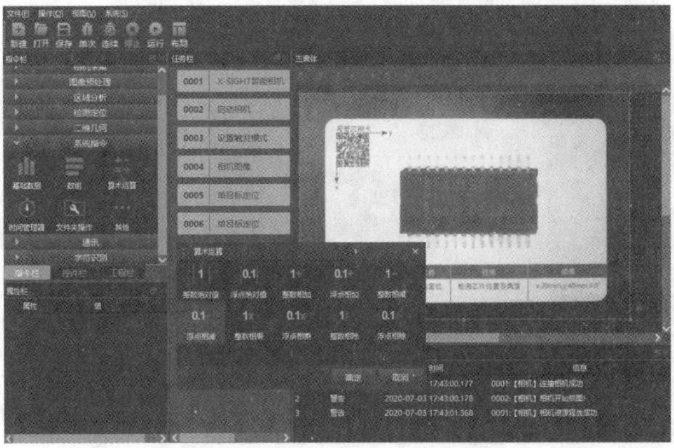	点击指令栏的“系统指令”，选择“算术运算”中的“浮点相减”，点击【确定】按钮
9	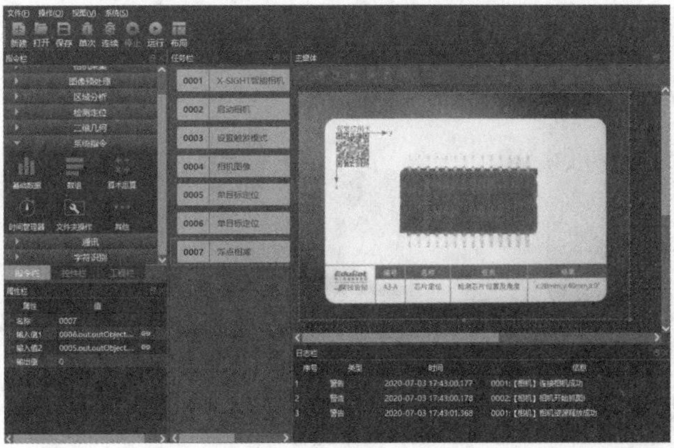	计算芯片坐标 x 的数值（单位：像素）。 点击任务栏中“0007 浮点相减”指令，设定其属性栏参数： ①输入值 1：0006.out.outObject.point.x； ②输入值 2：0005.out.outObject.point.x

续表 4.7

序号	图片示例	操作步骤
10	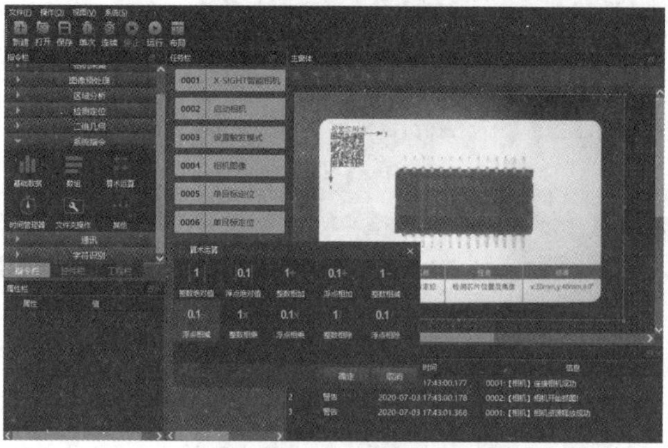	再次添加浮点相减指令，计算 y 的值。点击指令栏的“系统指令”，选择“算术运算”中的“浮点相减”，点击【确定】按钮
11	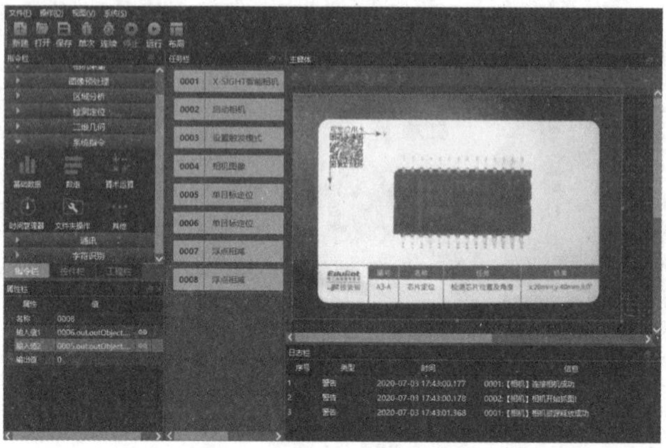	计算芯片坐标 y 的数值（单位：像素）。 点击任务栏中“0008 浮点相减”指令，设定其属性栏参数： ①输入值 1：0006.out.outObject.point.y； ②输入值 2：0005.out.outObject.point.y
12	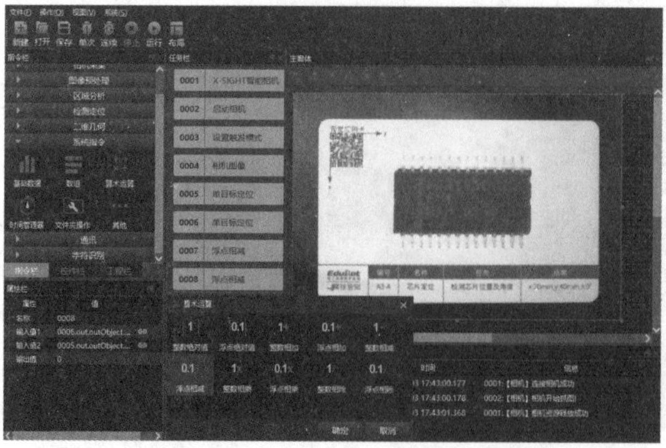	再次新增浮点相减指令，计算 angle 的值。 点击指令栏的“系统指令”，选择“算术运算”中的“浮点相减”指令，点击【确定】按钮

续表 4.7

序号	图片示例	操作步骤
13	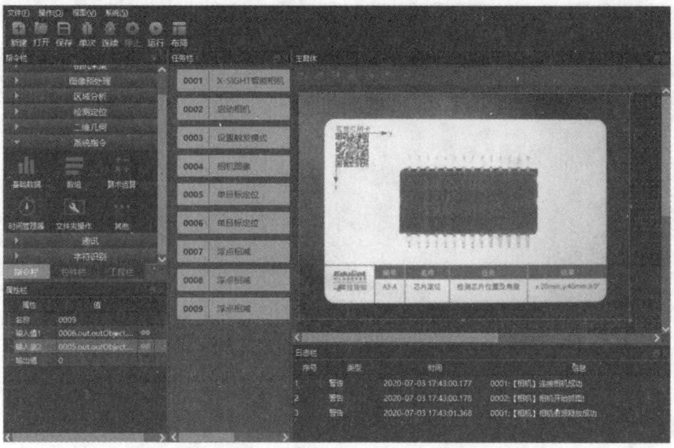	点击任务栏中“0009 浮点相减”指令，设定其属性栏参数： ①输入值 1：0006.out.outObject.angle； ②输入值 2：0005.out.outObject.angle
14	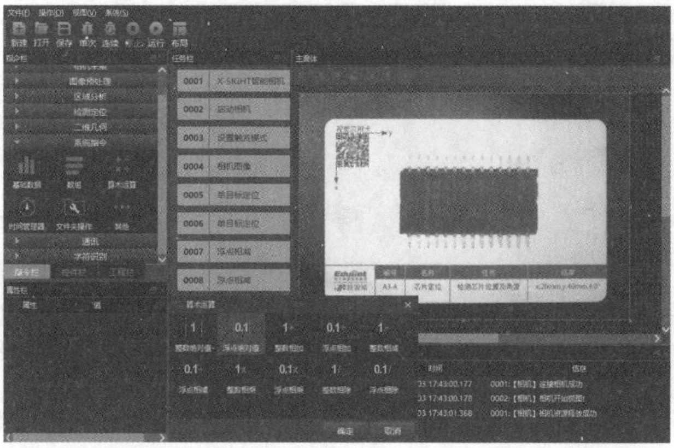	对相减的结果求绝对值。 点击指令栏的“系统指令”，选择“算术运算”中的“浮点绝对值”，点击【确定】按钮
15	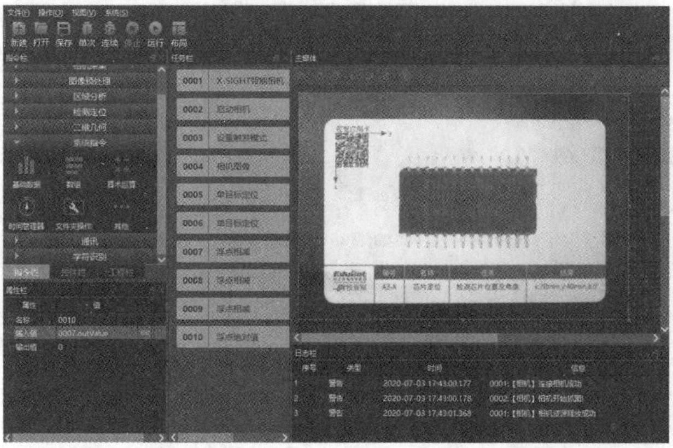	点击任务栏中“0010 浮点绝对值”指令，设定其属性栏参数： ①输入值：0007.outValue

续表 4.7

序号	图片示例	操作步骤
16	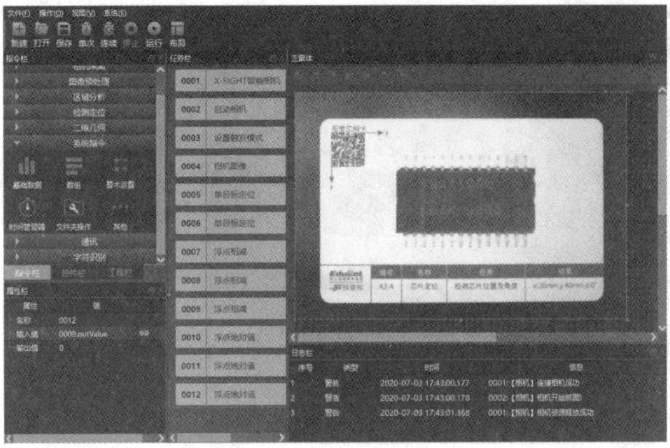	同理，再新增两个“浮点绝对值”指令，将其属性栏的参数分别设置为0008.outValue和0009.outValue，计算 y 和 angle 的绝对值
17	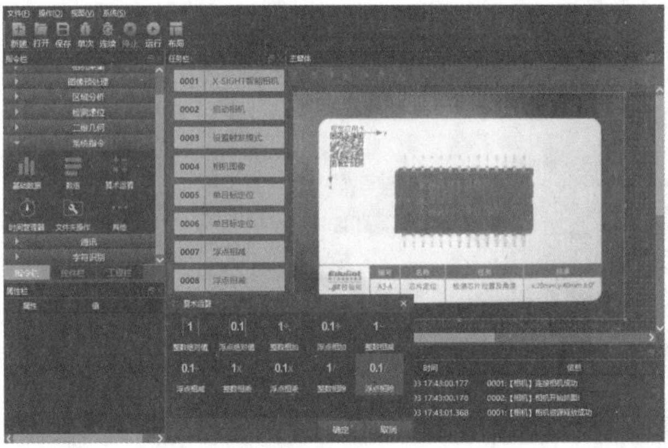	进行像素坐标向尺寸坐标的转换计算。 点击指令栏的“系统指令”，选择“算术运算”中的“浮点相除”，点击【确定】按钮
18	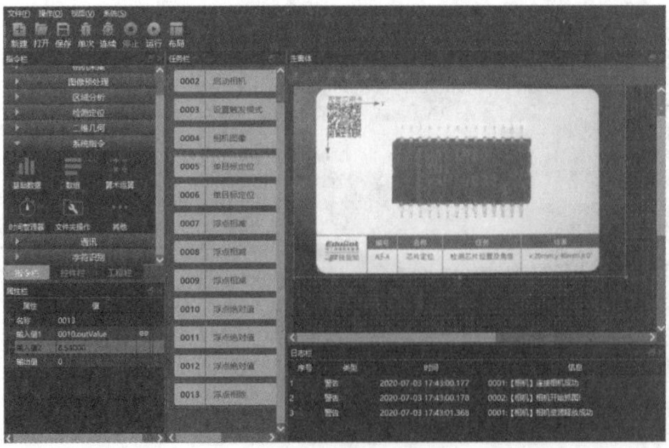	计算芯片坐标 x 的物理尺寸。 点击任务栏中“0013浮点相除”指令，设定其属性栏参数： ①输入值 1：0010.outValue； ②输入值 2：8.54

续表 4.7

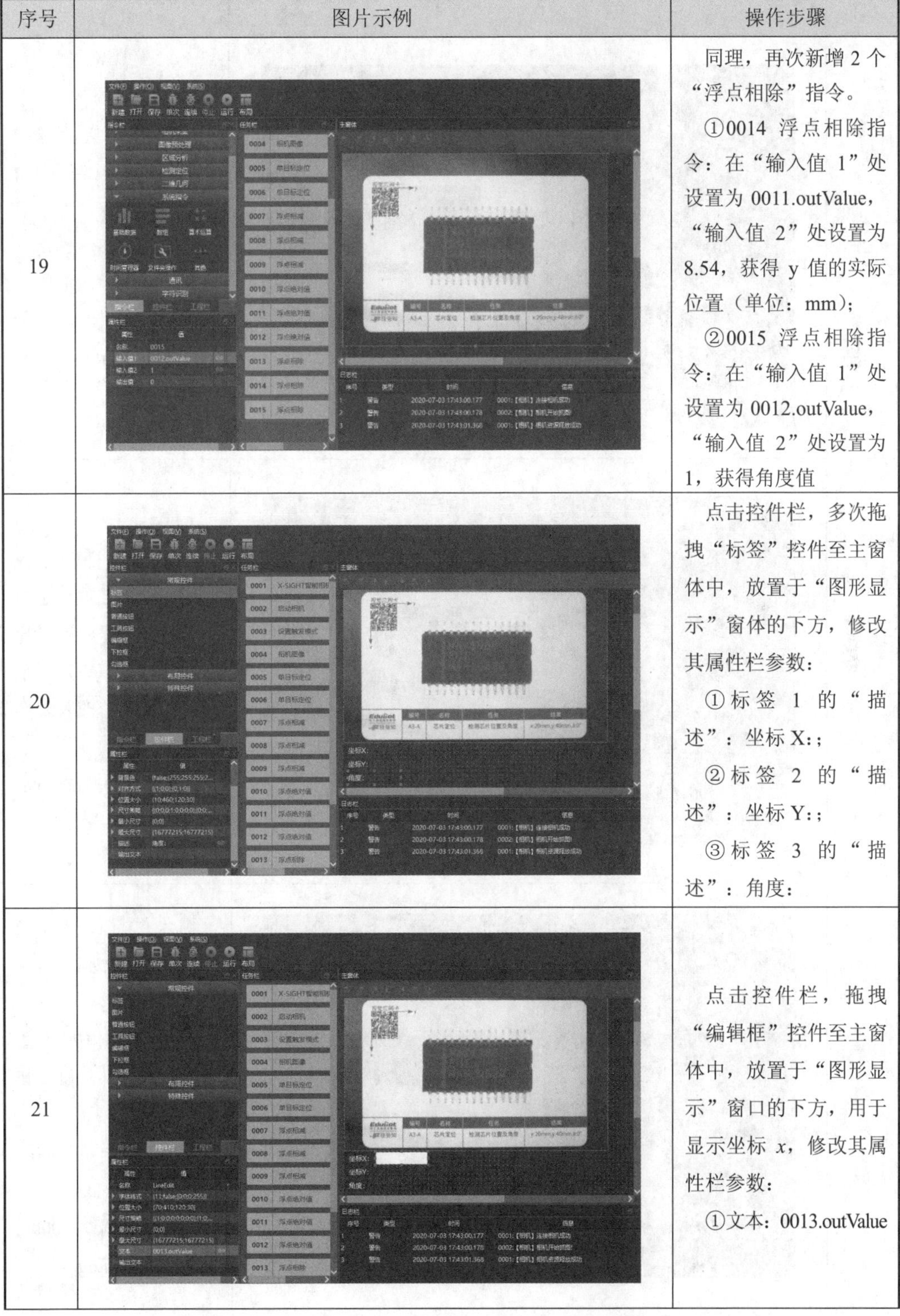

序号	图片示例	操作步骤
19		同理，再次新增 2 个“浮点相除”指令。 ①0014 浮点相除指令：在“输入值 1”处设置为 0011.outValue，“输入值 2”处设置为 8.54，获得 y 值的实际位置（单位：mm）； ②0015 浮点相除指令：在“输入值 1”处设置为 0012.outValue，“输入值 2”处设置为 1，获得角度值
20		点击控件栏，多次拖拽“标签”控件至主窗体中，放置于“图形显示”窗体的下方，修改其属性栏参数： ①标签 1 的“描述”：坐标 X:； ②标签 2 的“描述”：坐标 Y:； ③标签 3 的“描述”：角度:
21		点击控件栏，拖拽“编辑框”控件至主窗体中，放置于“图形显示”窗口的下方，用于显示坐标 x，修改其属性栏参数： ①文本：0013.outValue

续表 4.7

序号	图片示例	操作步骤
22	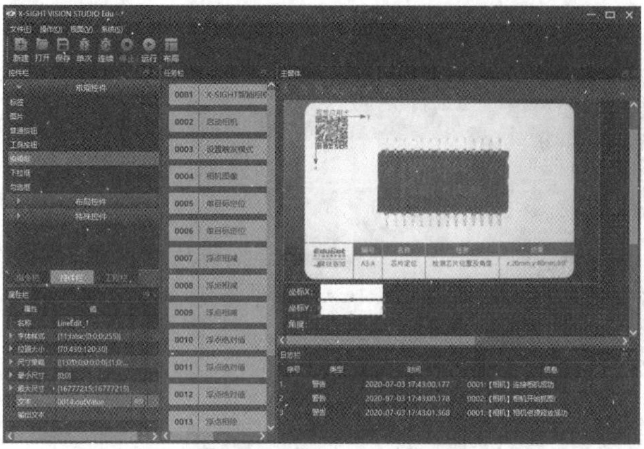	点击控件栏，拖拽“编辑框”控件至主窗体中，放置于“图形显示”窗口的下方，用于显示坐标 y，修改其属性栏参数： ①文本：0014.outValue
23	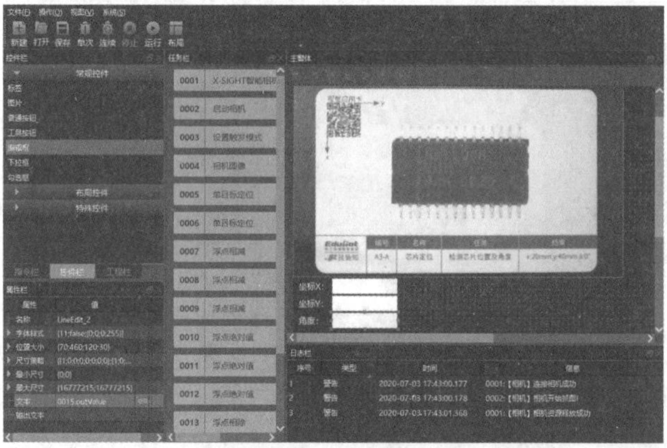	点击控件栏，拖拽“编辑框”控件至主窗体中，放置于“图形显示”窗口的下方，用于显示角度，修改其属性栏参数： ①文本：0015.outValue
24	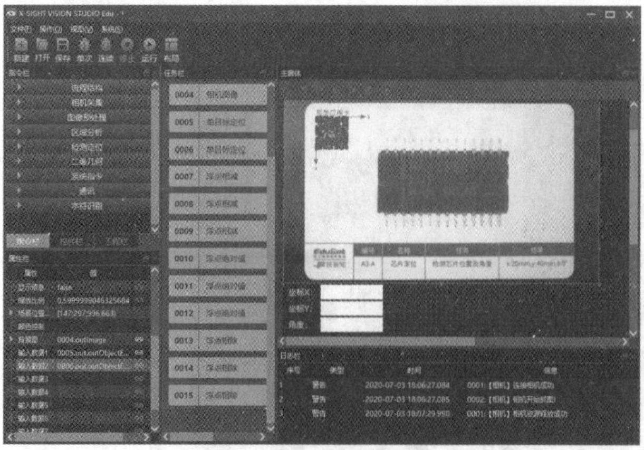	将“单目标定位指令”效果添加到“图形显示”控件上。 点击主窗体中“图形显示”控件，修改其属性栏参数： ①输入数据 1：0005.out.outObjectEdges； ②输入数据 2：0006.out.outObjectEdges

4.4.5　项目程序调试

程序调试的操作步骤见表 4.8。

表 4.8　程序调试的操作步骤

序号	图片示例	操作步骤
1	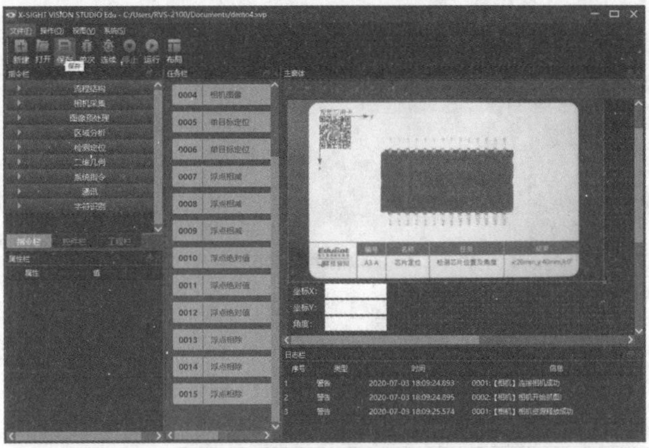	点击界面左上方【保存】按钮，保存当前工程
2	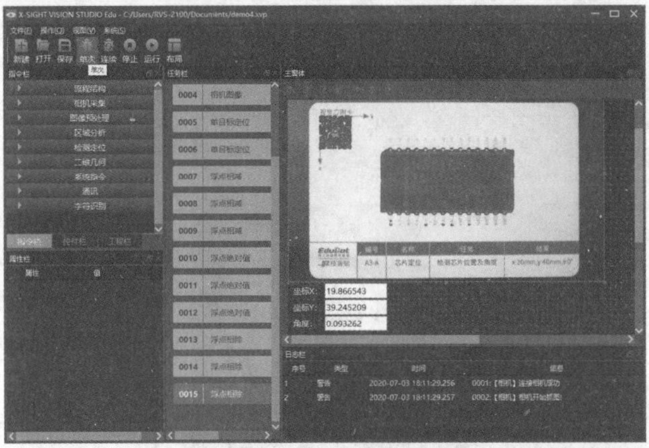	点击界面左上方【单次】或者【连续】按钮，调试检查程序有无异常
3	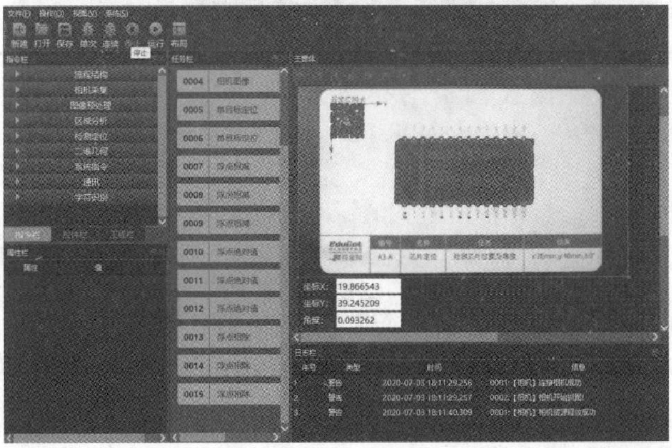	点击界面左上方【停止】按钮，停止程序运行并释放相机资源

4.4.6 项目程序运行

项目程序运行的操作步骤见表 4.9。

表 4.9 项目程序运行的操作步骤

序号	图片示例	操作步骤
1	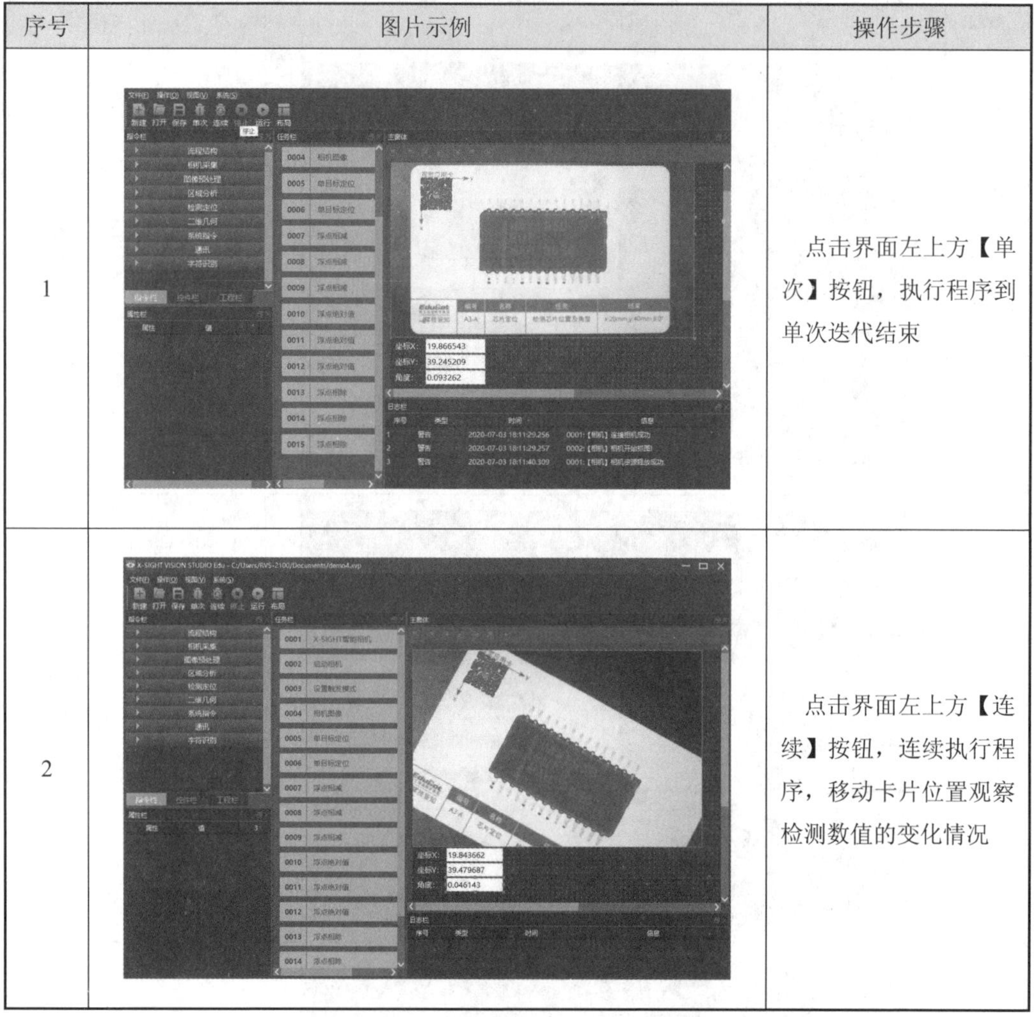	点击界面左上方【单次】按钮，执行程序到单次迭代结束
2		点击界面左上方【连续】按钮，连续执行程序，移动卡片位置观察检测数值的变化情况

4.5 项目验证

4.5.1 效果验证

已知 A3 卡片 A 面上的芯片位置姿态信息（x：20 mm，y：40 mm，θ：0°），A3 卡片 B 面上的芯片位置姿态信息（x：20 mm，y：40 mm，θ：15°），基于模板匹配的芯片定位项目效果验证的操作步骤见表 4.10。

表 4.10　效果验证的操作步骤

序号	图片示例	操作步骤
1	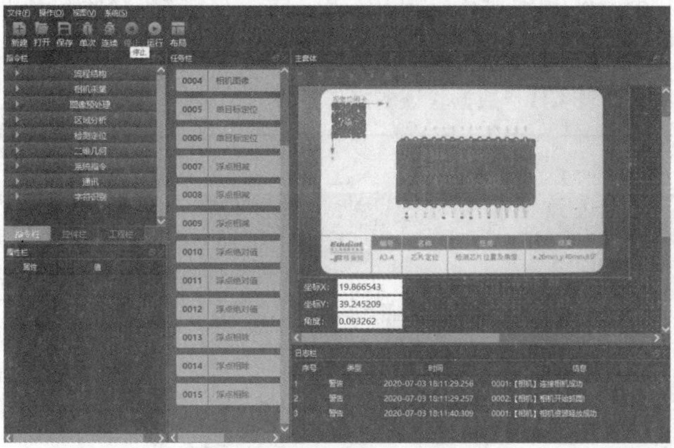	点击主界面左上方【单次】按钮，主窗体中显示实时图像与芯片的位置姿态信息
2	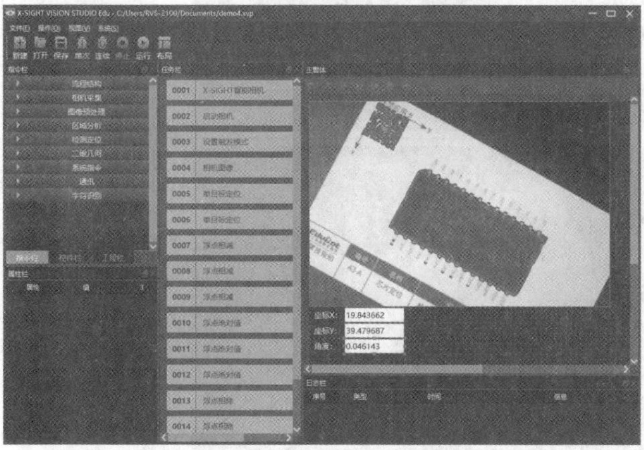	旋转卡片，点击主界面左上方【单次】按钮，主窗体中显示实时图像与芯片的位置姿态信息
3	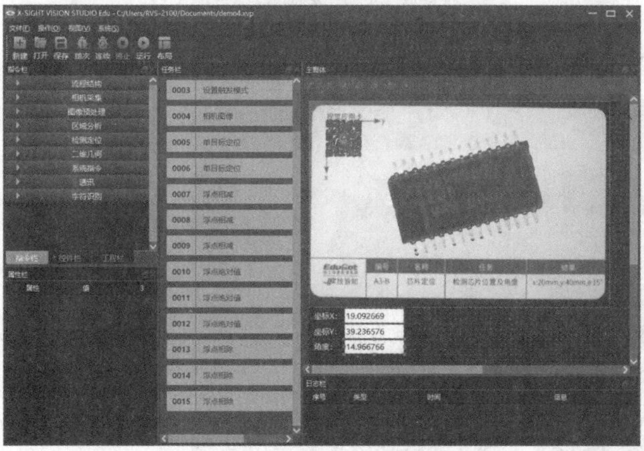	旋转卡片，点击主界面左上方【单次】按钮，主窗体中显示实时图像与芯片的位置姿态信息

4.5.2 数据验证

已知 A3 号卡片 A 面上的芯片坐标信息（x：20 mm，y：40 mm，θ：0°），A3 号卡片 B 面上的芯片坐标信息（x：20 mm，y：40 mm，θ：15°），基于模板匹配的芯片定位项目数据验证的操作步骤见表 4.11。

表 4.11 数据验证的操作步骤

序号	图片示例	操作步骤
1	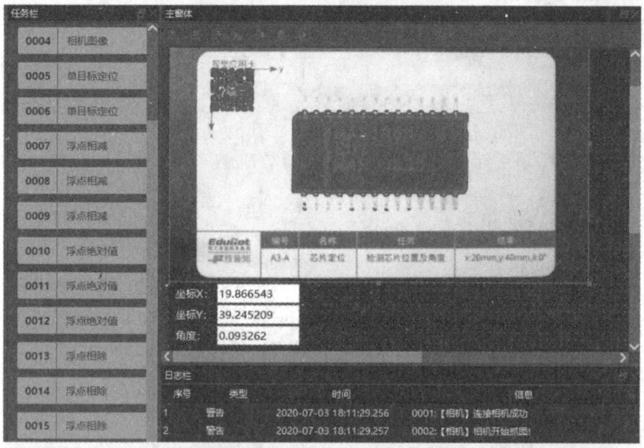	点击主界面左上方【单次】按钮，主窗体中显示实时图像与芯片的位置姿态信息： ①坐标 x：19.866 543； ②坐标 y：39.245 209； ③旋转角：0.093 262。 （与实际卡片位置姿态信息基本相同）
2	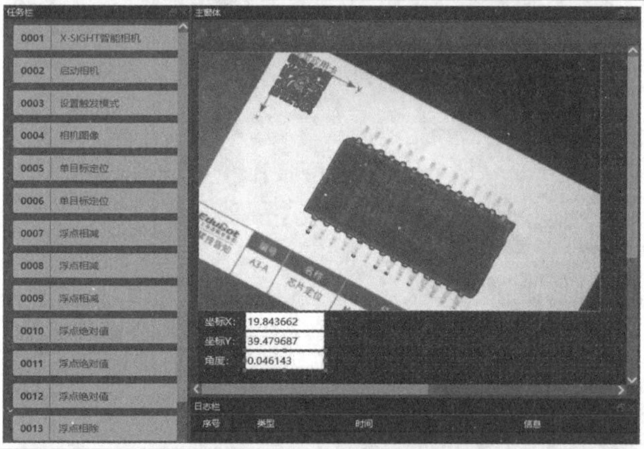	旋转卡片，点击主界面左上方【单次】按钮，主窗体中显示实时图像与芯片的位置姿态信息： ①坐标 x：19.843 662； ②坐标 y：39.479 687； ③旋转角：0.046 143。 （与实际卡片位置姿态信息基本相同）
3	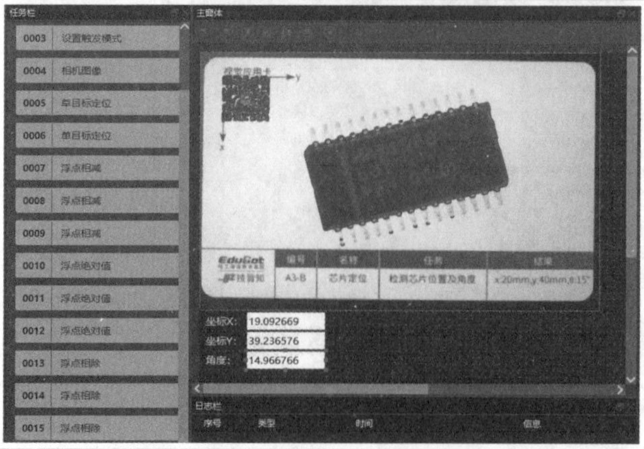	旋转卡片，点击主界面左上方【单次】按钮，主窗体中显示实时图像与芯片的位置姿态信息： ①坐标 x：19.092 669； ②坐标 y：39.236 576； ③旋转角：14.966 766。 （与实际卡片位置姿态信息基本相同）

4.6　项目总结

4.6.1　项目评价

项目评价见表 4.12。

表 4.12　项目评价表

项目指标		分值	自评	互评	评分说明
项目分析	1. 硬件架构分析	6			
	2. 软件架构分析	6			
	3. 项目流程分析	6			
项目要点	1. 相机标定	8			
	2. 模板匹配	8			
项目步骤	1. 应用系统连接	8			
	2. 应用系统配置	8			
	3. 关联程序设计	8			
	4. 主体程序设计	8			
	5. 项目程序调试	8			
	6. 项目总体运行	8			
项目验证	1. 效果验证	9			
	2. 数据验证	9			
合计		100			

4.6.2　项目拓展

通过对智能视觉系统模板定位技术的学习与应用，使学习者可以进行以下的项目拓展。

1. 长方形图案定位项目

（1）项目思路。

在相机的视野中，放入 A2 号视觉应用卡——长方形定位，使用单目标定位指令获取长方形图案的位置姿态信息，搭配编辑框控件将信息显示在主窗体中，如图 4.10 所示。

（2）操作步骤。

①使用 X-SIGHT 智能相机指令、启动相机指令、设置触发模式指令和相机图像指令加载实时图像。

②使用图形显示控件将实时图像显示在软件主窗体中。

③使用单目标定位指令定义二维码的搜索区域和对象模板。

④使用单目标定位指令定义长方形的搜索区域和对象模板。

⑤使用浮点绝对值指令、浮点相减指令和浮点相除指令换算长方形坐标数据。

⑥使用标签控件与编辑框控件将长方形的位置姿态信息显示在主窗体中。

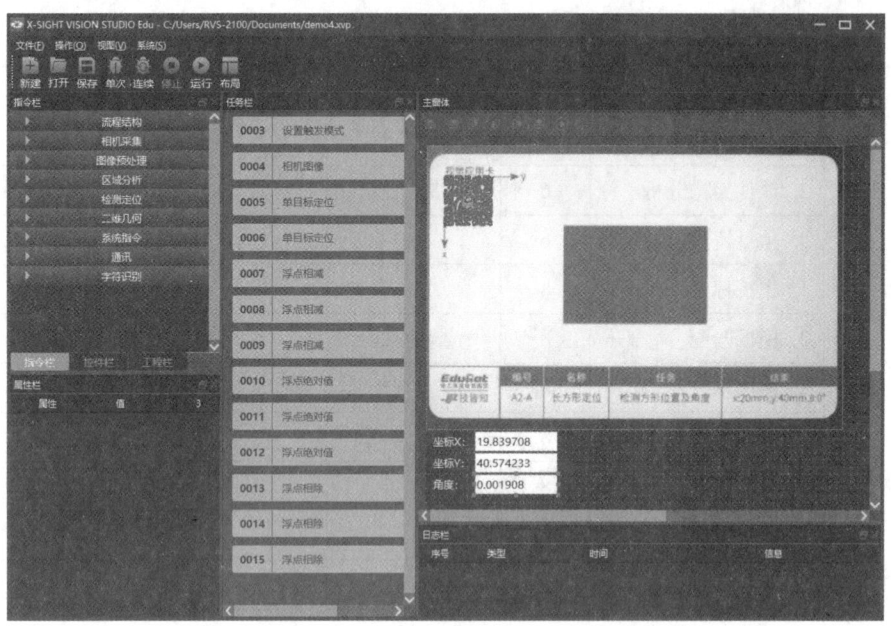

图 4.10　长方形图案定位效果

2. 口香糖定位项目

（1）项目思路。

在相机的视野中，放入 A4 号视觉应用卡——口香糖定位，使用单目标定位指令获取口香糖的位置姿态信息，搭配标签控件与编辑框控件将信息显示在主窗体中，如图 4.11 所示。

（2）操作步骤。

①使用 X-SIGHT 智能相机指令、启动相机指令、设置触发模式指令和相机图像指令加载实时图像。

②使用图形显示控件将实时图像显示在软件主窗体中。

③使用单目标定位指令定义二维码的搜索区域和对象模板。

④使用单目标定位指令定义口香糖的搜索区域和对象模板。

⑤使用浮点绝对值指令、浮点相减指令和浮点相除指令换算芯片坐标数据。

⑥使用标签控件与编辑框控件将口香糖的位置姿态信息显示在主窗体中。

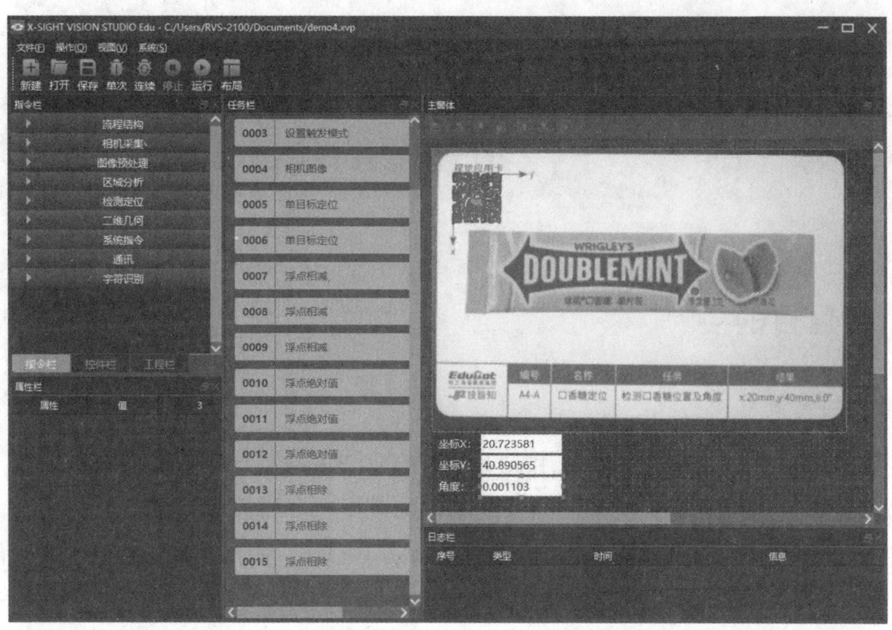

图 4.11　口香糖定位效果

第 5 章　基于像素强度的药品检测项目

5.1　项目目的

※ 药品检测项目简介

5.1.1　项目背景

传统的工业生产制造，主要采用人工检测的方法去检测产品表面的缺陷。由于工人身体易疲劳和检测技术不够成熟，导致产品检测效率低和精度差。随着计算机技术、人工智能等科学技术的出现、发展以及研究的深入，出现了基于机器视觉技术的表面缺陷检测技术。这种技术的出现，大大提高了生产作业的效率，避免了因作业条件、主观判断等影响检测结果的准确性，能更好、更精确地进行表面缺陷检测，更加快速地识别产品表面的瑕疵缺陷，被广泛应用于汽车、半导体、物流、医药、包装等行业。图 5.1（a）所示为药粒缺陷检测，图 5.1（b）所示为针头倒插检测。

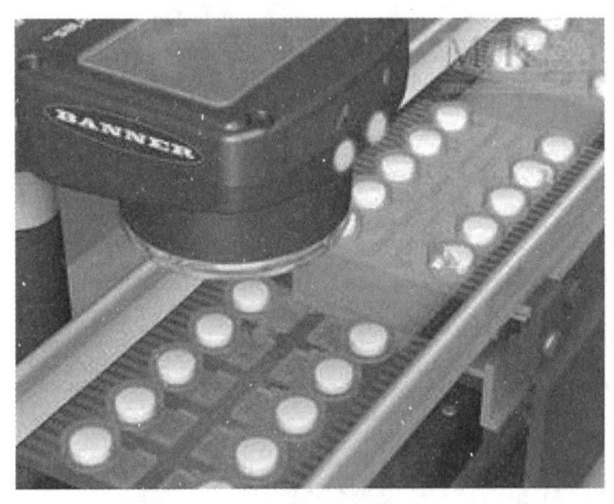

（a）药粒缺陷检测

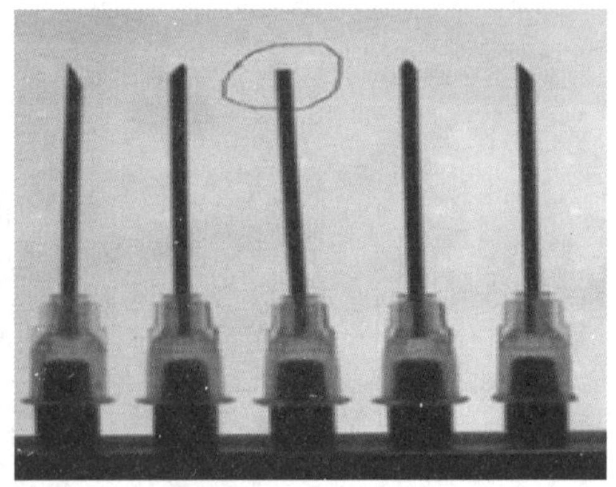

（b）针头倒插检测

图 5.1　智能视觉系统检测应用

5.1.2　项目需求

基于像素强度的药品检测项目选用 B1 号视觉应用卡——药品检测来辅助完成，如图 5.2 所示。

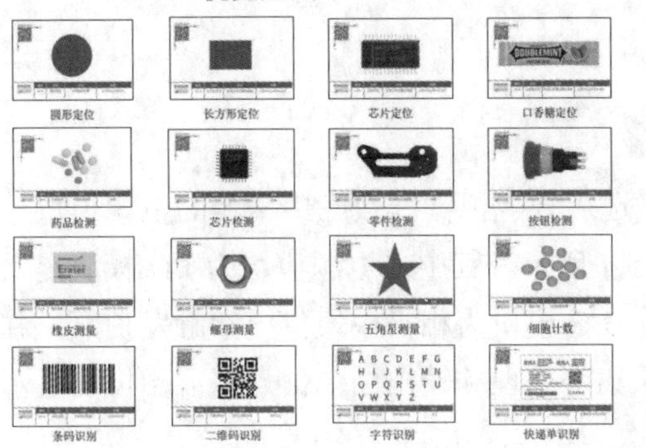

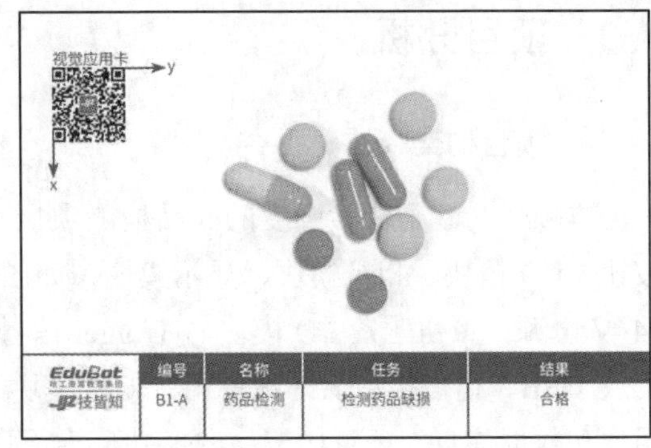

图 5.2　B1 号视觉应用卡——药品检测

本项目通过 SPV-SmartCam 系列智能相机的缺陷检测功能判断药品表面是否符合标准，并将结果信息显示在主窗体中，效果如图 5.3 所示。

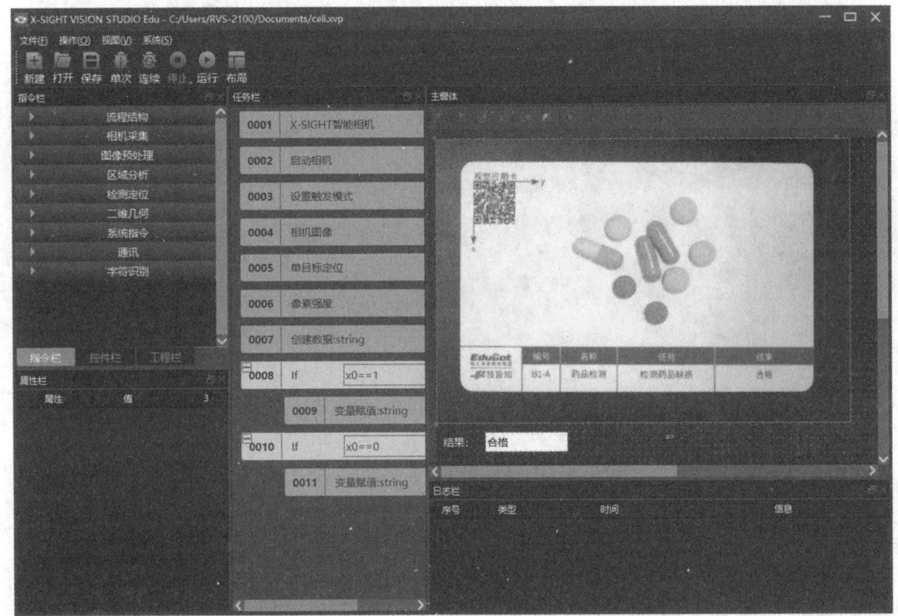

图 5.3　药品缺陷检测效果

5.1.3　项目目的

（1）掌握 I/O 模块触发信号输入接线方法。

（2）掌握像素强度指令、If 语句指令、创建数据指令和变量赋值指令的使用方法。

5.2 项目分析

5.2.1 项目构架

本项目为基于像素强度的药品检测项目，选用智能视觉产教应用平台的电源模块、按钮、I/O 模块、相机模块、显示模块，如图 5.4 所示。其中，电源模块为 I/O 模块提供 24 V 电源；按钮触发 I/O 模块的 Trigger 信号；I/O 模块为相机模块供电和触发拍照，并集成 USB、通信接口供外部使用；相机模块采集、处理并输出图像信息；显示模块显示图像和数据信息。项目构架如图 5.5 所示。

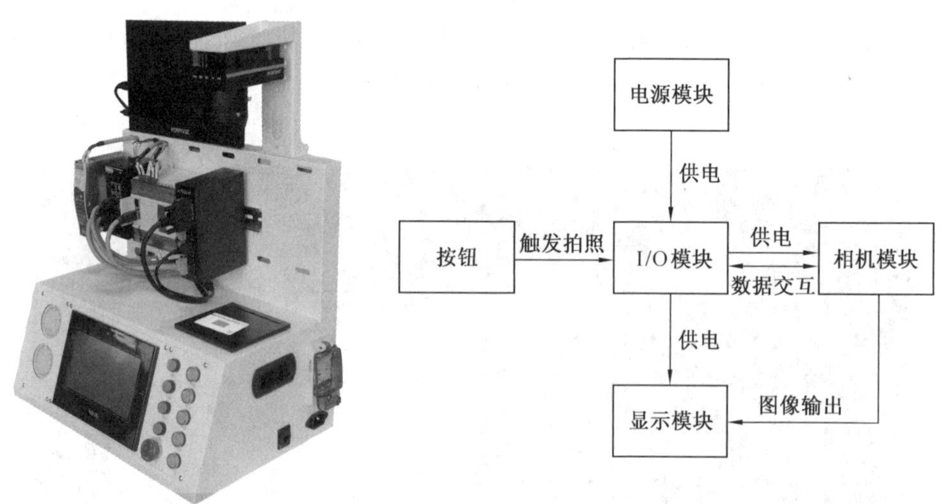

图 5.4　智能视觉产教应用平台　　　图 5.5　项目构架

5.2.2 项目流程

基于智能视觉系统的缺陷检测技术，可根据图像像素强度判断药品表面是否存在缺陷。如果表面存在缺陷，则输出“不合格”信息至编辑框；如果表面不存在缺陷，则输出“合格”信息至编辑框。具体内容如下：

①使用 X-SIGHT 智能相机指令、启动相机指令、设置触发模式指令、相机图像指令和图形显示控件将实时图像显示在软件主窗体中。

②使用单目标定位指令建立相对坐标系（模板对象）。

③使用像素强度指令判断被检测对象是否合格。

④使用 If 语句指令、创建数据指令和变量赋值指令将不同结果的数据输出。

⑤使用标签控件和编辑框控件接收结果数据，并显示在主窗体中。

基于像素强度的药品检测项目流程如图 5.6 所示。

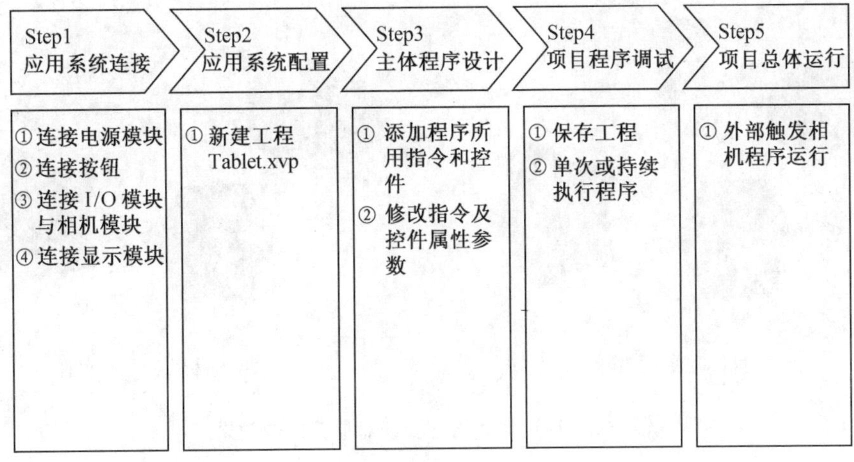

图 5.6　项目流程

5.3　项目要点

5.3.1　像素强度

像素是组成图像的基本单位，图像中每个像素均有对应的灰度值。像素强度即像素灰度，每个像素分离后的通道都有对应的灰度。以 8 位深灰度图像为例，像素的灰度值在 0～255 之间，其中 0 为纯黑，255 为纯白，如图 5.7 所示。

※ 药品检测项目要点

0（纯黑）　　255（纯白）

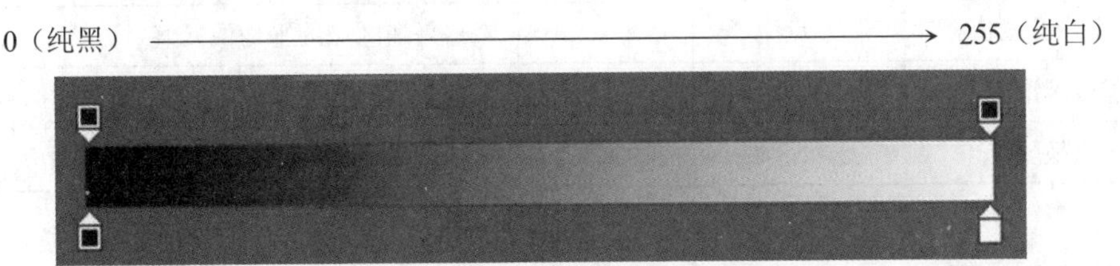

图 5.7　像素强度变化

像素强度指令用于计算区域图像像素的基本统计信息，包括像素灰度的平均值和标准方差，通过比较两个值是否在最小灰度均值、最大灰度均值和最小灰度标准差、最大灰度标准差的范围内来验证对象是否存在。以寻找红色椭圆形为例，效果如图 5.8 所示，其工具属性见表 5.1。

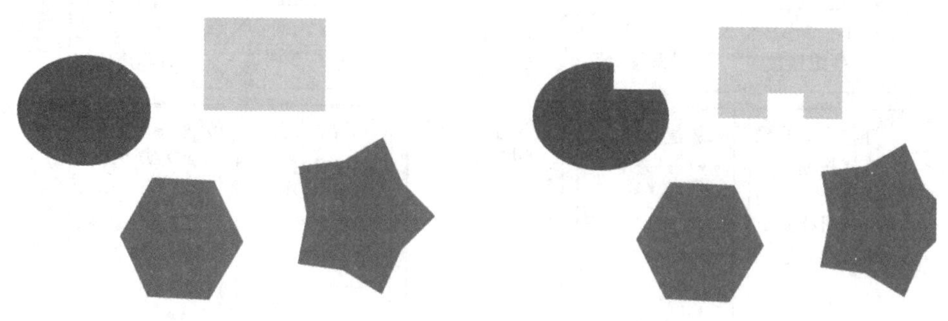

（a）目标对象存在　　（b）目标对象不存在

图 5.8　通过像素强度验证对象存在的效果

表 5.1　像素强度工具属性

属性	类型	取值范围	说　明
输入图像	图像		输入图像
输入形状	形状区域		检查对象存在的位置
坐标	坐标系		选取图像的相对坐标系
最小灰度均值	浮点型		平均像素值的最低可接受值
最大灰度均值	浮点型		平均像素值的最高可接受值
最小灰度标准差	浮点型	0.0～+∞	像素值的标准偏差的最低可接受值
最大灰度标准差	浮点型	0.0～+∞	像素值的标准偏差的最高可接受值
结果	布尔型		指示对象是否存在的标志
平均像素值	浮点型		感兴趣区域的平均像素值
像素标准偏差	浮点型		像素值的标准偏差
变换坐标	形状区域		转换后输入 ROI（在图像坐标系中）

5.3.2　I/O 通信

I/O 是 Input/Output 的缩写，即输入输出接口，分为专用 I/O 和通用 I/O。SPV-SmartCam 系列智能相机的 I/O 模块自带 1 路专用输入输出接口和 8 路通用输入输出接口（输入 4 路，输出 4 路）。

1. 专用 I/O

专用 I/O 为触发信号输入接口，接口处标有“TRIG IN”字样，用于连接外部传感器的输出信号，例如连接生产线上的光电传感器。触发信号输入接口接线如图 5.9 所示。

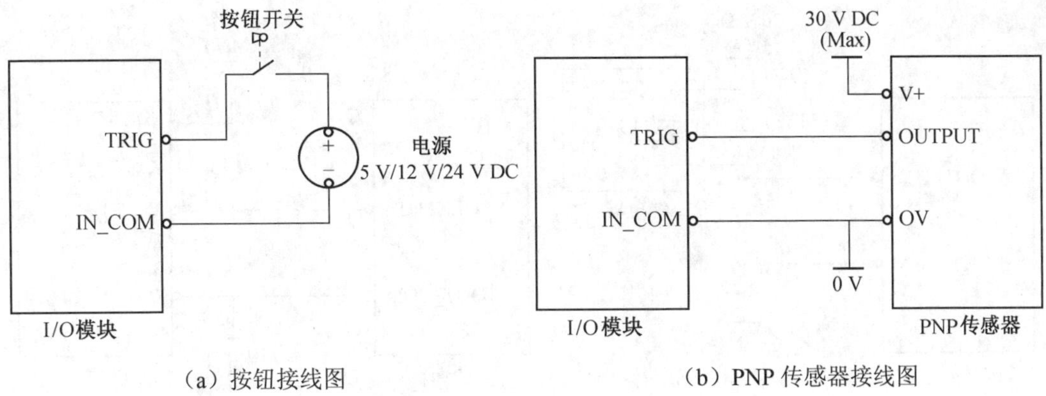

（a）按钮接线图　　（b）PNP 传感器接线图

图 5.9　触发信号输入接口接线

2. 通用 I/O

（1）输入接口。

通用输入接口直接接入 5 V/12 V/24 V DC 即可驱动光耦动作，不需要串接限流电阻。输入为-30～+1 V 为低电平，+2.8～+30 V 为高电平，输入电流小于 2 mA；超出-30～30 V 范围的输入电压可能损坏内部电路。通用输入接口接线如图 5.10 所示。

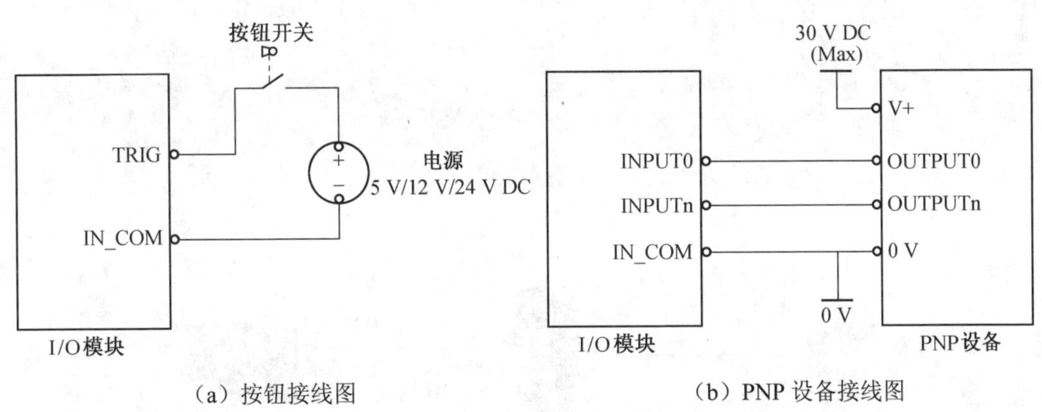

（a）按钮接线图　　（b）PNP 设备接线图

图 5.10　通用输入接口接线图

（2）输出接口。

输出接口为 NPN 类型的通用输出接口，能够直接驱动 350 mA/30 V 的阻性或感性负载。通用输出接口接线如图 5.11 所示。

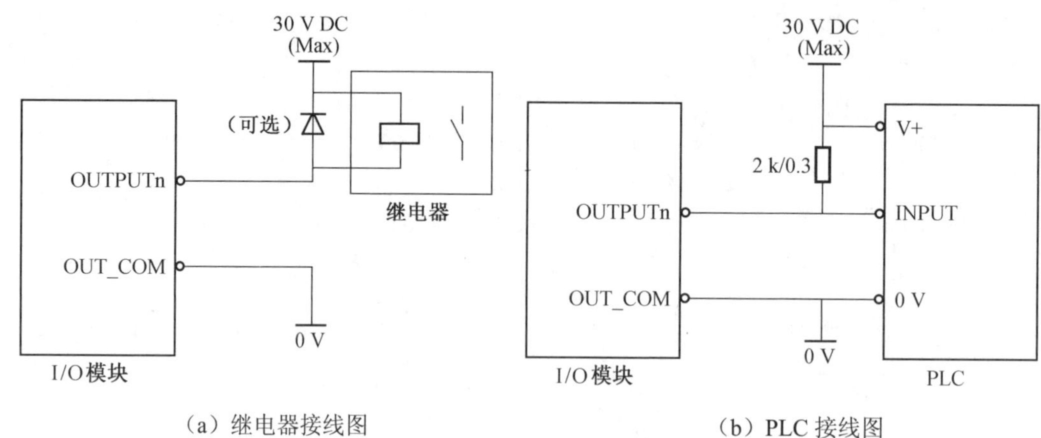

图 5.11　通用输出接口接线图

5.4　项目步骤

※ 药品检测项目步骤

5.4.1　应用系统连接

基于像素强度的药品检测项目所需电气元器件的交互关系如图 5.12 所示，应用系统连接分为 2 部分：硬件接线图绘制和电气接线。

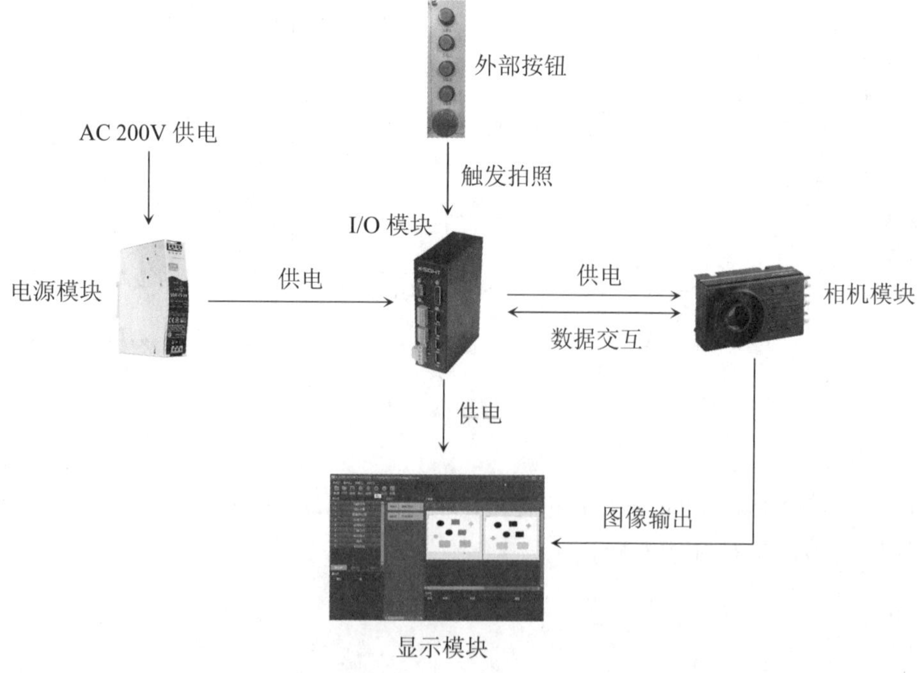

图 5.12　电气元器件组成

逻辑控制的硬件接线图如图 5.13 所示。硬件接线图绘制完成后，根据绘制的电气图，正确地对元器件进行接线。

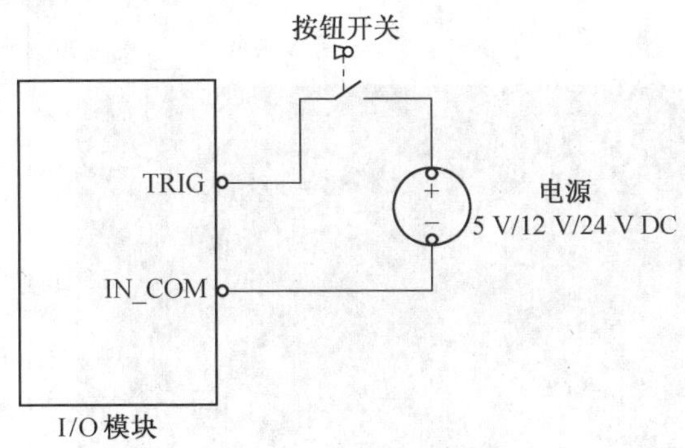

图 5.13　硬件接线图

5.4.2　应用系统配置

在完成应用系统连接后，需新建工程，操作步骤见表 5.2。

表 5.2　新建工程的操作步骤

序号	图片示例	操作步骤
1	X-SIGHT Vision Studio EDU	双击桌面图标“X-SIGHT Vision Studio EDU”，打开软件主界面
2		点击工具栏【新建】按钮，新建工程

续表 5.2

序号	图片示例	操作步骤
3	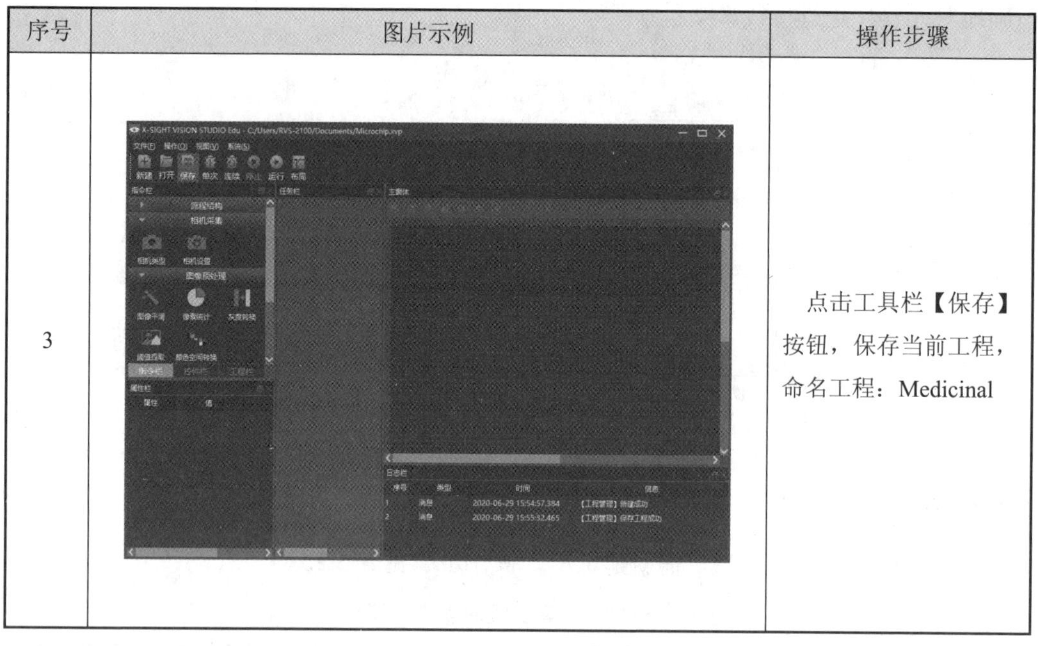	点击工具栏【保存】按钮，保存当前工程，命名工程：Medicinal

5.4.3 主体程序设计

分析程序需使用的指令和控件，见表 5.3。

表 5.3 程序指令和控件

属性	名称	说　明
指令	单目标定位	定义二维码的模板对象，并以该模板建立相对坐标系
	像素强度	通过分析药品区域内的像素强度，判断药品是否合格
	If 语句	根据条件判断指令是否执行
	创建数据	创建一个 string 类型的变量
	变量赋值	给 string 类型变量赋值 “合格”与“不合格”
控件	图形显示	显示相机采集的实时图像
	标签	在主窗体插入可编辑便签框
	编辑框	显示目标是否合格信息

程序编写的操作步骤见表 5.4。

表 5.4　程序编写的操作步骤

序号	图片示例	操作步骤
1	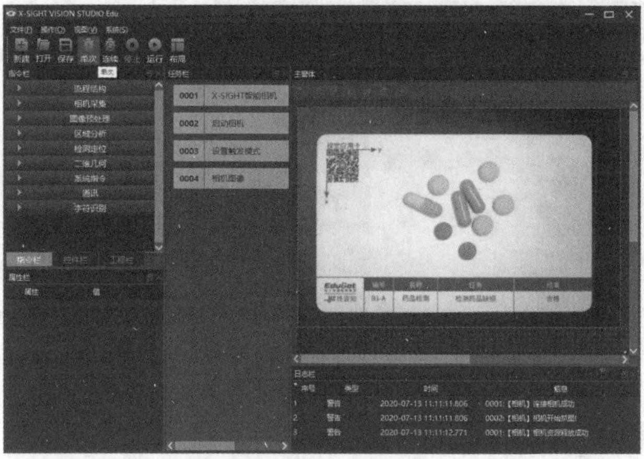	添加基本指令（采集相机图像）和图形显示控件，并修改其属性栏参数，点击【单次】按钮，获取实时图像
2	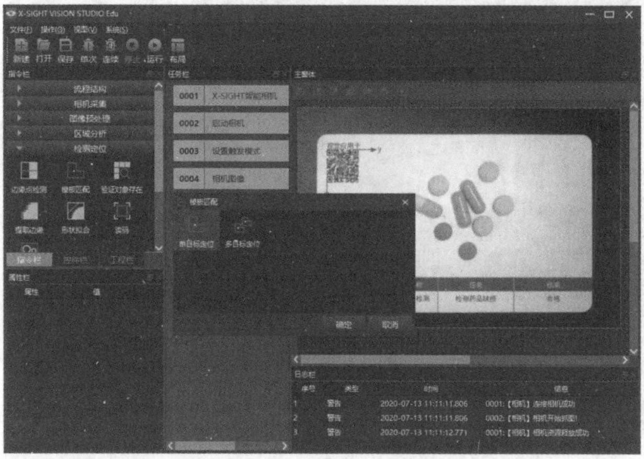	添加“单目标定位”指令，定义卡片上二维码作为模板对象。 点击指令栏中的“检测定位”，选择“模板匹配”中的“单目标定位”，点击【确定】按钮
3	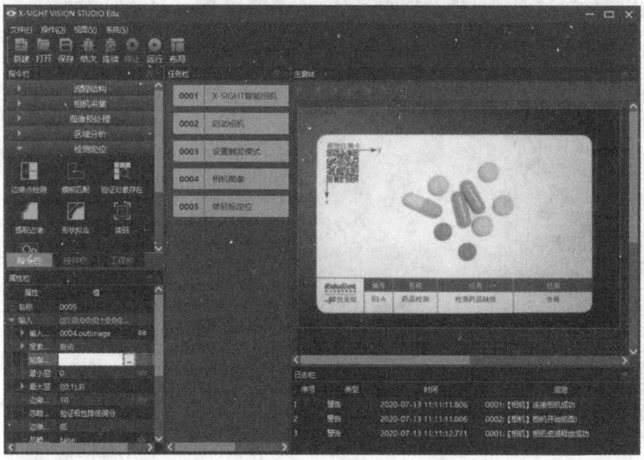	点击任务栏“0005 单目标定位”指令，修改其属性栏参数： ①输入图像：0004.outImage; ②点击“轮廓”中【...】按钮，打开“创建边缘模板”窗口

续表 5.4

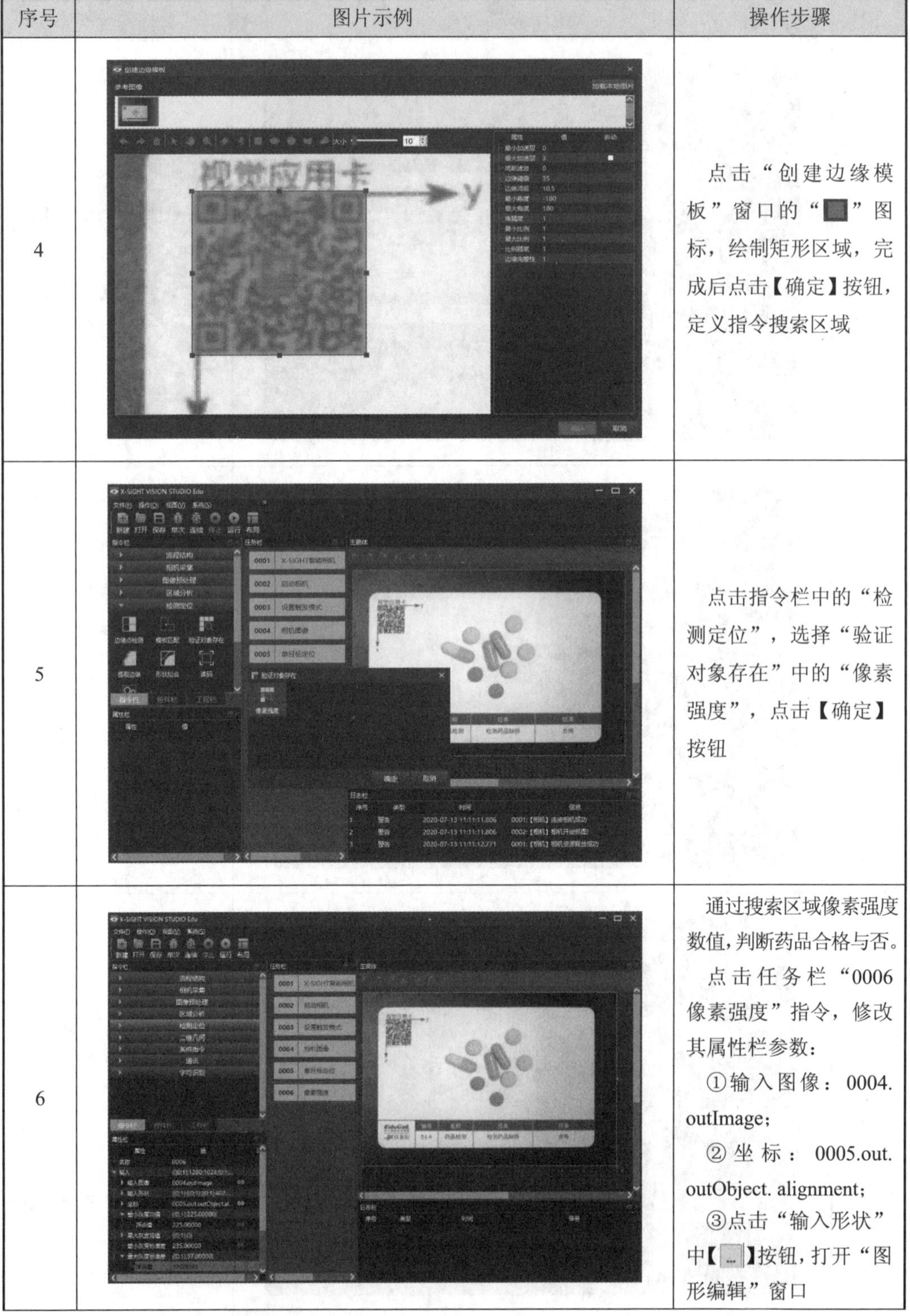

序号	图片示例	操作步骤
4		点击“创建边缘模板”窗口的“■”图标，绘制矩形区域，完成后点击【确定】按钮，定义指令搜索区域
5		点击指令栏中的“检测定位”，选择“验证对象存在”中的“像素强度”，点击【确定】按钮
6		通过搜索区域像素强度数值，判断药品合格与否。 点击任务栏“0006 像素强度”指令，修改其属性栏参数： ①输入图像：0004.outImage； ②坐标：0005.out.outObject. alignment； ③点击“输入形状”中【...】按钮，打开“图形编辑”窗口

续表 5.4

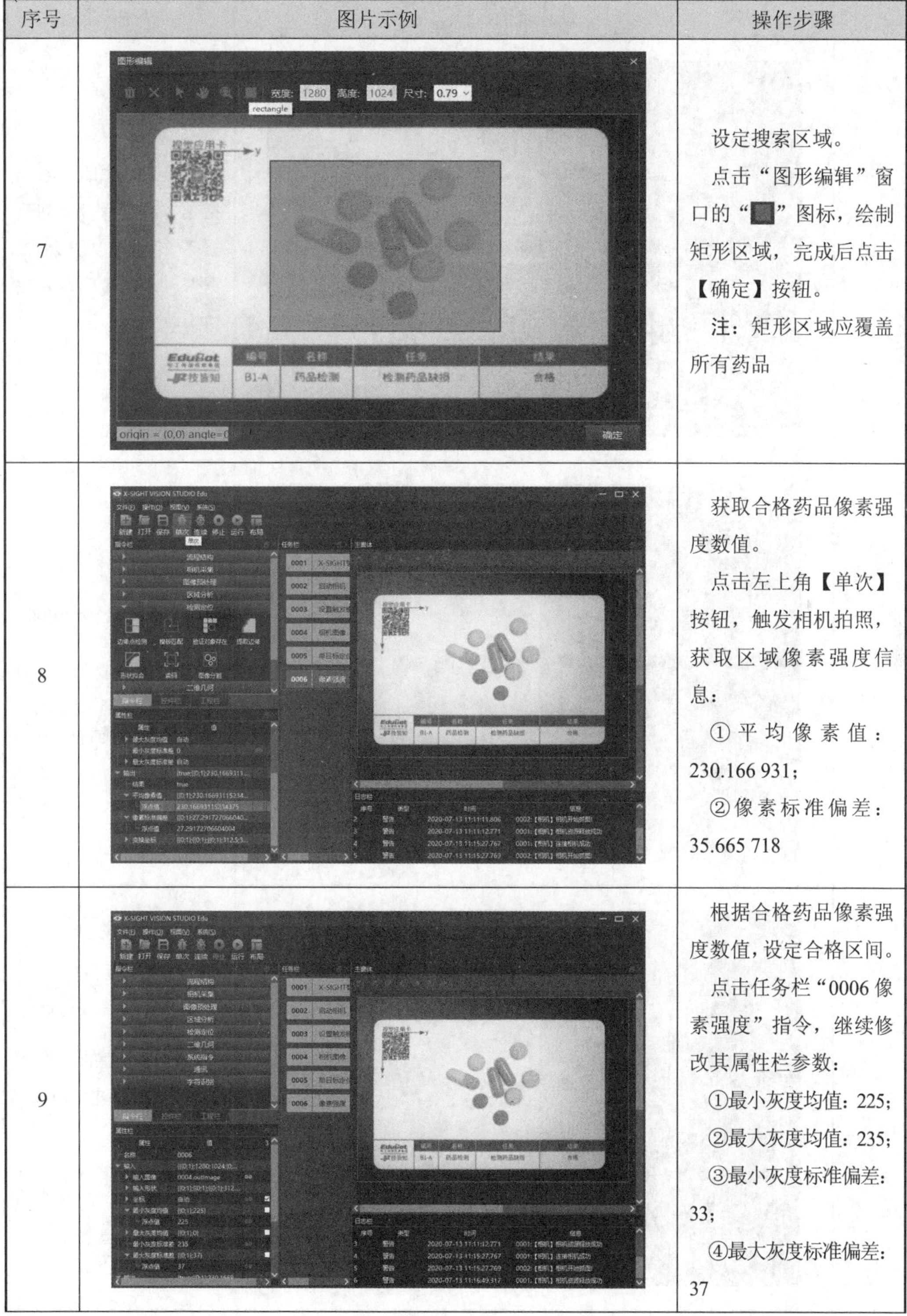

序号	图片示例	操作步骤
7		设定搜索区域。 点击“图形编辑”窗口的“■”图标，绘制矩形区域，完成后点击【确定】按钮。 **注**：矩形区域应覆盖所有药品
8		获取合格药品像素强度数值。 点击左上角【单次】按钮，触发相机拍照，获取区域像素强度信息： ①平均像素值：230.166 931； ②像素标准偏差：35.665 718
9		根据合格药品像素强度数值，设定合格区间。 点击任务栏“0006 像素强度”指令，继续修改其属性栏参数： ①最小灰度均值：225； ②最大灰度均值：235； ③最小灰度标准偏差：33； ④最大灰度标准偏差：37

续表 5.4

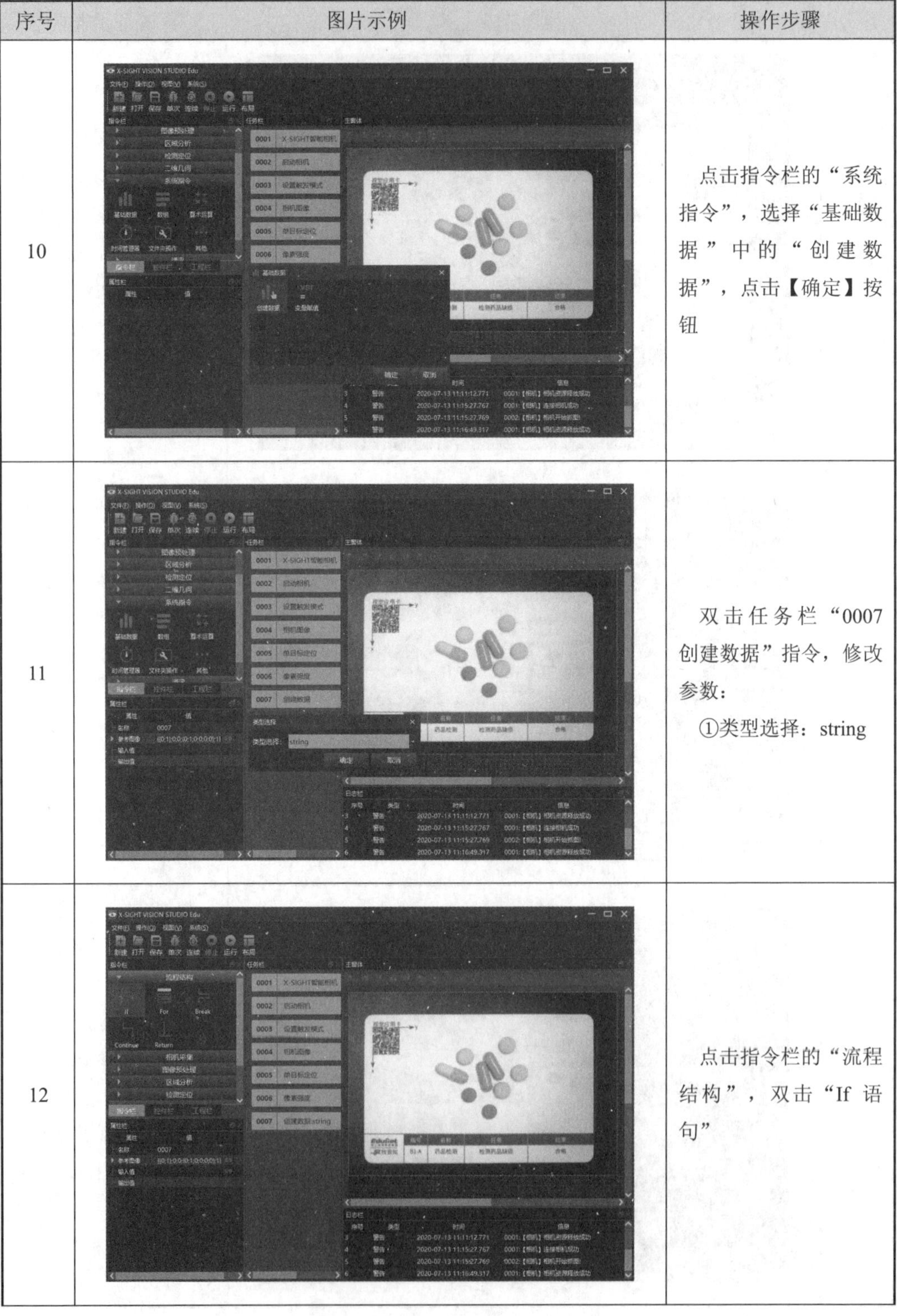

序号	图片示例	操作步骤
10		点击指令栏的“系统指令”，选择“基础数据”中的“创建数据”，点击【确定】按钮
11		双击任务栏“0007 创建数据”指令，修改参数： ①类型选择：string
12		点击指令栏的“流程结构”，双击“If 语句”

续表 5.4

序号	图片示例	操作步骤
13	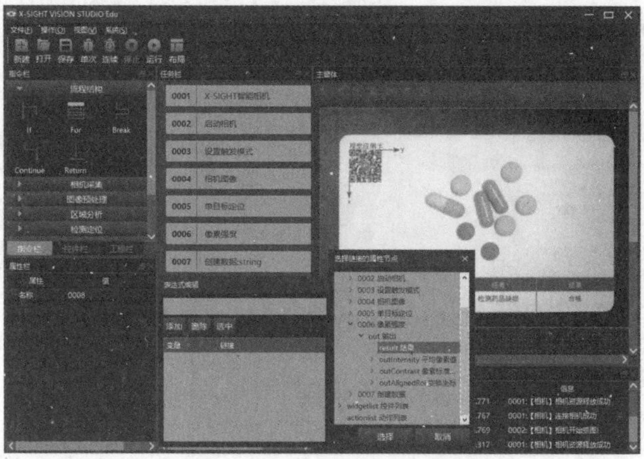	双击任务栏中“0008 If 语句”指令，添加链接的属性节点：0006.out.result，用于条件判断。（节点“0006.out.result”输出 true 或 false 两种状态）
14	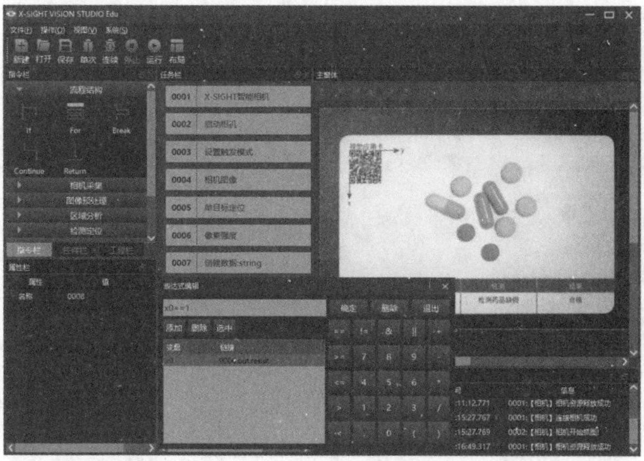	修改表达式编辑：x0==1，即当节点“0006.out.result”为 true 时，执行后续指令
15	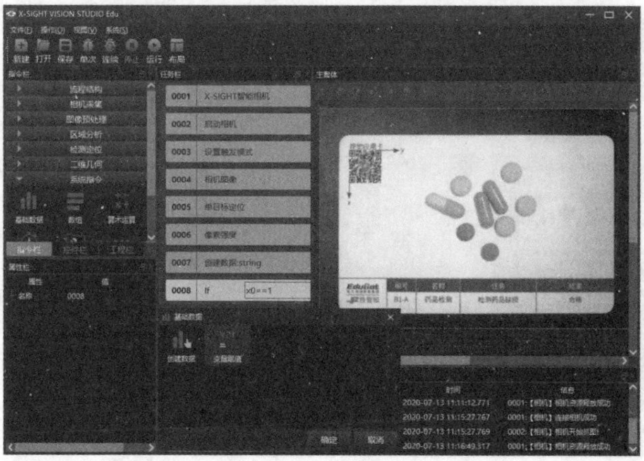	点击指令栏的“系统指令”，选择“基础数据”中的“变量赋值”，点击【确定】按钮

续表 5.4

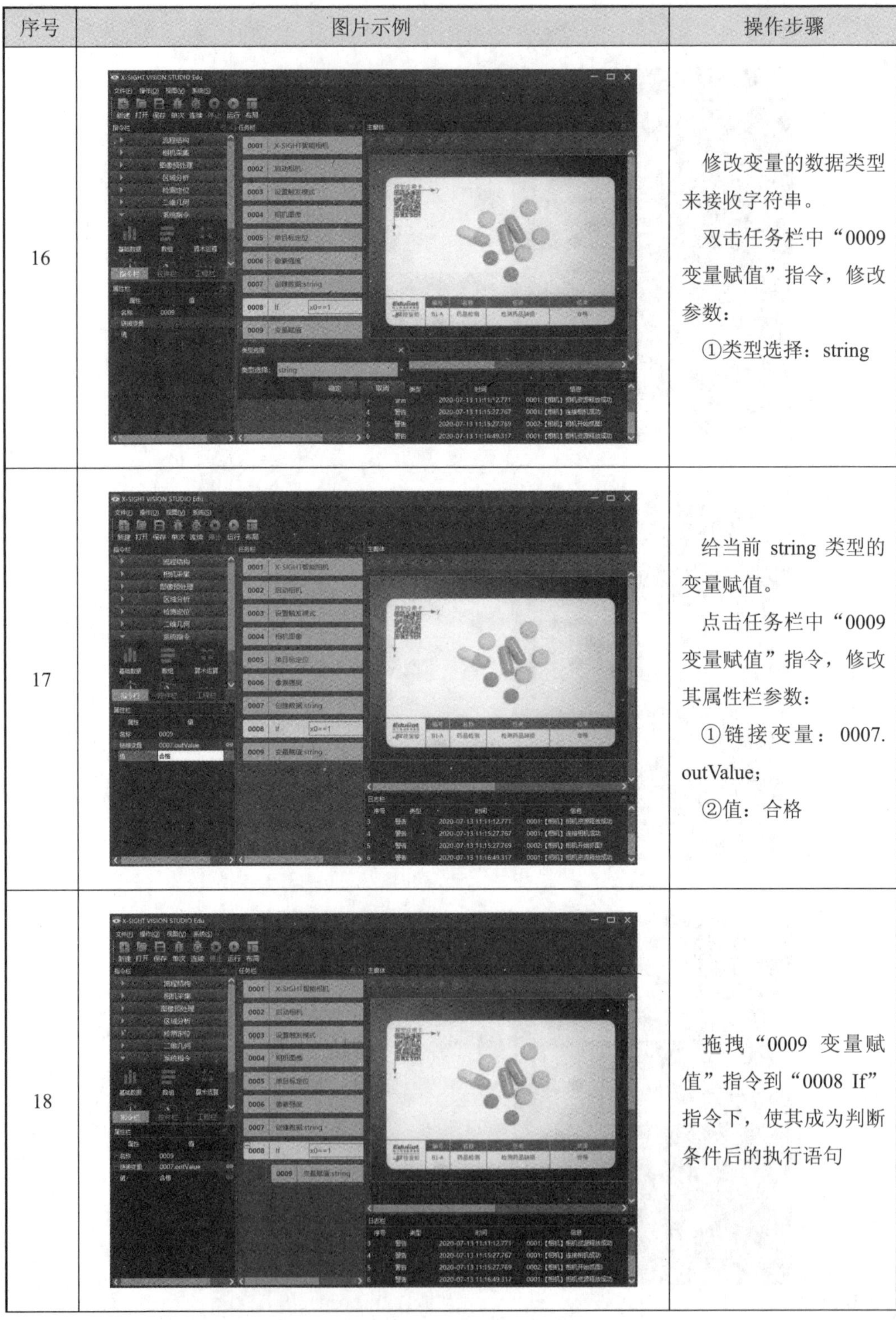

序号	图片示例	操作步骤
16		修改变量的数据类型来接收字符串。 双击任务栏中“0009 变量赋值”指令，修改参数： ①类型选择：string
17		给当前 string 类型的变量赋值。 点击任务栏中“0009 变量赋值”指令，修改其属性栏参数： ①链接变量：0007. outValue； ②值：合格
18		拖拽“0009 变量赋值”指令到“0008 If”指令下，使其成为判断条件后的执行语句

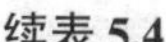

续表 5.4

序号	图片示例	操作步骤
19	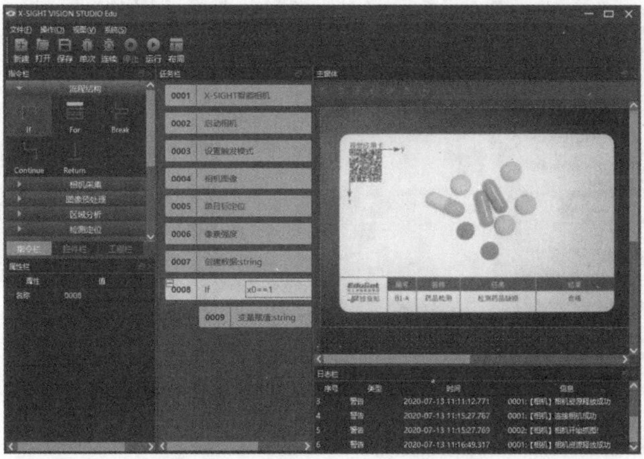	点击指令栏的“流程结构”，双击“If 语句”
20	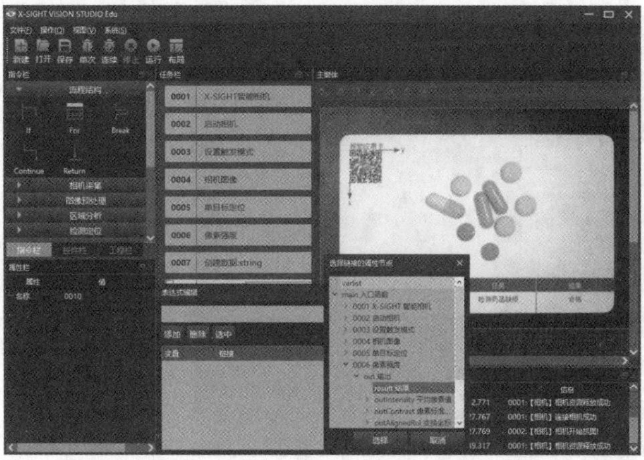	双击任务栏“0010 If”指令，添加链接的属性节点：0006.out.result，用于条件判断（节点“0006.out.result”输出 true 或 false 两种状态）
21	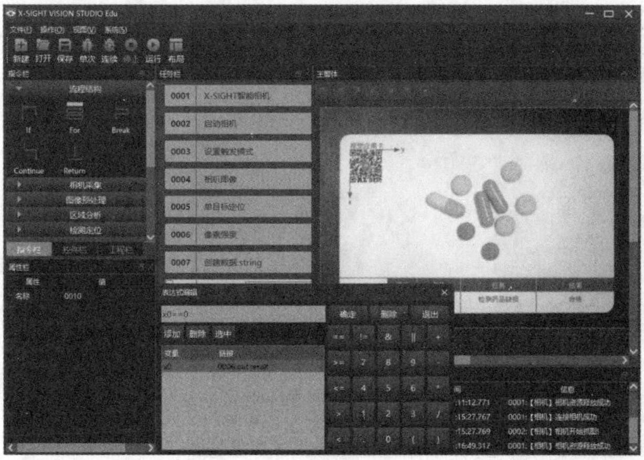	修改表达式编辑：x0==0，即当节点“0006.out.result”为 false 时，执行后续指令

续表 5.4

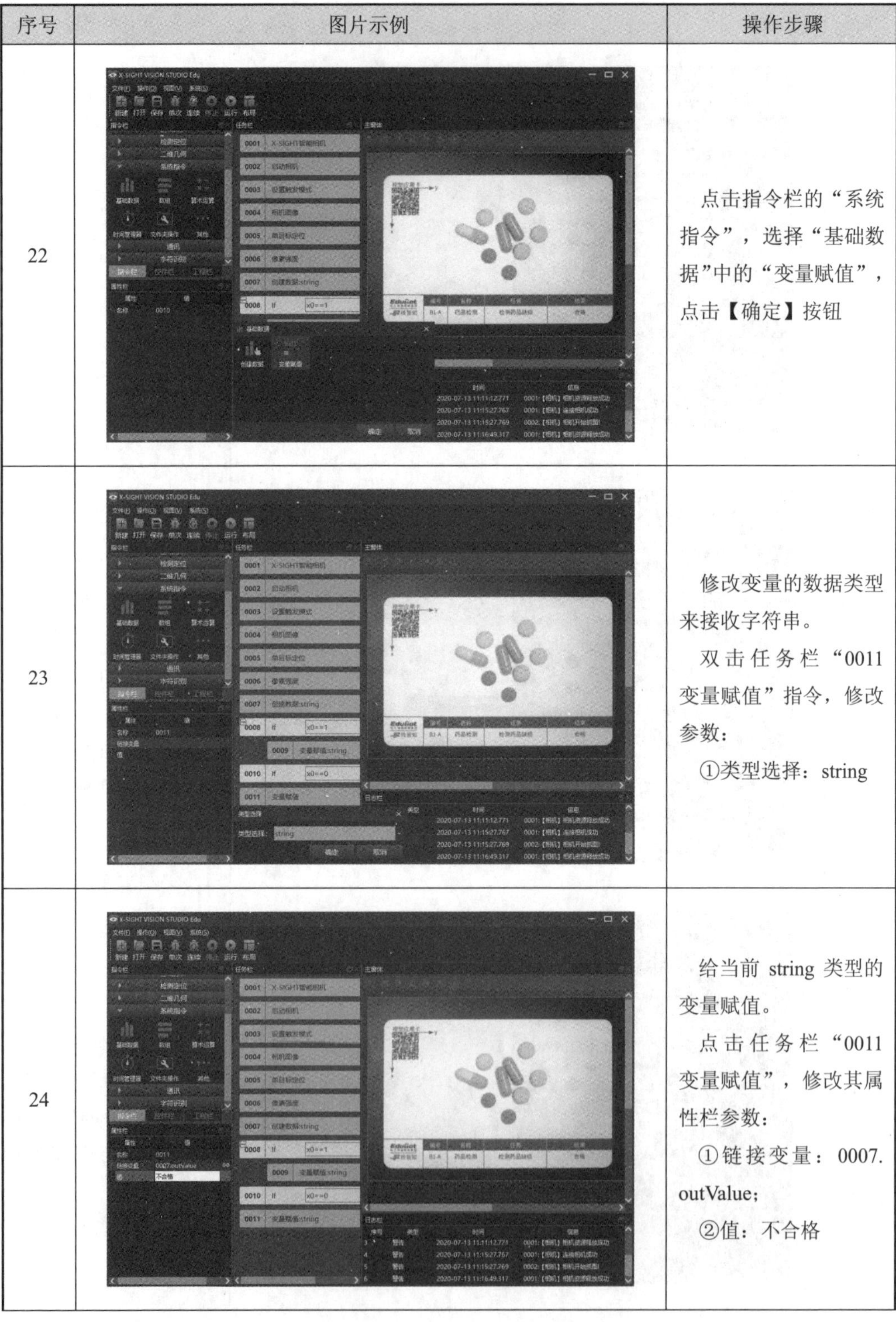

序号	图片示例	操作步骤
22		点击指令栏的“系统指令”，选择“基础数据”中的“变量赋值”，点击【确定】按钮
23		修改变量的数据类型来接收字符串。 双击任务栏“0011 变量赋值”指令，修改参数： ①类型选择：string
24		给当前 string 类型的变量赋值。 点击任务栏“0011 变量赋值”，修改其属性栏参数： ①链接变量：0007.outValue； ②值：不合格

续表 5.4

序号	图片示例	操作步骤
25	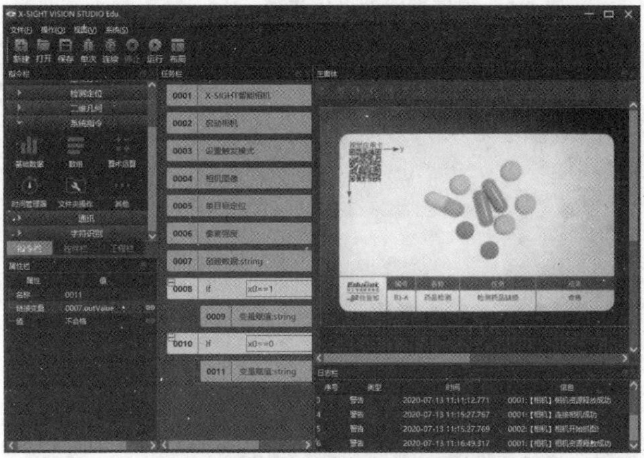	拖拽“0011 变量赋值”指令到“0010 If”指令下，使其成为判断条件后的执行语句
26	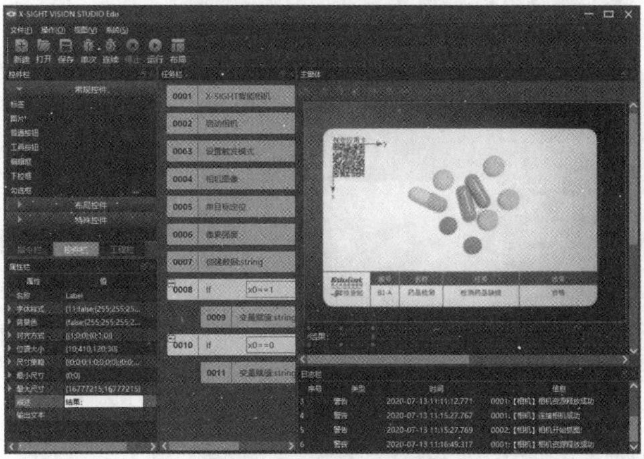	下面为结果显示输出，进行窗体绘制。 点击控件栏，拖拽“标签”控件，放置于主窗体“图形显示”控件左下方，修改其属性栏参数： ①描述：结果：
27	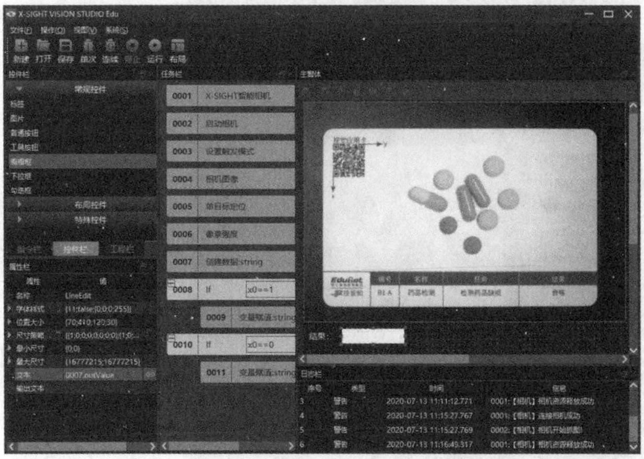	使用编辑框接收结果数据。 点击控件栏，拖拽“编辑框”控件，放置于主窗体“标签”控件右侧，修改其属性栏参数： ①文本：0007.outValue

5.4.4 项目程序调试

程序调试的具体操作步骤见表 5.5。

表 5.5 程序调试的操作步骤

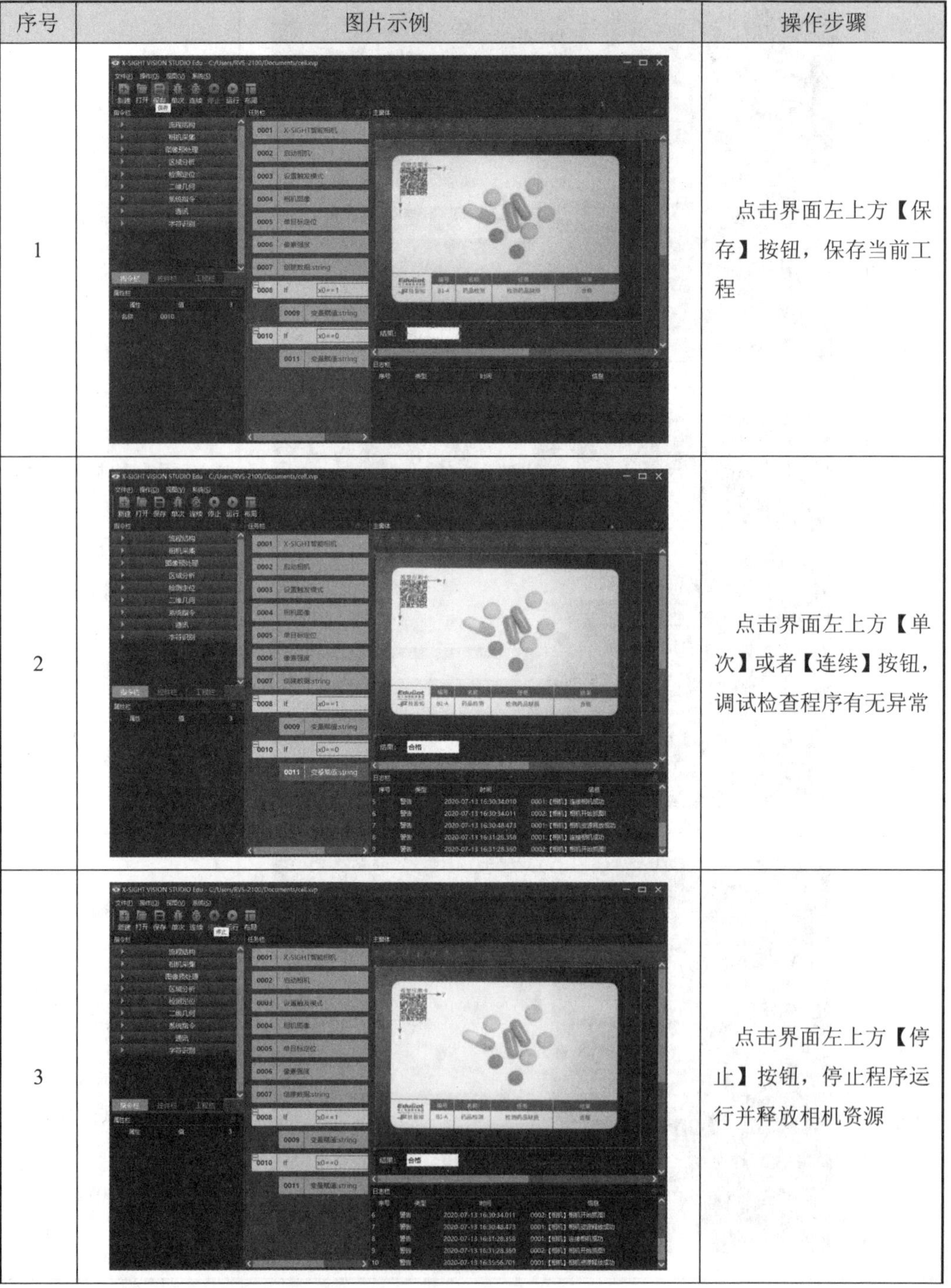

序号	图片示例	操作步骤
1		点击界面左上方【保存】按钮，保存当前工程
2		点击界面左上方【单次】或者【连续】按钮，调试检查程序有无异常
3		点击界面左上方【停止】按钮，停止程序运行并释放相机资源

续表 5.5

序号	图片示例	操作步骤
4	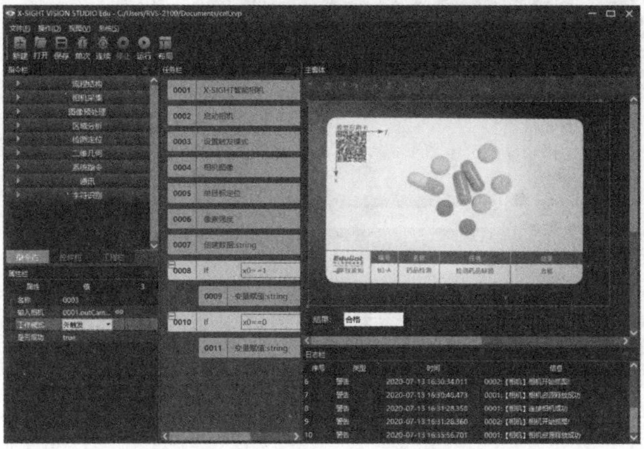	修改相机采集图像模式为面板按钮触发。 点击任务栏中“0003 设置触发模式”指令，修改其属性栏参数： ①工作模式：外触发
5	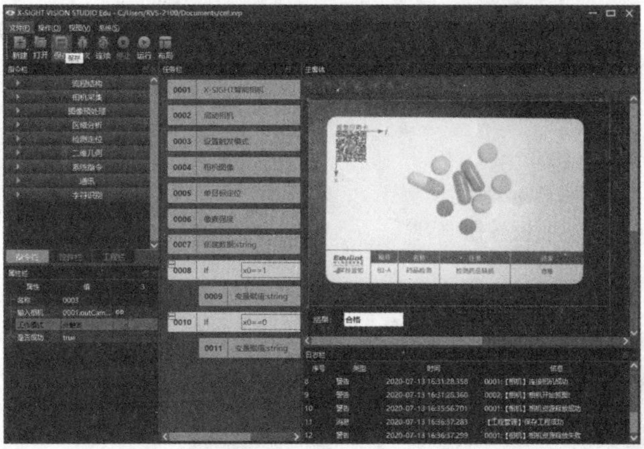	点击界面左上方【保存】按钮，保存当前工程

5.4.5　项目总体运行

程序运行的具体操作步骤见表 5.6。

表 5.6　程序运行的操作步骤

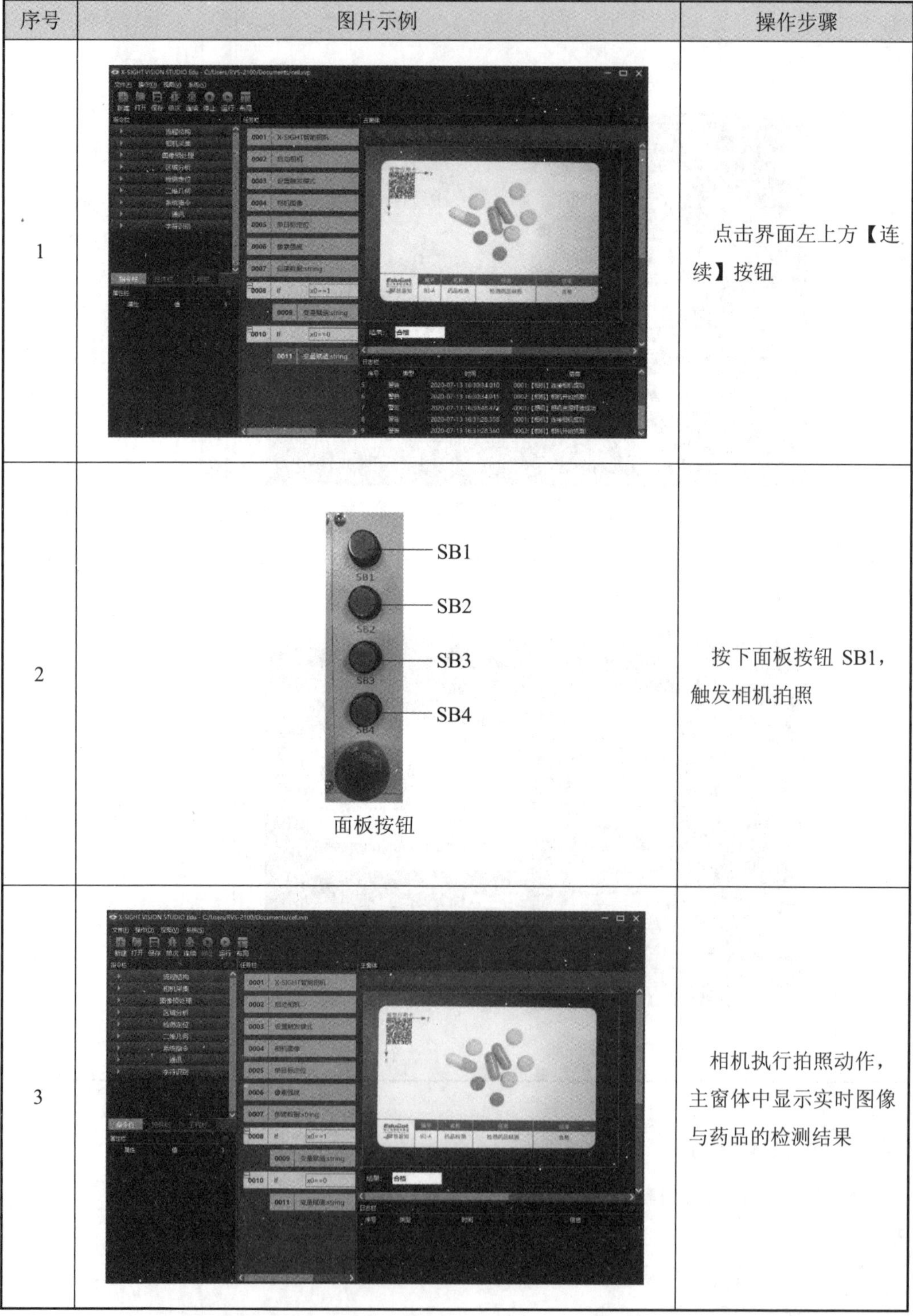

序号	图片示例	操作步骤
1		点击界面左上方【连续】按钮
2	面板按钮	按下面板按钮 SB1，触发相机拍照
3		相机执行拍照动作，主窗体中显示实时图像与药品的检测结果

5.5　项目验证

5.5.1　效果验证

已知 B1 号卡片 A 面上的药品检测结果为合格，B1 号卡片 B 面上的药品检测结果为不合格，基于像素强度的药品检测项目效果验证的操作步骤见表 5.7。

表 5.7　效果验证的操作步骤

序号	图片示例	操作步骤
1	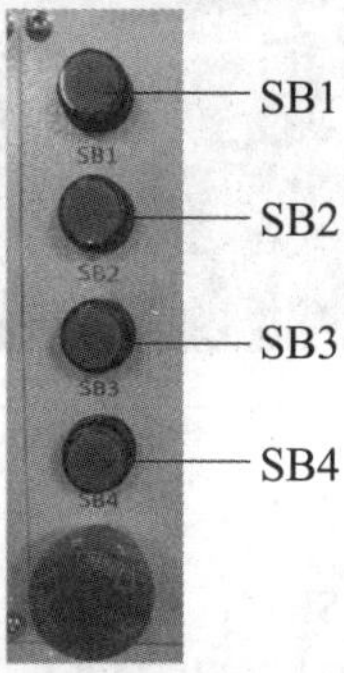 SB1 SB2 SB3 SB4 面板按钮	**面板端：** 按下面板按钮 SB1，触发相机拍照
2	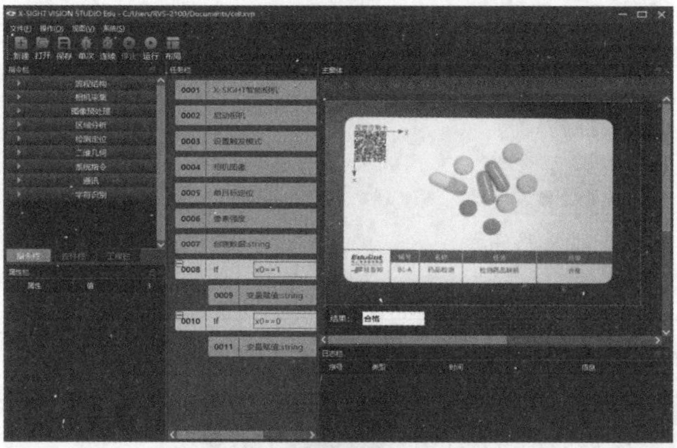	**相机端：** 相机执行拍照动作，主窗体中显示实时图像与药品的检测结果
3	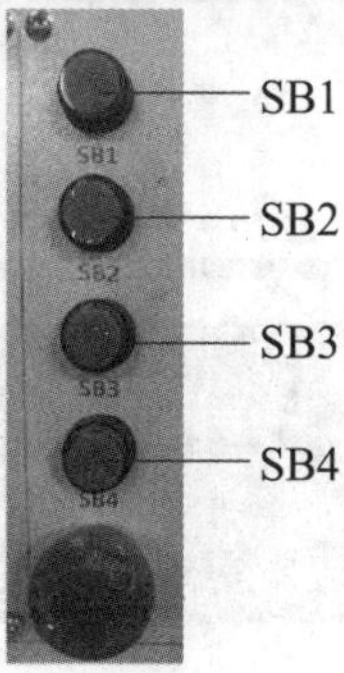 SB1 SB2 SB3 SB4 面板按钮	**面板端：** 挪动卡片，按下面板按钮 SB1，触发相机拍照

续表 5.7

序号	图片示例	操作步骤
4	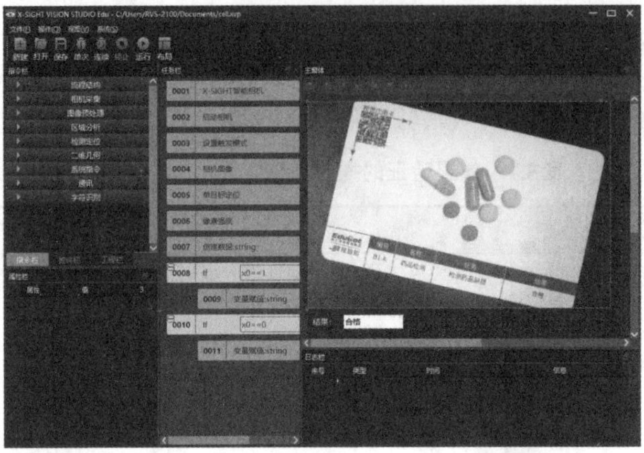	**相机端：** 相机执行拍照动作，主窗体中显示实时图像与药品的检测结果
5	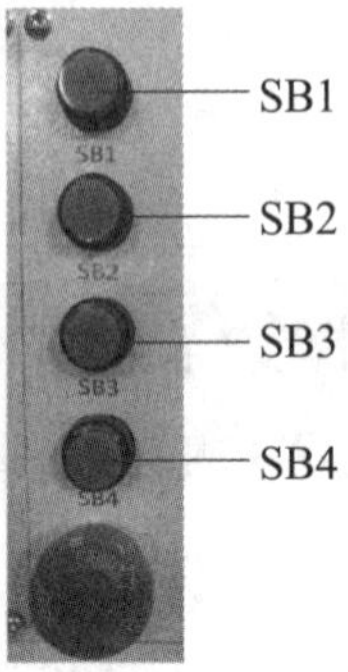 SB1 SB2 SB3 SB4 面板按钮	**面板端：** 翻转卡片后，按下面板按钮 SB1，触发相机单次拍照
6	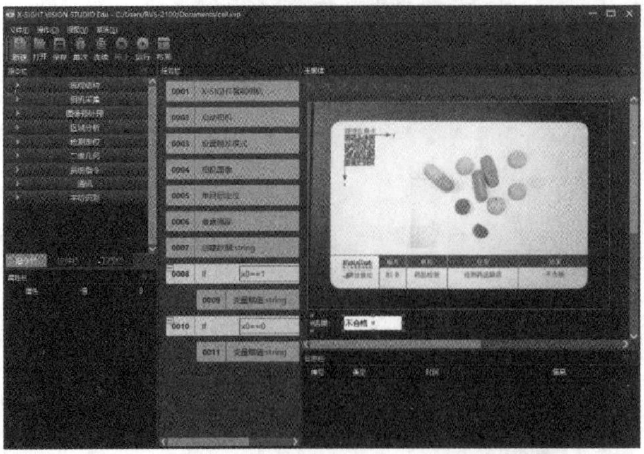	**相机端：** 相机执行拍照动作，主窗体中显示实时图像与药品的检测结果

5.5.2　数据验证

已知 B1 号卡片 A 面上的药品检测结果为合格，B1 号卡片 B 面上的药品检测结果为不合格，基于像素强度的药品检测项目数据验证的操作步骤见表 5.8。

表 5.8　数据验证的操作步骤

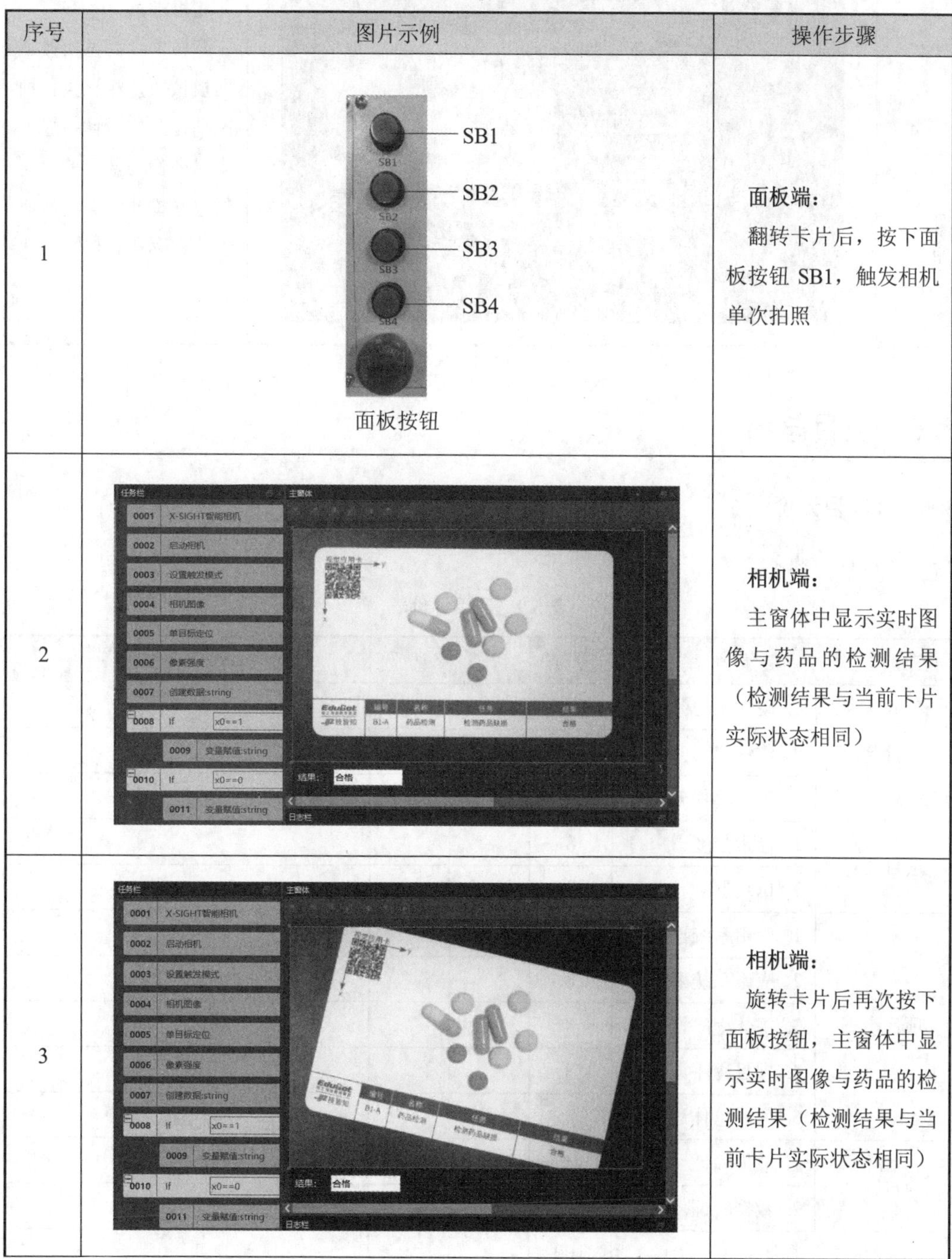

序号	图片示例	操作步骤
1	SB1 SB2 SB3 SB4 面板按钮	**面板端：** 翻转卡片后，按下面板按钮 SB1，触发相机单次拍照
2		**相机端：** 主窗体中显示实时图像与药品的检测结果（检测结果与当前卡片实际状态相同）
3		**相机端：** 旋转卡片后再次按下面板按钮，主窗体中显示实时图像与药品的检测结果（检测结果与当前卡片实际状态相同）

续表 5.8

序号	图片示例	操作步骤
4	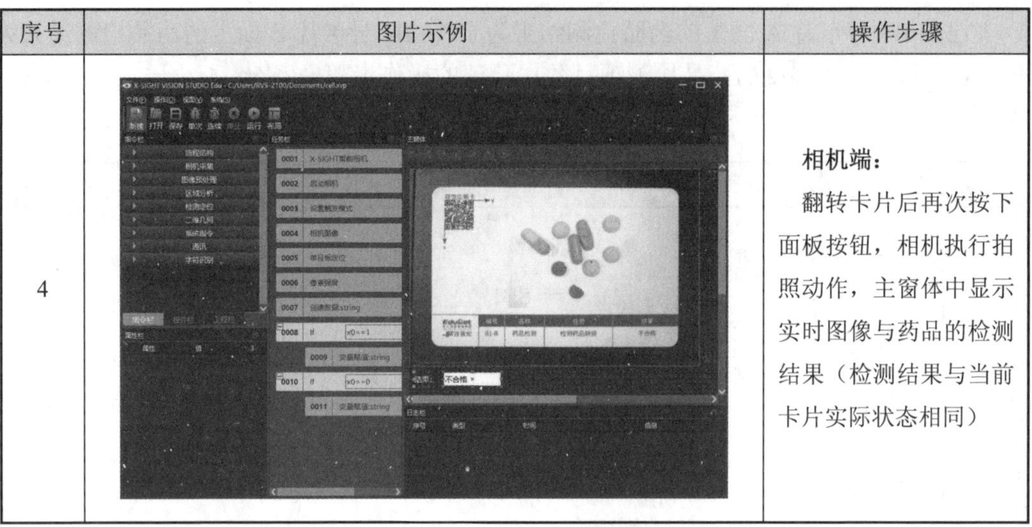	**相机端：** 翻转卡片后再次按下面板按钮，相机执行拍照动作，主窗体中显示实时图像与药品的检测结果（检测结果与当前卡片实际状态相同）

5.6 项目总结

5.6.1 项目评价

项目评价见表 5.9。

表 5.9 项目评价表

项目指标		分值	自评	互评	评分说明
项目分析	1. 硬件架构分析	8			
	2. 软件架构分析	8			
	3. 项目流程分析	8			
项目要点	1. 像素强度	8			
	2. I/O 通信	8			
项目步骤	1. 应用系统连接	8			
	2. 应用系统配置	8			
	3. 主体程序设计	8			
	4. 项目程序调试	8			
	5. 项目总体运行	8			
项目验证	1. 效果验证	10			
	2. 数据验证	10			
合计		100			

5.6.2　项目拓展

通过对智能视觉系统缺陷检测技术的学习与应用，可以进行以下的项目拓展。

1. 芯片外观缺陷检测

（1）项目思路。

在相机的视野中，放入 B2 号视觉应用卡——芯片检测，使用像素强度指令判断芯片是否合格，配合标签控件与编辑框控件将信息显示在主窗体中，如图 5.14 所示。

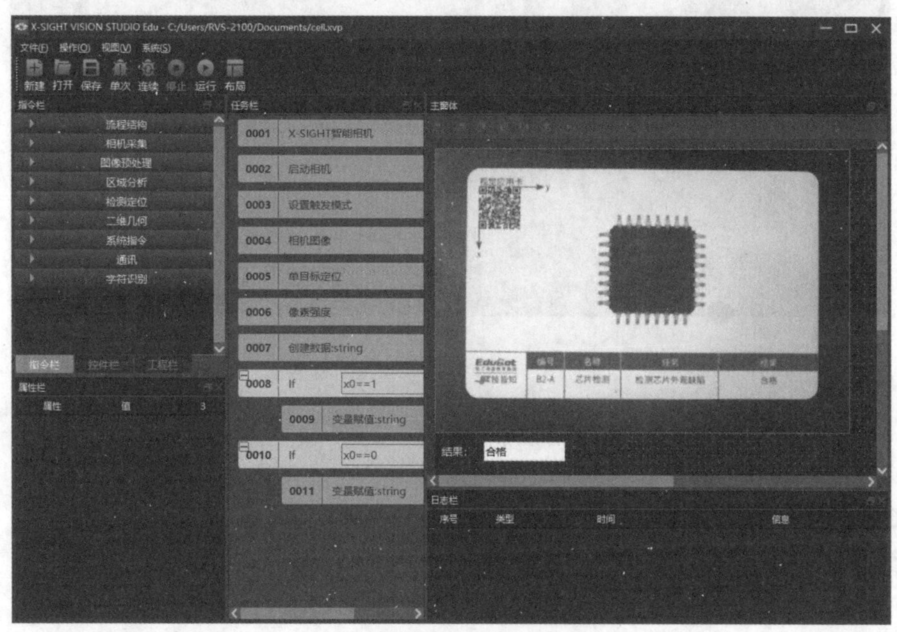

图 5.14　芯片外观缺陷检测效果

（2）操作步骤。

①使用 X-SIGHT 智能相机指令、启动相机指令、设置触发模式指令和相机图像指令加载实时图像。

②使用图形显示控件将实时图像显示在软件主窗体中。

③使用单目标定位、像素强度指令计算出感兴趣区域的平均像素值。

④使用 If 语句指令、创建数据指令和变量赋值指令判断芯片外观是否合格。

⑤使用标签控件和编辑框控件接收结果数据，并显示在主窗体中。

2. 按钮装配缺陷检测

（1）项目思路。

在相机的视野中，放入 B4 视觉应用卡——按钮检测，使用像素强度指令判断按钮是否合格，配合标签控件与编辑框控件将信息显示在主窗体中，如图 5.15 所示。

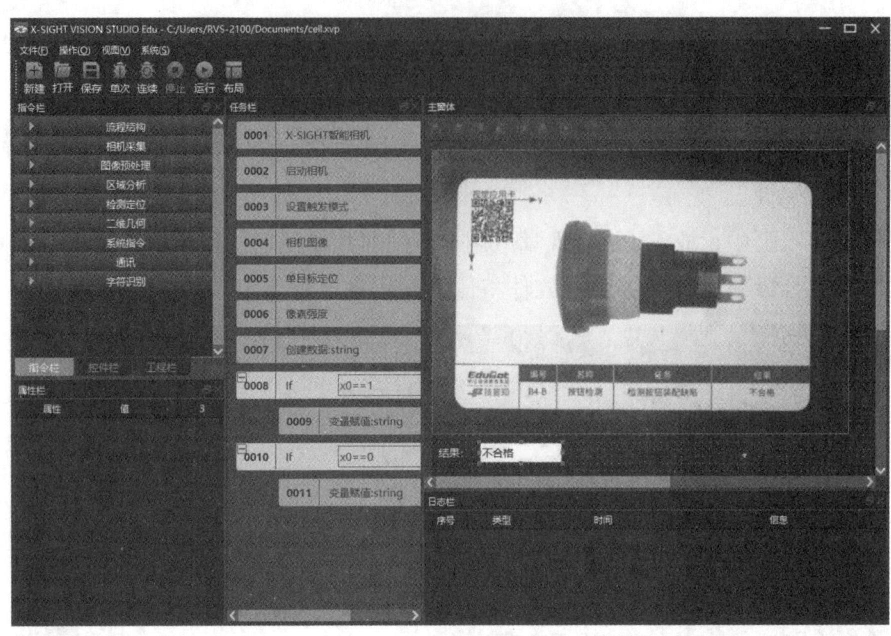

图 5.15　按钮装配缺陷检测效果

（2）操作步骤。

①使用 X-SIGHT 智能相机指令、启动相机指令、设置触发模式指令和相机图像指令加载实时图像。

②使用图形显示控件将实时图像显示在软件主窗体中。

③使用单目标定位指令、像素强度指令计算出感兴趣区域的平均像素值。

④使用 If 语句指令、创建数据指令和变量赋值指令判断按钮装配是否合格。

⑤使用标签控件和编辑框控件接收结果数据，并显示在主窗体中。

第 6 章　基于形状拟合的螺母测量项目

6.1　项目目的

※ 螺母测量项目介绍

6.1.1　项目背景

测量技术是现代化工业的基础技术之一，是保证产品质量的关键。在现代化的生产过程中，涉及各种各样的测量。随着工业制造技术和加工工艺的提高和改进，对测量手段、测量速度和精度提出了更高的要求，智能视觉测量技术应运而生。智能视觉测量技术把图像作为检测和传递信息的手段或载体加以利用，从图像中提取有用的信息，通过处理被测图像而获得所需的各种参数，比如线段长度、圆直径、直线夹角等。常见的测量应用包括齿轮、接插件、汽车零部件、IC 元件管脚、螺母、螺钉螺纹检测等。图 6.1（a）所示为电子设备插接件管脚高度、宽度及间距测量，图 6.1（b）所示为机械零部件圆心距测量。

（a）管脚测量

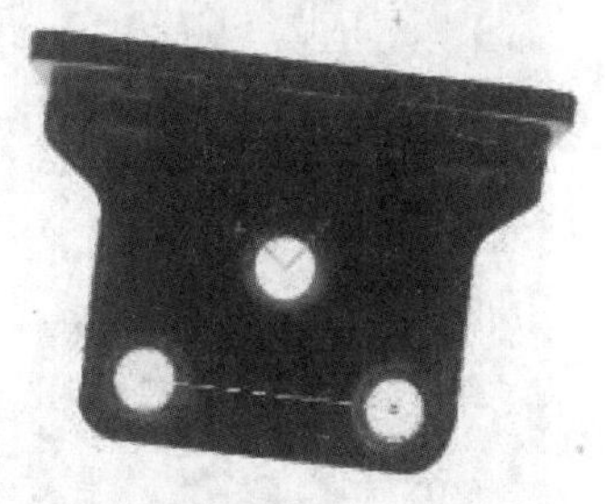

（b）零部件圆心距测量

图 6.1　智能视觉元器件测量

6.1.2　项目需求

基于形状拟合的螺母测量项目选用 C2 号视觉应用卡——螺母测量来辅助完成，如图 6.2 所示。

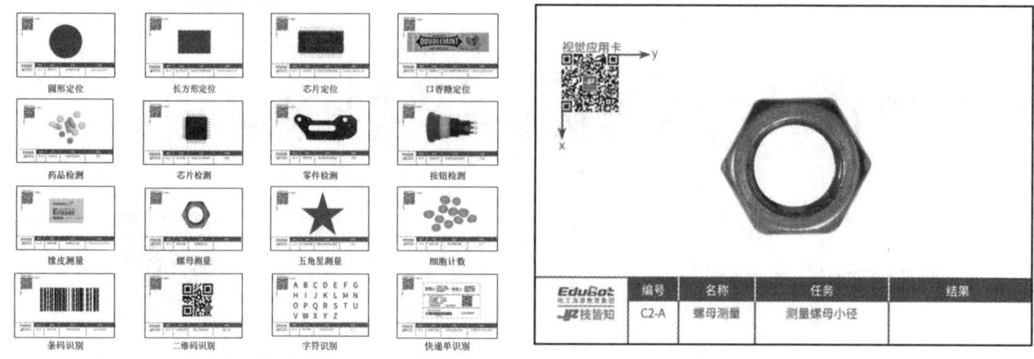

图 6.2　C2 号视觉应用卡——螺母测量

本项目通过 SPV-SmartCam 系列智能相机的工件尺寸测量功能获取螺母的小径，将数据信息显示在主窗体中，并通过 ModbusTCP 通信协议发送至 PLC，效果如图 6.3 所示。

图 6.3　螺母测量效果

6.1.3　项目目的

（1）掌握圆定位、浮点相乘指令的使用方法。

（2）掌握 Modbus 通信协议的原理、ModbusTCP 指令和写寄存器指令的使用方法。

6.2　项目分析

6.2.1　项目构架

本项目为基于形状拟合的螺母测量项目，选用智能视觉产教应用平台的电源模块、按钮、PLC、I/O 模块、相机模块、显示模块，如图 6.4 所示。其中，电源模块为 I/O 模块与 PLC 提供 24 V 电源；按钮触发 PLC 的启动信号；PLC 触发相机拍照，与相机进行数据交互；I/O 模块为相机模块供电，并集成 USB、通信接口供外部使用；相机模块采集、处理并输出图像信息；显示模块显示图像和数据信息，项目构架如图 6.5 所示。

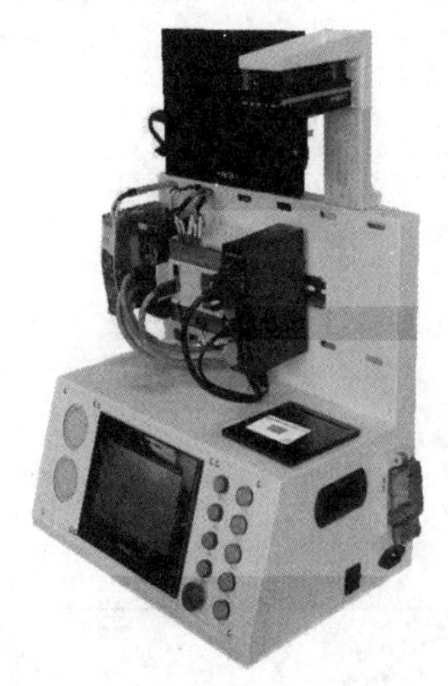

图 6.4　智能视觉产教应用平台

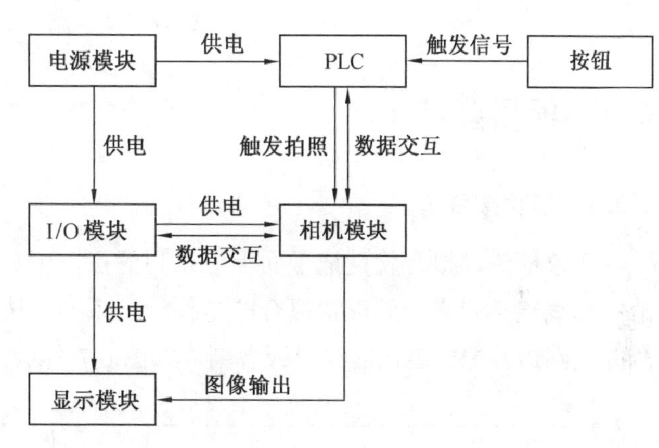

图 6.5　项目构架

6.2.2　项目流程

基于智能视觉系统工件尺寸测量技术，测量螺母的小径，将结果数据显示在主窗体中，并通过 ModbusTCP 通信协议发送至 PLC。具体内容如下：

①使用 X-SIGHT 智能相机指令、启动相机指令、设置触发模式指令、相机图像指令和图形显示控件将实时图像显示在软件主窗体中。

②使用单目标定位指令建立相对坐标系（模板对象）。

③使用圆定位指令测量螺母小径。

④使用浮点相乘指令和浮点相除指令换算螺母小径数值。

⑤使用 ModbusTCP 指令和写寄存器指令将结果数据发送至 PLC。

基于形状拟合的螺母测量项目流程如图 6.6 所示。

Step1 应用系统连接	Step2 应用系统配置	Step3 主体程序设计	Step4 关联程序设计	Step5 项目程序调试	Step6 项目总体运行
①连接电源模块 ②连接PLC与按钮 ③连接 IO 模块与相机模块 ④连接显示模块	①新建工程 Nut.xvp	①添加程序所用指令和控件 ②修改指令及控件属性参数	①编写PLC辅助程序	①保存工程 ②单次或持续执行程序	①外部触发相机程序运行

图 6.6　项目流程

6.3　项目要点

6.3.1　形状拟合

※ 螺母测量项目要点

形象地说，拟合就是把平面上一系列的点，用一条光滑的曲线连接起来。而形状拟合即是执行一系列的边缘检测并找到最匹配检测点的线段或者圆，如图 6.7 所示。

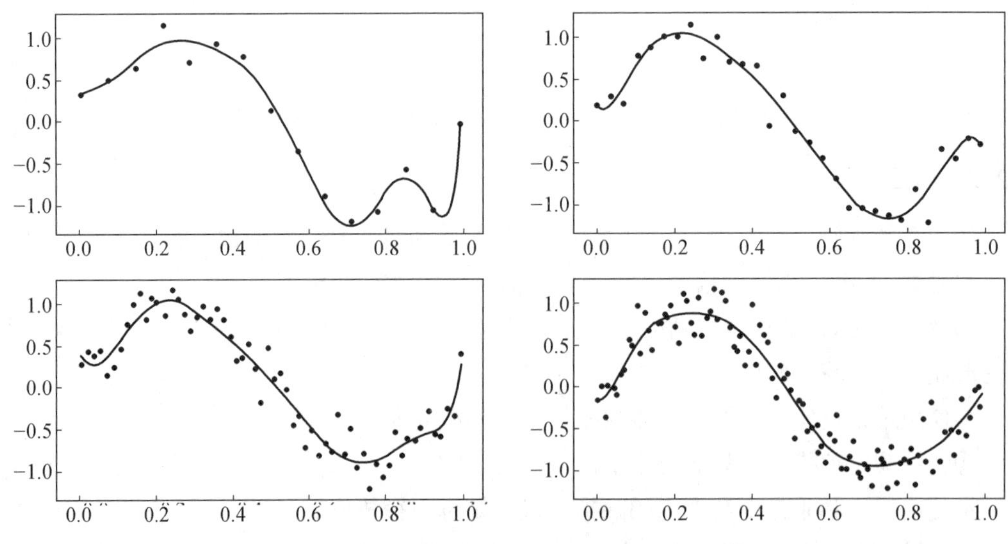

图 6.7　形状拟合效果

本项目使用形状拟合工具的圆定位，用于精准检测圆形物体或孔，其工具属性见表 6.1。

表 6.1　圆定位工具属性

属性	类型	取值范围	说　明
输入图像	图像		获取图像
区域	圆拟合字段		待拟合圆所在区域
参考坐标系	坐标系		将拟合字段调整到被检查对象的位置
扫描位置的点数	整型	3～+∞	扫描估计圆的位置的点数
扫描字段的宽度	整型	1～+∞	每个扫描字段的宽度（以像素为单位）
图像插值方法	像素插值方法		提取图像像素值的插值方法
边缘扫描参数	边缘扫描参数		控制边缘提取过程的参数
边缘选择方式	选择		选择边缘模型
强弱边缘位置关系	强弱边缘位置关系		定义在较强边缘附近可以检测到较弱边缘的条件
最大不完整性	浮点型	0.0～0.999	找不到边缘点的最大分数
拟合圆	拟合圆方法		拟合一个圆使用的方法
异常抑制方法	消除错误点参数		选择忽略检测到的错误的方法
圆	2D 圆		拟合圆或者拟合失败
匹配边缘	1D 边缘数组		找到边缘
实际与参考分段点距离分布	轮廓		实际分段点与相应参考分段点之间的距离分布
扫描运行的段	2D 段数组		扫描运行的段
采样区域	2D 矩形数组		从输入图像中采样区域
图像配置文件	轮廓数组		提取图像配置文件
生产配置文件	轮廓数组		边缘运算符相应的配置文件

该工具试图将给定的圆拟合到图像中存在的边缘。在内部实现上，使用单边缘点检测指令沿着预设路径执行一系列扫描，然后依据找到的点来确定图像中圆的实际位置，其粗略位置事先已知。

6. 3. 2　Modbus 通信

Modbus 协议是一种串行通信协议，由于它的开放性、可扩充性和标准化使其迅速成了通用工业标准协议之一。通过 Modbus 通信协议，不同厂商的产品可以简单可靠地接入系统，实现系统的集中监控与分散控制功能。

目前 Modbus 通信包含 RTU、ASCII 和 TCP 三种通信协议，常用接口形式主要有 RS232、RS485、RS422 和 RJ45。Modbus 数据通信采用主/从方式（Master/Slave），即主端发出数据请求消息，从端接收到正确消息后发送数据到主端以响应请求；主端可直接发送消息修改从端的数据，实现双向读写，效果如图 6.8 所示。

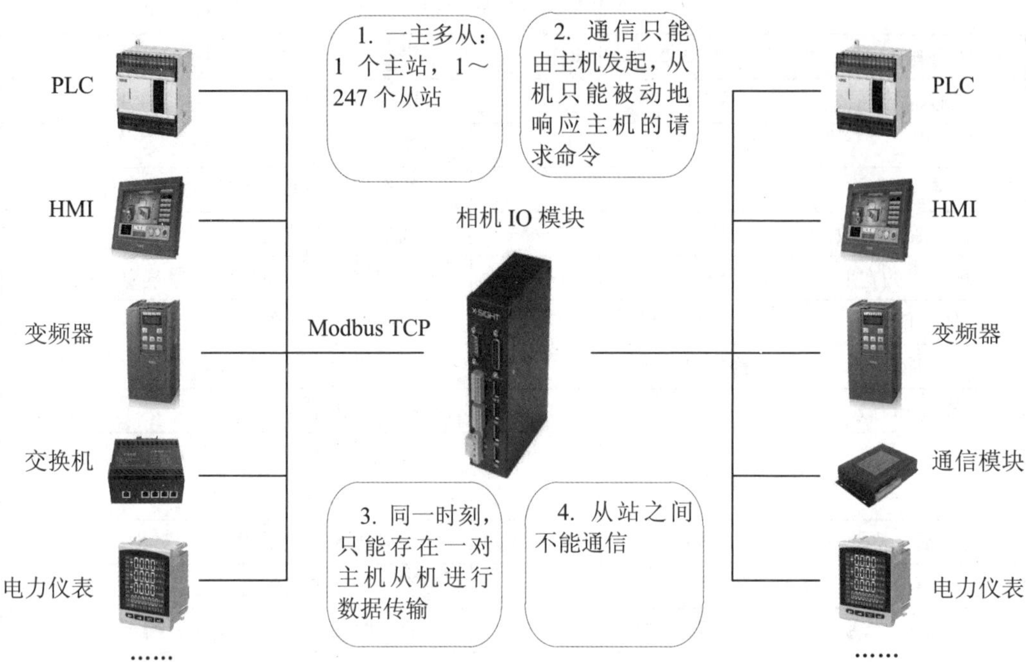

图 6.8　Modbus 主从协议

SPV-SmartCam 系列智能相机支持 Modbus 通信的 RTU（串口）和 TCP（网络）两种通信协议（根据下位机支持的通信方式选取合适的协议）。

其中，Modbus 串口工具属性见表 6.2。相机选用 Modbus RTU 通信协议时，只能作为主站，通信参数中波特率、奇偶校验、数据位与停止位需与从站保持一致。

表 6.2　Modbus 串口工具属性

属性	说　明
通信串口	选择使用的串行端口
站号	选择站号
波特率	串口波特率
奇偶校验	奇偶校验选择
数据位	串行数据位
停止位	串行停止位
通信实例	用于读寄存器、读输入寄存器、写寄存器的连接
状态	显示通信状态

ModbusTCP 工具属性见表 6.3。相机选用 Modbus TCP 通信协议时，只能作为服务器。

表 6.3　ModbusTCP 工具属性

属性	说　明
IP 地址	要连接的 IP 地址
端口	要连接的主机 Modbus 端口，默认 502
站号	要连接的主机站号
通信实例	用于读寄存器、读输入寄存器、写寄存器指令的连接
状态	显示通信状态

6.4　项目步骤

※ 螺母测量项目步骤

6.4.1　应用系统连接

基于形状拟合的螺母测量项目所需电气元器件交互关系如图 6.9 所示，应用系统的连接分为 3 部分：I/O 分配、硬件接线图绘制、电气接线。

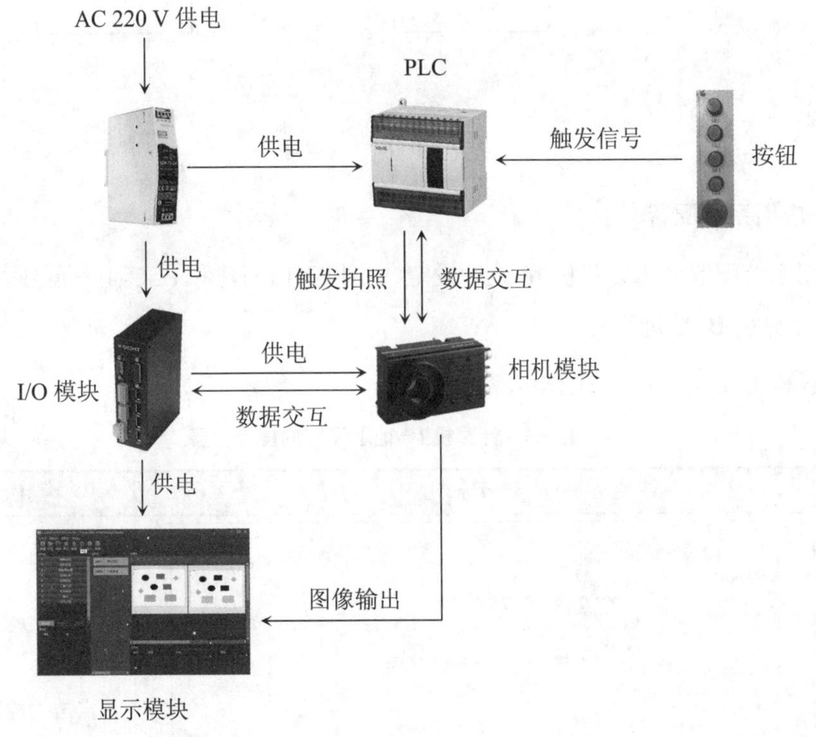

图 6.9　电气元器件组成

1. I/O 分配

I/O 分配见表 6.4。

表 6.4　I/O 分配

序号	PLC 地址	功能	说明
1	X1	启动	按钮 SB1 信号
2	Y0	触发拍照	相机 Trigger 信号

2. 硬件接线图绘制

逻辑控制的硬件接线图如图 6.10 所示，硬件接线图绘制完成后，根据绘制的电气图，正确地对元器件进行接线。

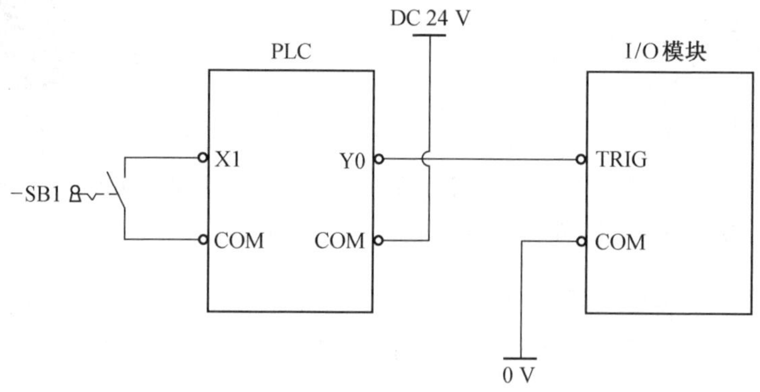

图 6.10　硬件接线图

6.4.2　应用系统配置

应用系统配置分为计算机 IP 地址设定、相机工程创建和 PLC 工程创建。

1. 计算机 IP 地址设定

计算机 IP 地址设定的操作步骤见表 6.5。

表 6.5　计算机 IP 地址设定的操作步骤

序号	图片示例	操作步骤
1		点击“控制面板”，选择“网络和 Internet”

续表 6.5

序号	图片示例	操作步骤
2	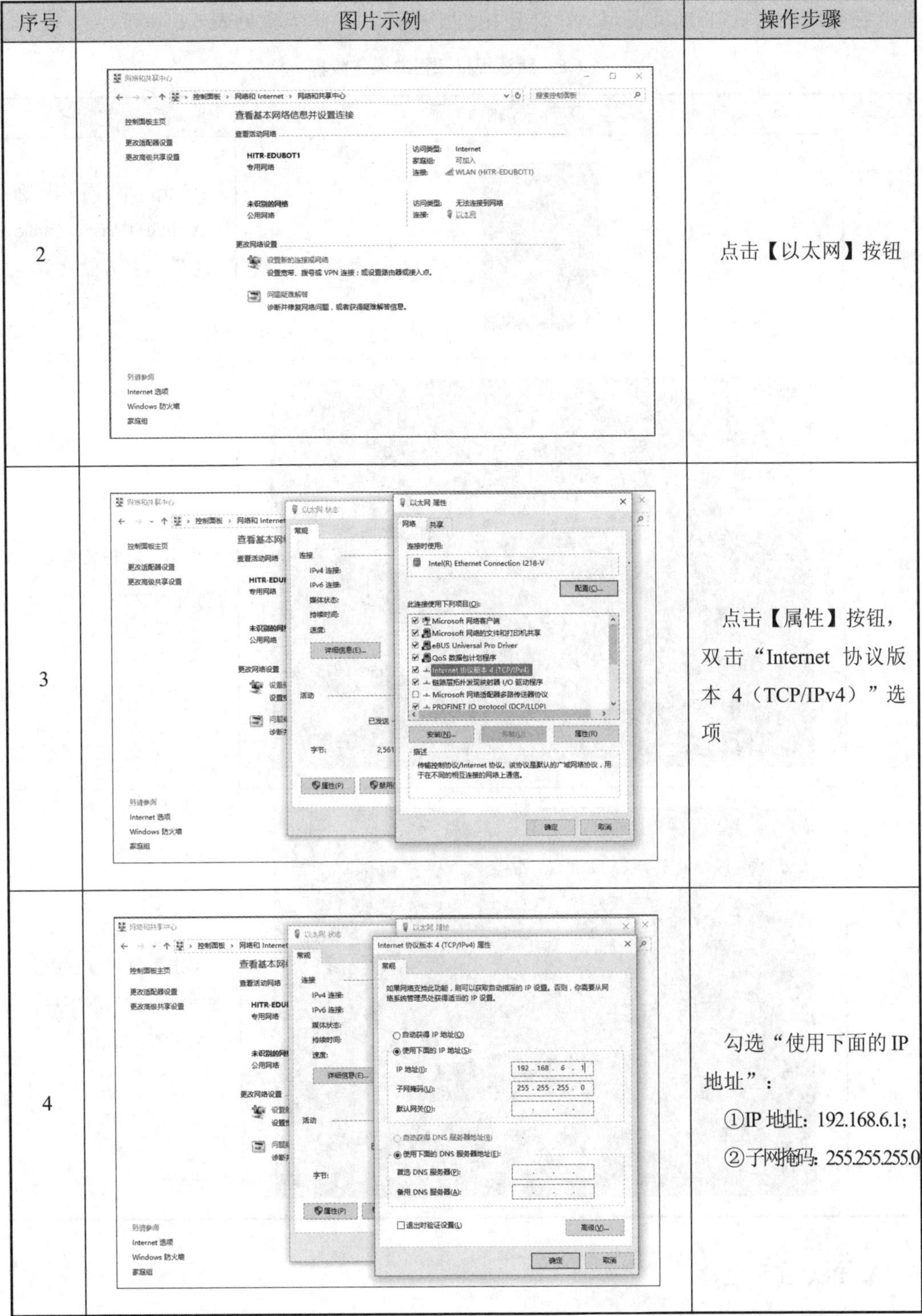	点击【以太网】按钮
3		点击【属性】按钮，双击“Internet 协议版本 4（TCP/IPv4）”选项
4		勾选“使用下面的 IP 地址”： ①IP 地址：192.168.6.1； ②子网掩码：255.255.255.0

2. 相机工程创建

在完成计算机 IP 地址设定后，新建相机工程，其操作步骤见表 6.6。

表 6.6　新建相机工程的操作步骤

序号	图片示例	操作步骤
1		双击桌面图标“X-SIGHT Vision Studio EDU”，打开软件主界面
2	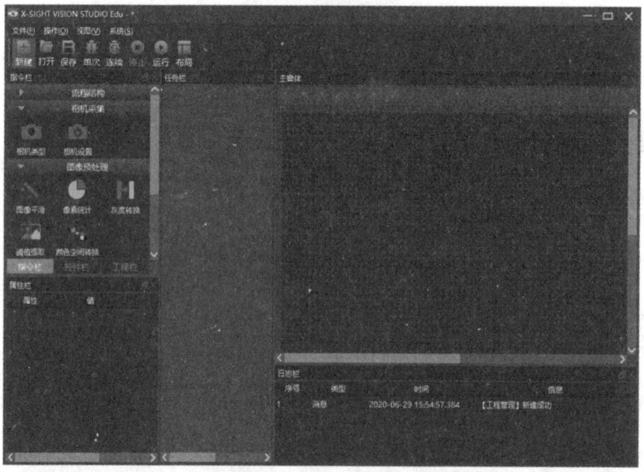	点击工具栏【新建】按钮，新建工程
3	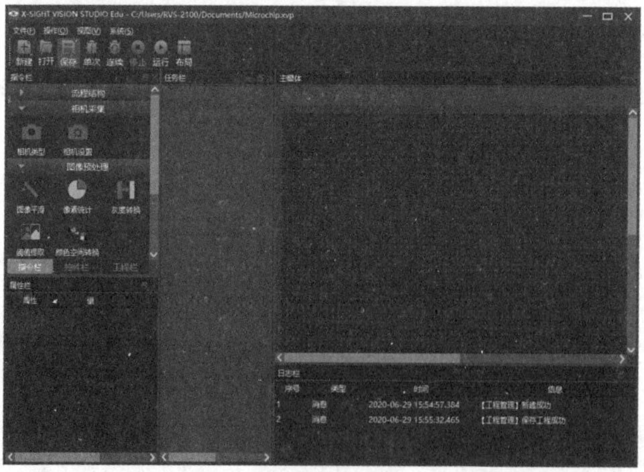	点击工具栏【保存】按钮，保存当前工程，命名工程：Nut

3. PLC 工程创建

在完成相机工程创建后，新建 PLC 工程，其操作步骤见表 6.7。

表 6.7　新建 PLC 工程的操作步骤

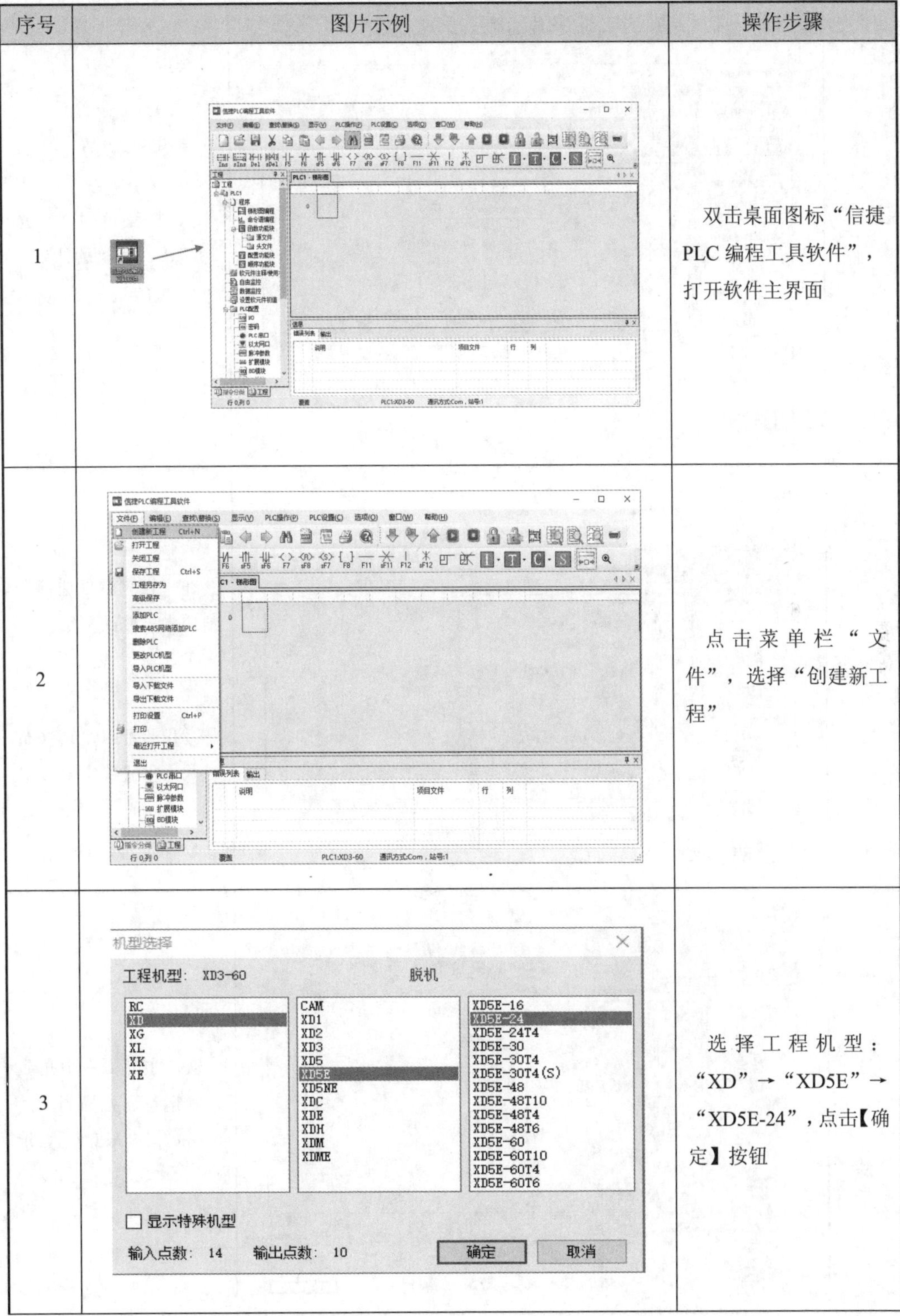

序号	图片示例	操作步骤
1		双击桌面图标“信捷 PLC 编程工具软件”，打开软件主界面
2		点击菜单栏“文件”，选择“创建新工程”
3		选择工程机型：“XD”→“XD5E”→“XD5E-24”，点击【确定】按钮

续表 6.7

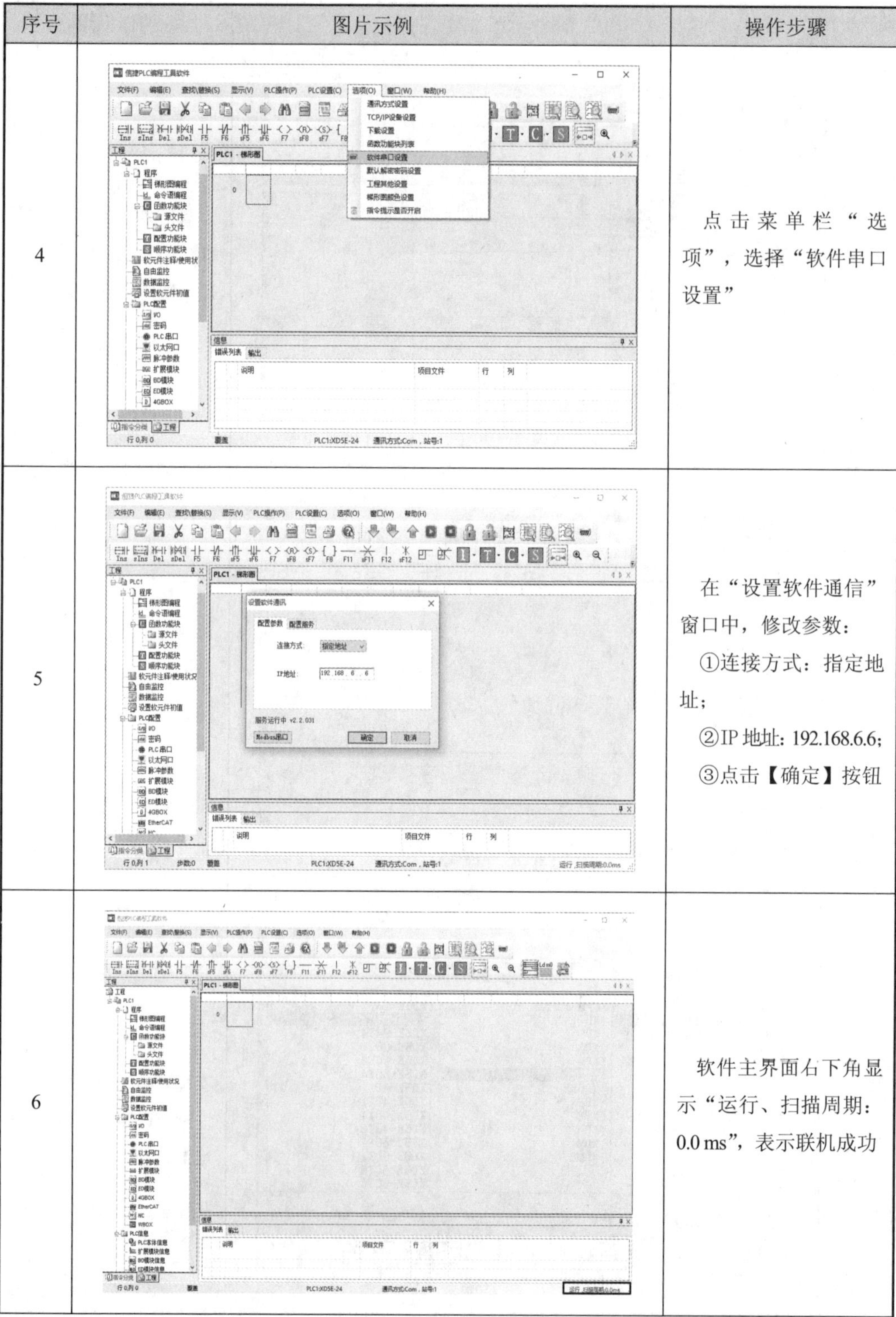

序号	图片示例	操作步骤
4		点击菜单栏“选项”，选择“软件串口设置”
5		在“设置软件通信”窗口中，修改参数： ①连接方式：指定地址； ②IP 地址：192.168.6.6； ③点击【确定】按钮
6		软件主界面右下角显示“运行、扫描周期：0.0 ms”，表示联机成功

续表 6.7

序号	图片示例	操作步骤
7		点击菜单栏“文件”，选择“保存工程”，命名工程：螺母测量

6.4.3　主体程序设计

分析程序需使用的指令和控件，见表 6.8。

表 6.8　程序指令和控件

属性	名称	说　明
指令	单目标定位	定义二维码为模板对象，并以该模板建立相对坐标系
	圆定位	执行一系列边缘点检测并找到螺母小径点最匹配的圆
	ModbusTCP	配置网口参数与 PLC 通信
	浮点相乘	计算两个浮点数的乘积，将半径转化为直径
	浮点相除	计算两个浮点数的商值，将直径的像素值转换为实际值
	写浮点	对浮点类型的寄存器进行写入操作，将数据发送给 PLC
控件	图形显示	显示相机采集的实时图像
	标签	在主窗体插入可编辑标签框
	编辑框	显示螺母小径的实际值

程序编写的具体操作步骤见表 6.9。

表 6.9　程序编写的操作步骤

序号	图片示例	操作步骤
1	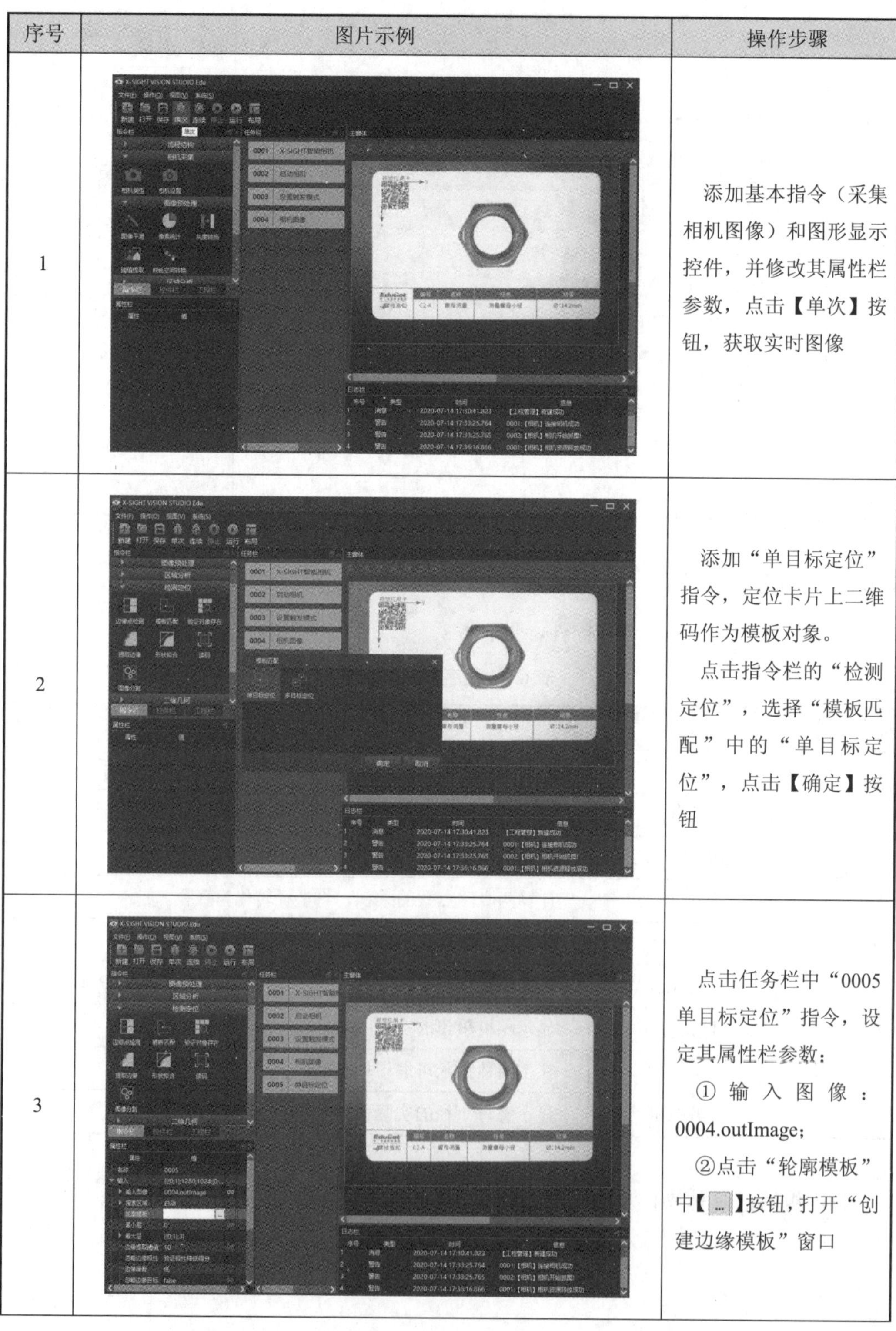	添加基本指令（采集相机图像）和图形显示控件，并修改其属性栏参数，点击【单次】按钮，获取实时图像
2		添加“单目标定位”指令，定位卡片上二维码作为模板对象。 点击指令栏的“检测定位”，选择“模板匹配”中的“单目标定位”，点击【确定】按钮
3		点击任务栏中“0005 单目标定位”指令，设定其属性栏参数： ① 输入图像：0004.outImage； ②点击“轮廓模板”中【...】按钮，打开“创建边缘模板”窗口

续表 6.9

序号	图片示例	操作步骤
4	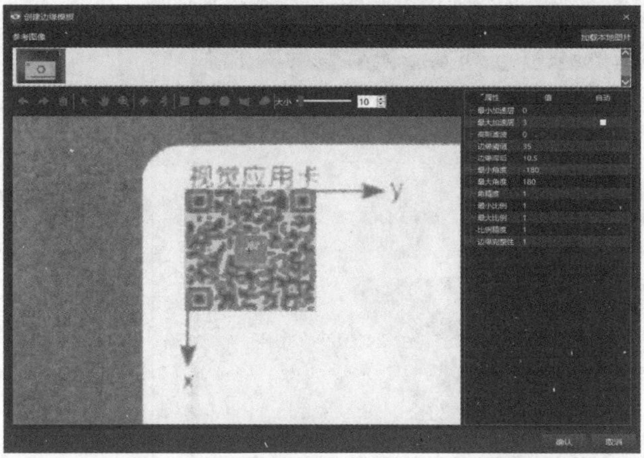	通过卡片上二维码（模板对象）建立相对坐标系。 点击“创建边缘模板”窗口的“ ”图标，绘制矩形区域，完成后点击【确定】按钮
5	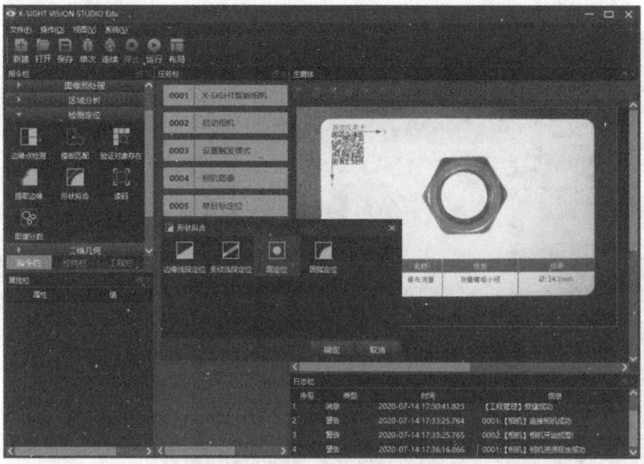	添加“圆定位”指令，定位卡片上螺母内圆。 点击指令栏的“检测定位”，选择“形状拟合”中的“圆定位”指令，点击【确定】按钮
6	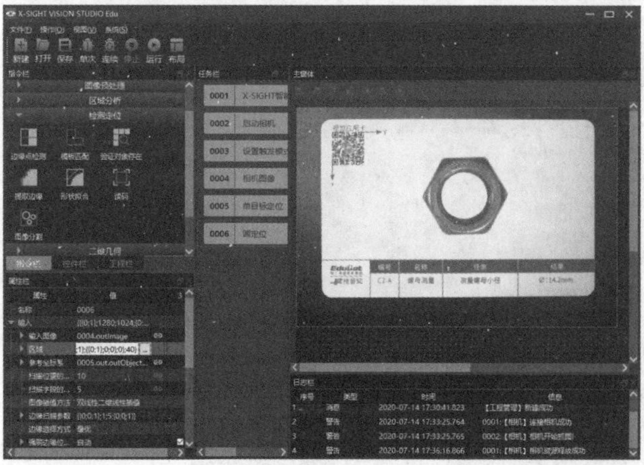	点击任务栏中“0006 圆定位”指令，设定其属性栏参数： ① 输入图像：0004.outImage； ② 参考坐标系：0005.out.outObject.alignment； ③点击“区域”中【 】按钮，打开“图形编辑”窗口

续表 6.9

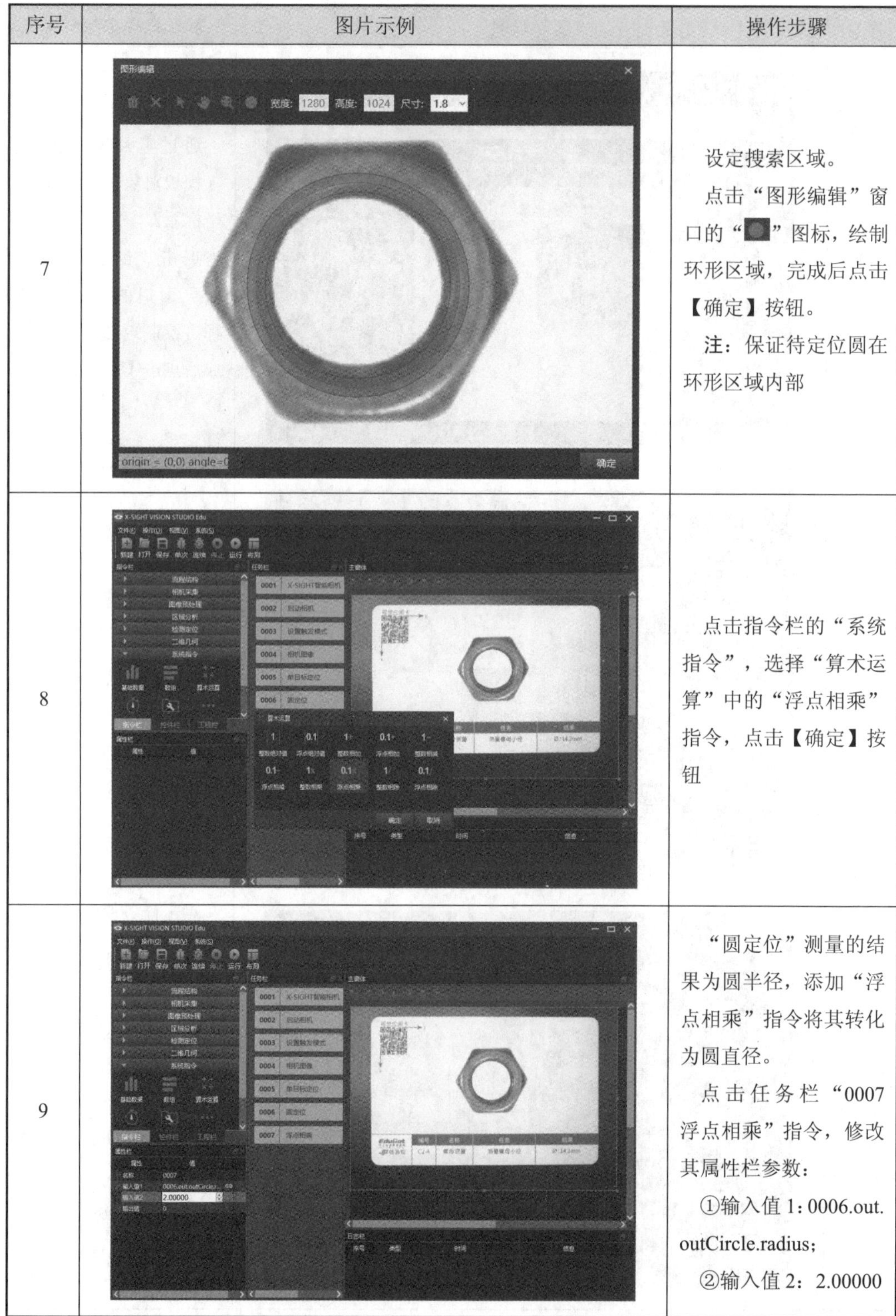

序号	图片示例	操作步骤
7		设定搜索区域。 点击“图形编辑”窗口的“●”图标，绘制环形区域，完成后点击【确定】按钮。 **注**：保证待定位圆在环形区域内部
8		点击指令栏的“系统指令”，选择“算术运算”中的“浮点相乘”指令，点击【确定】按钮
9		“圆定位”测量的结果为圆半径，添加“浮点相乘”指令将其转化为圆直径。 点击任务栏“0007 浮点相乘”指令，修改其属性栏参数： ①输入值 1：0006.out.outCircle.radius； ②输入值 2：2.00000

续表 6.9

序号	图片示例	操作步骤
10	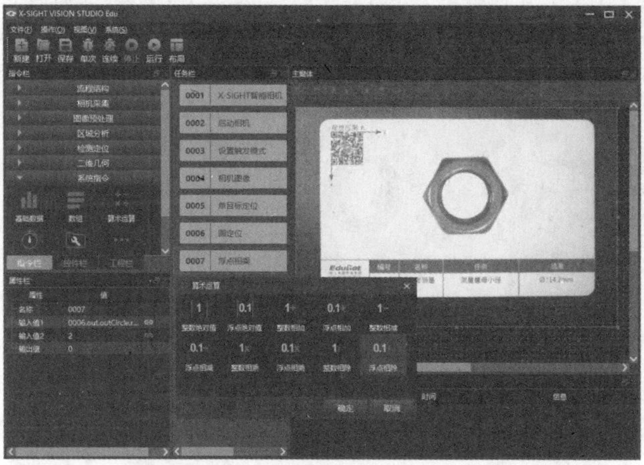	点击指令栏的“系统指令”，选择“算术运算”中的“浮点相除”指令，点击【确定】按钮
11	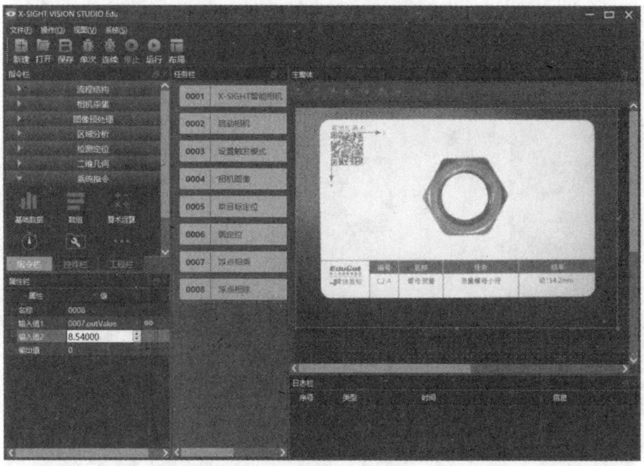	将像素值转化为物理尺寸值。 点击任务栏“0008 浮点相除”指令，修改其属性栏参数： ①输入值 1：0007.outValue； ②输入值 2：8.54000
12	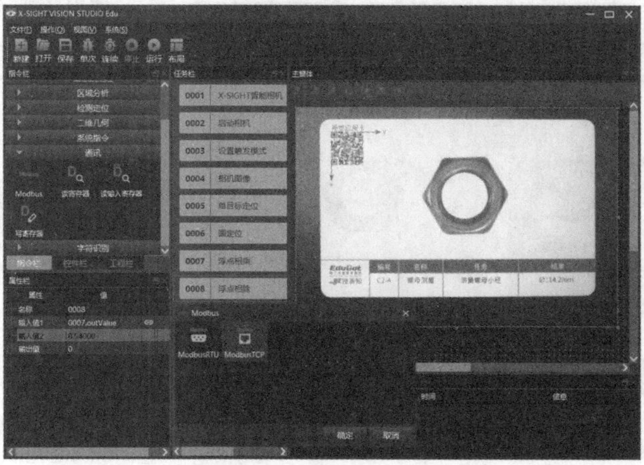	点击指令栏中的“通讯”，选择“Modbus”中的“ModbusTCP”指令，点击【确定】按钮

续表 6.9

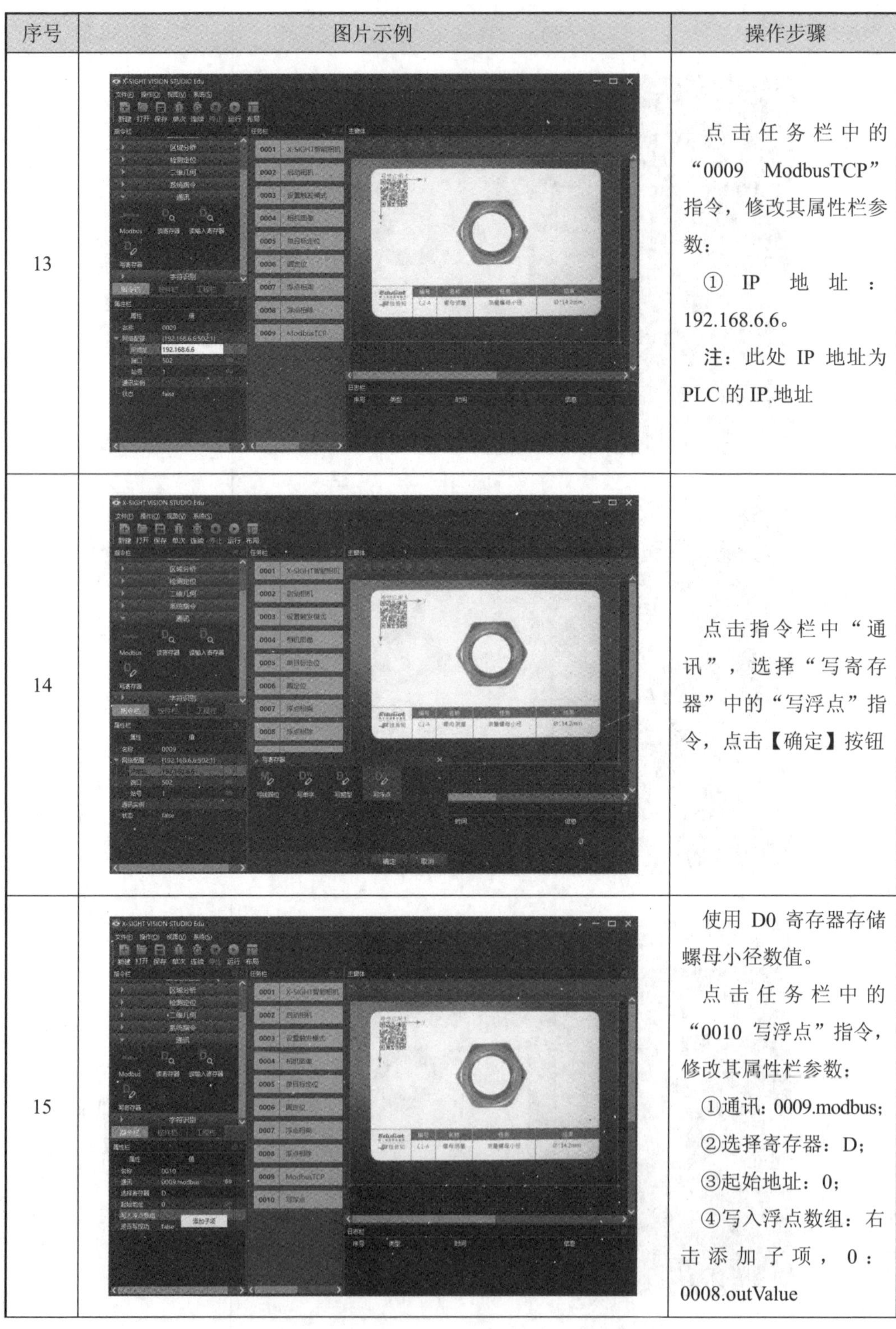

序号	图片示例	操作步骤
13		点击任务栏中的“0009 ModbusTCP”指令，修改其属性栏参数： ① IP 地址：192.168.6.6。 注：此处 IP 地址为 PLC 的 IP 地址
14		点击指令栏中“通讯”，选择“写寄存器”中的“写浮点”指令，点击【确定】按钮
15		使用 D0 寄存器存储螺母小径数值。 点击任务栏中的“0010 写浮点”指令，修改其属性栏参数： ①通讯：0009.modbus； ②选择寄存器：D； ③起始地址：0； ④写入浮点数组：右击添加子项，0：0008.outValue

续表 6.9

序号	图片示例	操作步骤
16	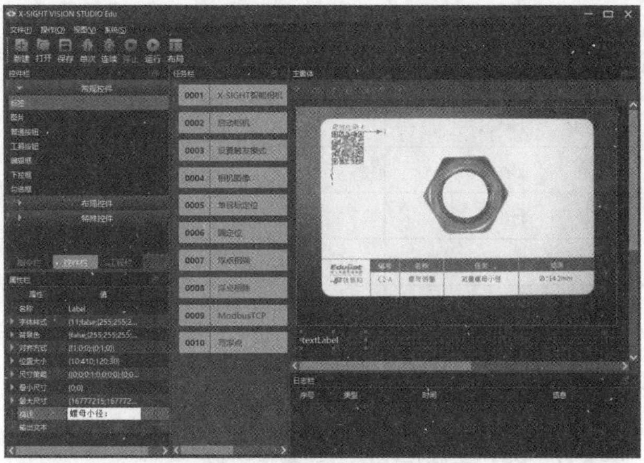	点击控件栏，拖拽“标签”控件至主窗体中，放置于“图形显示”控件的左下方，并修改属性栏参数： ①描述：螺母小径：
17	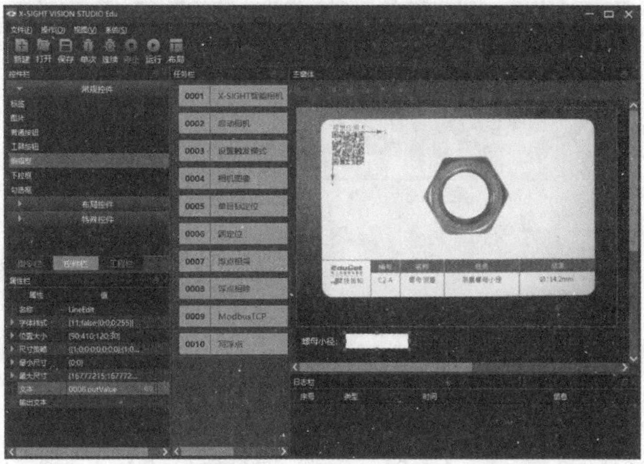	点击控件栏，拖拽“编辑框”控件至主窗体中，放置于“标签”控件的右侧，并修改其属性栏参数： ①文本：0008.outValue
18	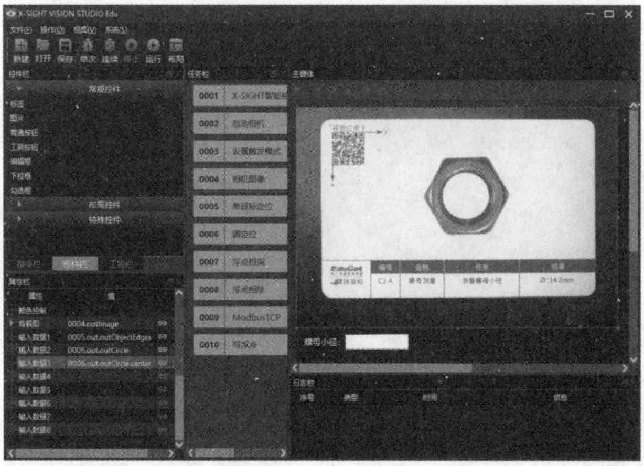	将“单目标定位”指令与“圆定位”指令效果添加到“图形显示”控件上。 点击软件主窗体的“图形显示”控件，设定其属性栏参数： ①输入数据 1：0005.out.outObjectEdges； ②输入数据 2：0006.out.outCircle； ③输入数据 3：0006.out.outCircle.center

6.4.4 关联程序设计

在 PLC 关联程序编写之前需先建立变量表，见表 6.10。

表 6.10 变量表

序号	变量	数据类型	说　明
1	X0	Bool	面板按钮输入信号
2	Y0	Bool	相机 Trigger 信号
3	SM0	Bool	内部标志位
4	D0	Word	PLC 接收相机发送数据
5	D2	Word	触摸屏接收 PLC 数据

PLC 程序编写的操作步骤见表 6.11。

表 6.11 PLC 关联程序编写的操作步骤

序号	图片示例	操作步骤
1	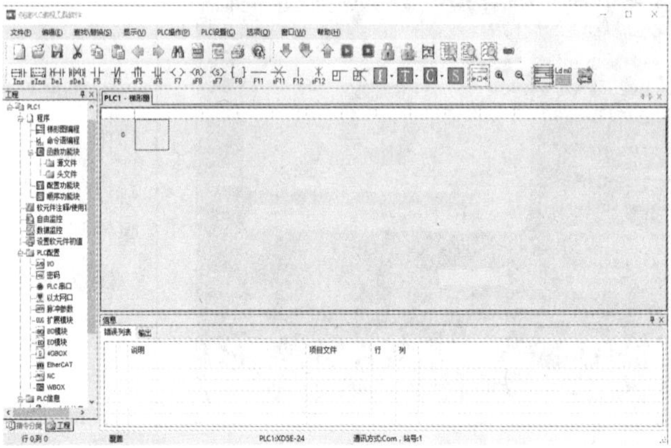	打开工程“螺母测量”，点击菜单栏“选项”，选择“软件串口设置”
2	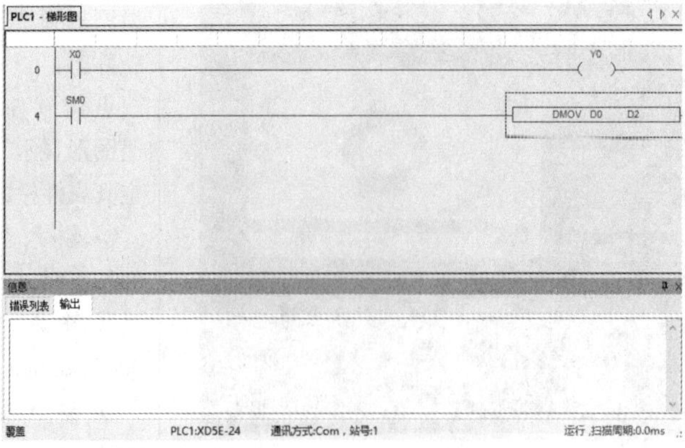	PLC 程序编写

6.4.5　项目程序调试

程序调试分为相机程序调试和 PLC 程序调试。

1. 相机程序调试

相机程序调试的操作步骤见表 6.12。

表 6.12　相机程序调试的操作步骤

序号	图片示例	操作步骤
1	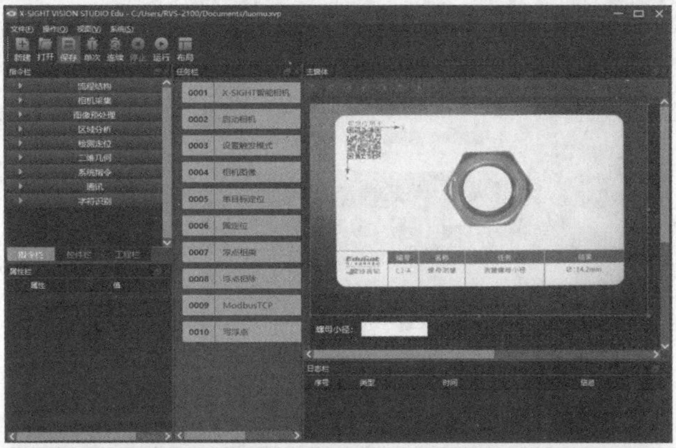	点击界面左上方【保存】按钮，保存当前工程
2	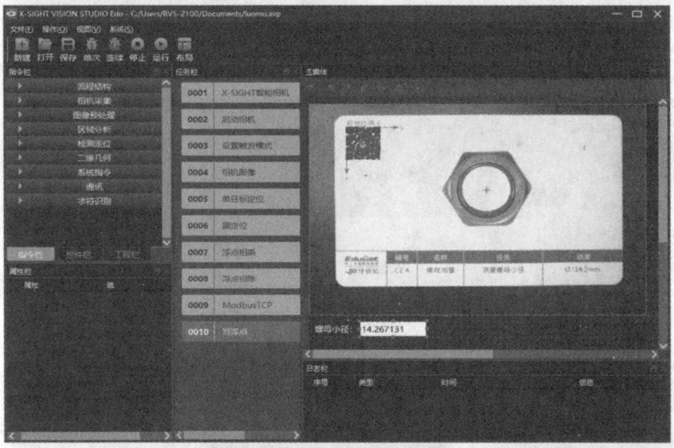	点击界面左上方【单次】或者【连续】按钮，调试检查程序有无异常
3	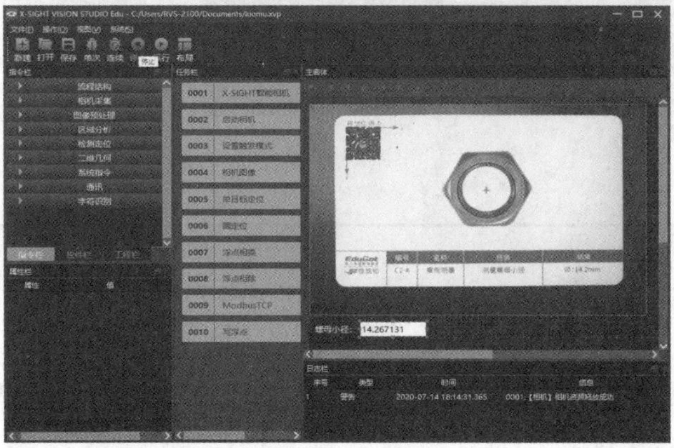	点击界面左上方【停止】按钮，停止程序运行并释放相机资源

续表 6.12

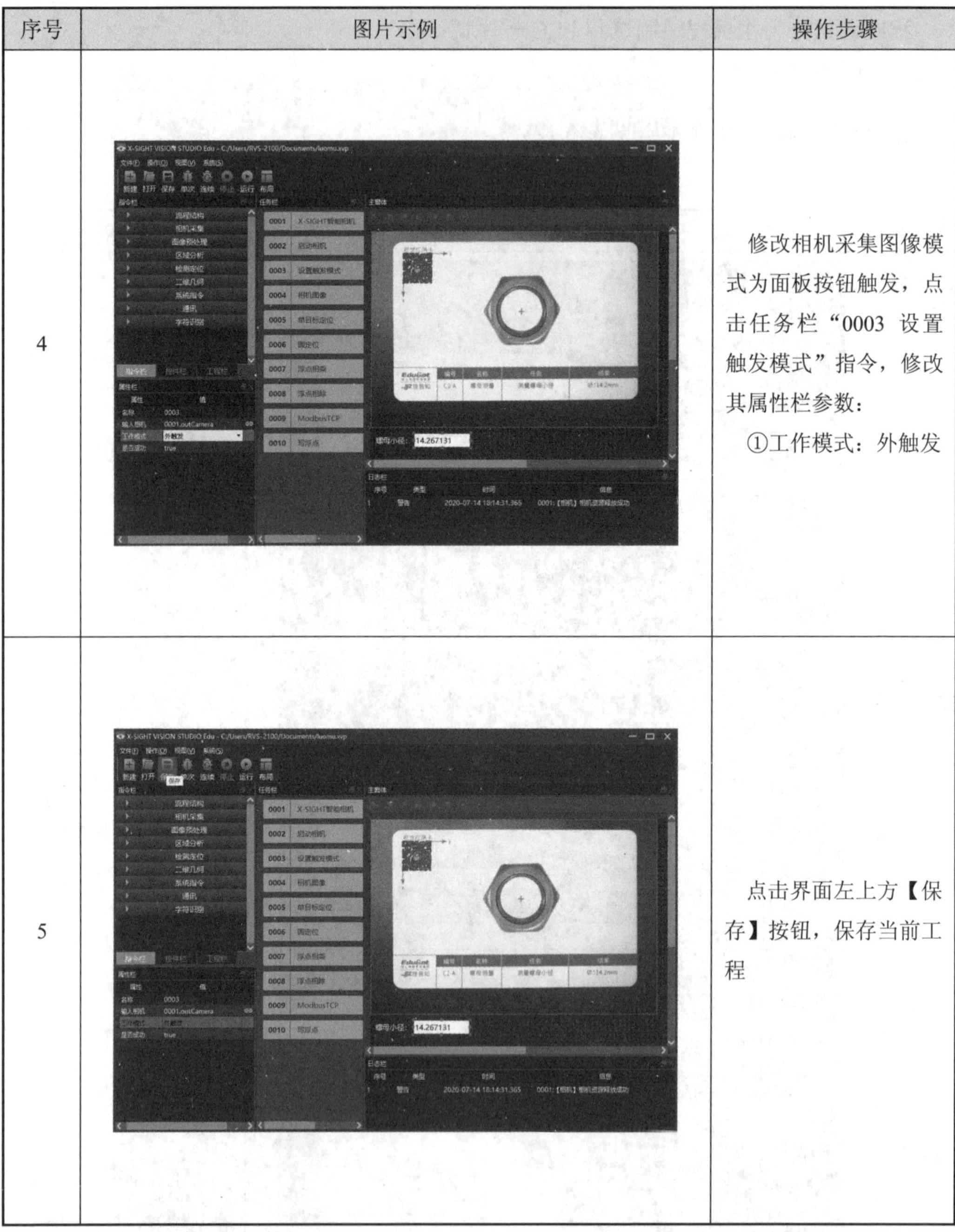

序号	图片示例	操作步骤
4		修改相机采集图像模式为面板按钮触发，点击任务栏“0003 设置触发模式”指令，修改其属性栏参数： ①工作模式：外触发
5		点击界面左上方【保存】按钮，保存当前工程

2. PLC 程序调试

PLC 程序调试的操作步骤见表 6.13。

表 6.13 PLC 程序调试的操作步骤

序号	图片示例	操作步骤
1		点击菜单栏“PLC 操作”，选择“下载用户程序”： ①点击【停止 PLC，继续下载】按钮； ②勾选“选择所有”，点击【确定】按钮； ③提示下载完成，点击【确定】按钮
2	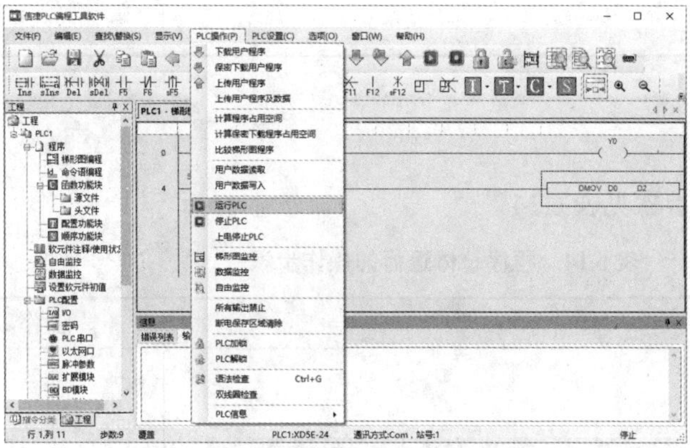	点击菜单栏“PLC 操作”，选择“运行 PLC”
3	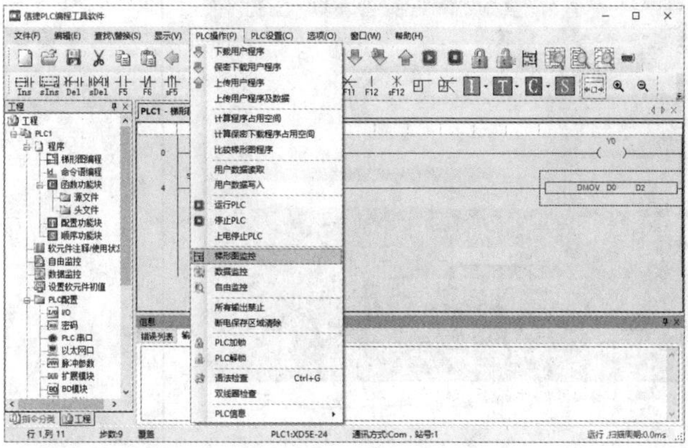	点击菜单栏“PLC 操作”，选择“梯形图监控”

续表 6.13

序号	图片示例	操作步骤
4	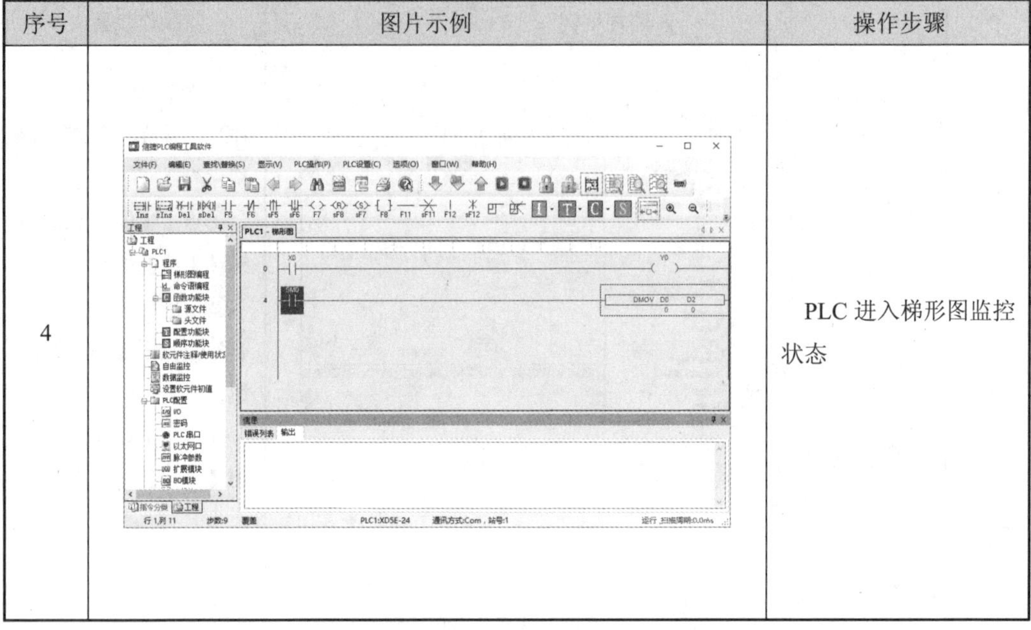	PLC 进入梯形图监控状态

6.4.6　项目总体运行

程序总体运行的操作步骤见表 6.14。

表 6.14　程序总体运行的操作步骤

序号	图片示例	操作步骤
1	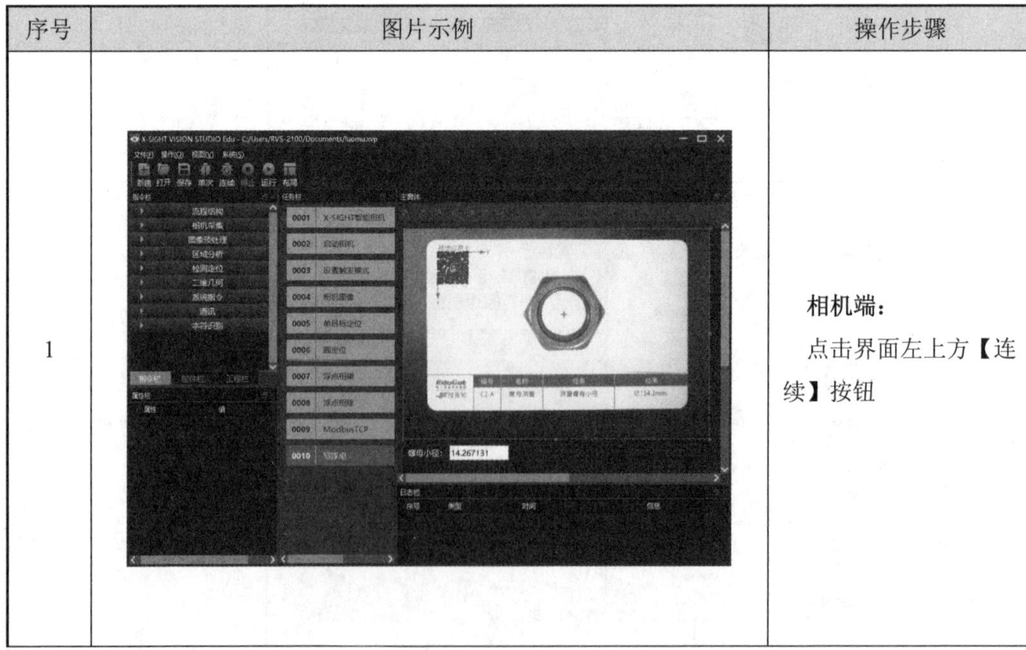	**相机端：** 点击界面左上方【连续】按钮

续表 6.14

序号	图片示例	操作步骤
2	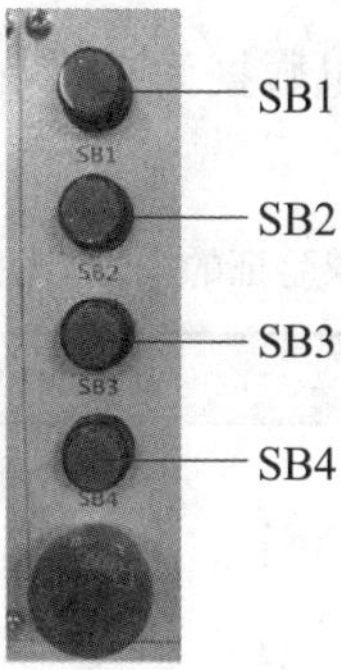 SB1 SB2 SB3 SB4 面板按钮	**面板端：** 按下面板按钮 SB1
3	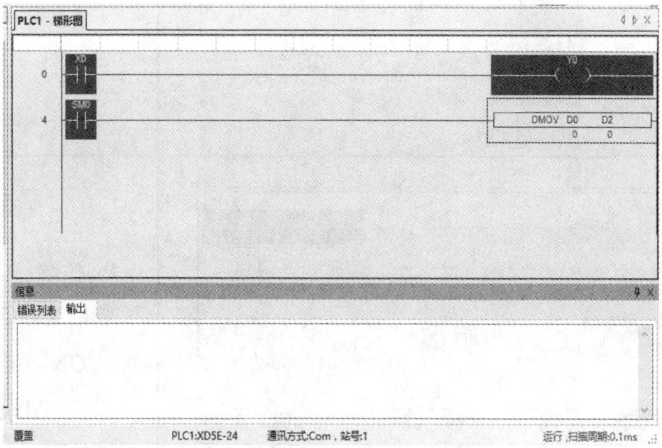	**PLC 端：** 变量 X0（面板按钮）瞬时 ON，置位变量 Y0（相机 Trigger 信号）
4	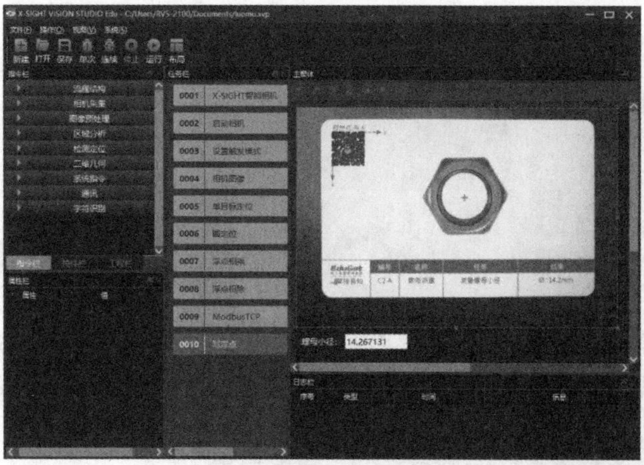	**相机端：** 测量图像中的螺母小径，并将数据显示发出： ①将实时图像显示在主窗体； ②将螺母小径数据显示在主窗体； ③将数据发送至 PLC

6.5 项目验证

6.5.1 效果验证

已知 C2 号卡片 A 面上的螺母小径测量数据为 14.2 mm，基于形状拟合的螺母测量项目效果验证的操作步骤见表 6.15。

表 6.15 效果验证的操作步骤

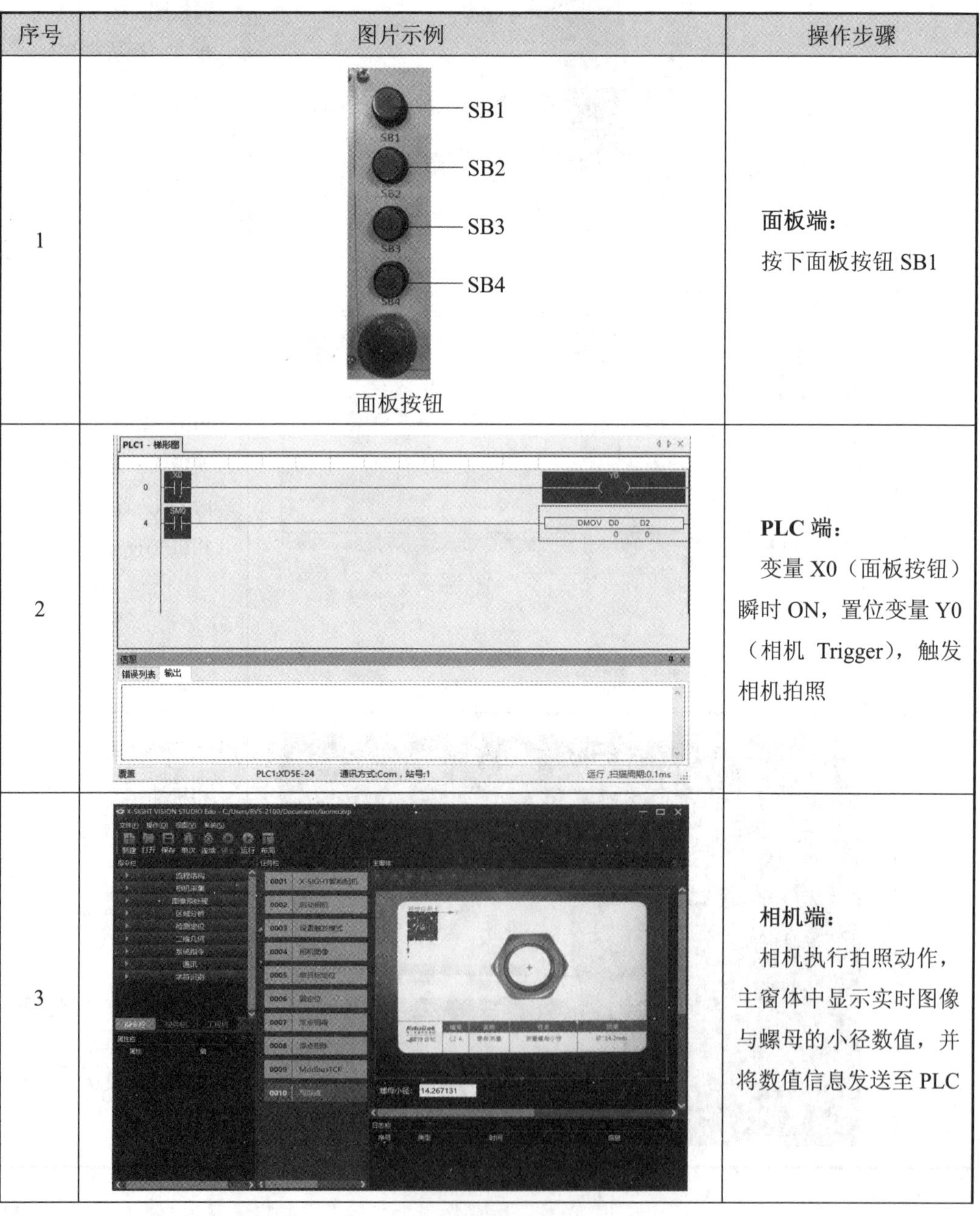

序号	图片示例	操作步骤
1	面板按钮	**面板端：** 按下面板按钮 SB1
2		**PLC 端：** 变量 X0（面板按钮）瞬时 ON，置位变量 Y0（相机 Trigger），触发相机拍照
3		**相机端：** 相机执行拍照动作，主窗体中显示实时图像与螺母的小径数值，并将数值信息发送至 PLC

续表 6.15

序号	图片示例	操作步骤
4	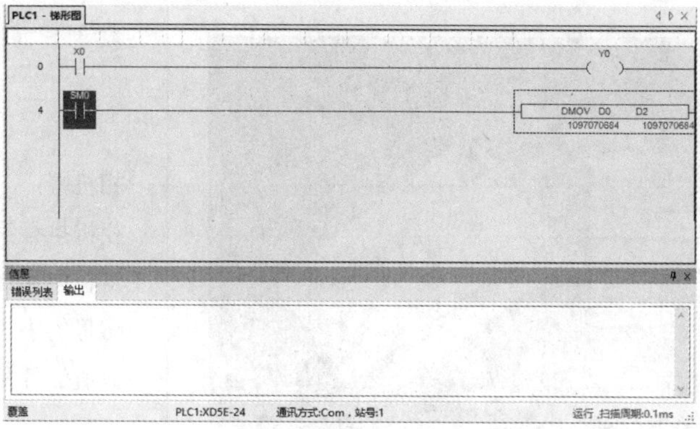	**PLC 端：** 接收相机发送的螺母小径数值
5	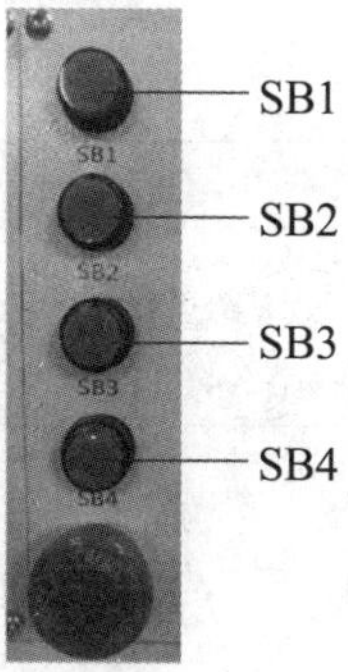 面板按钮	**面板端：** 挪动卡片至新的位置，按下面板按钮 SB1
6	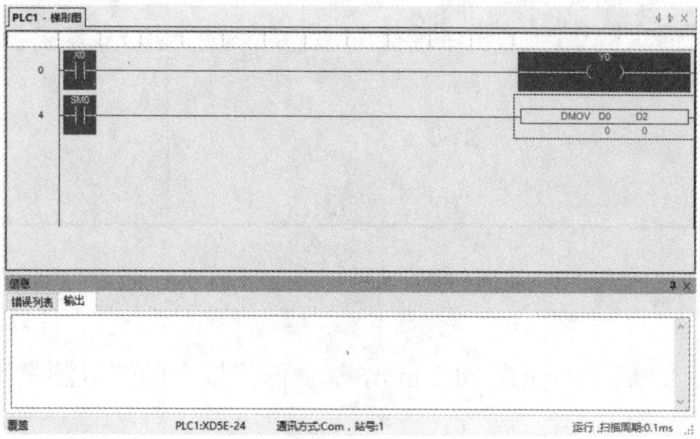	**PLC 端：** 变量 X0（面板按钮）瞬时 ON，置位变量 Y0（相机 Trigger），触发相机拍照

续表 6.15

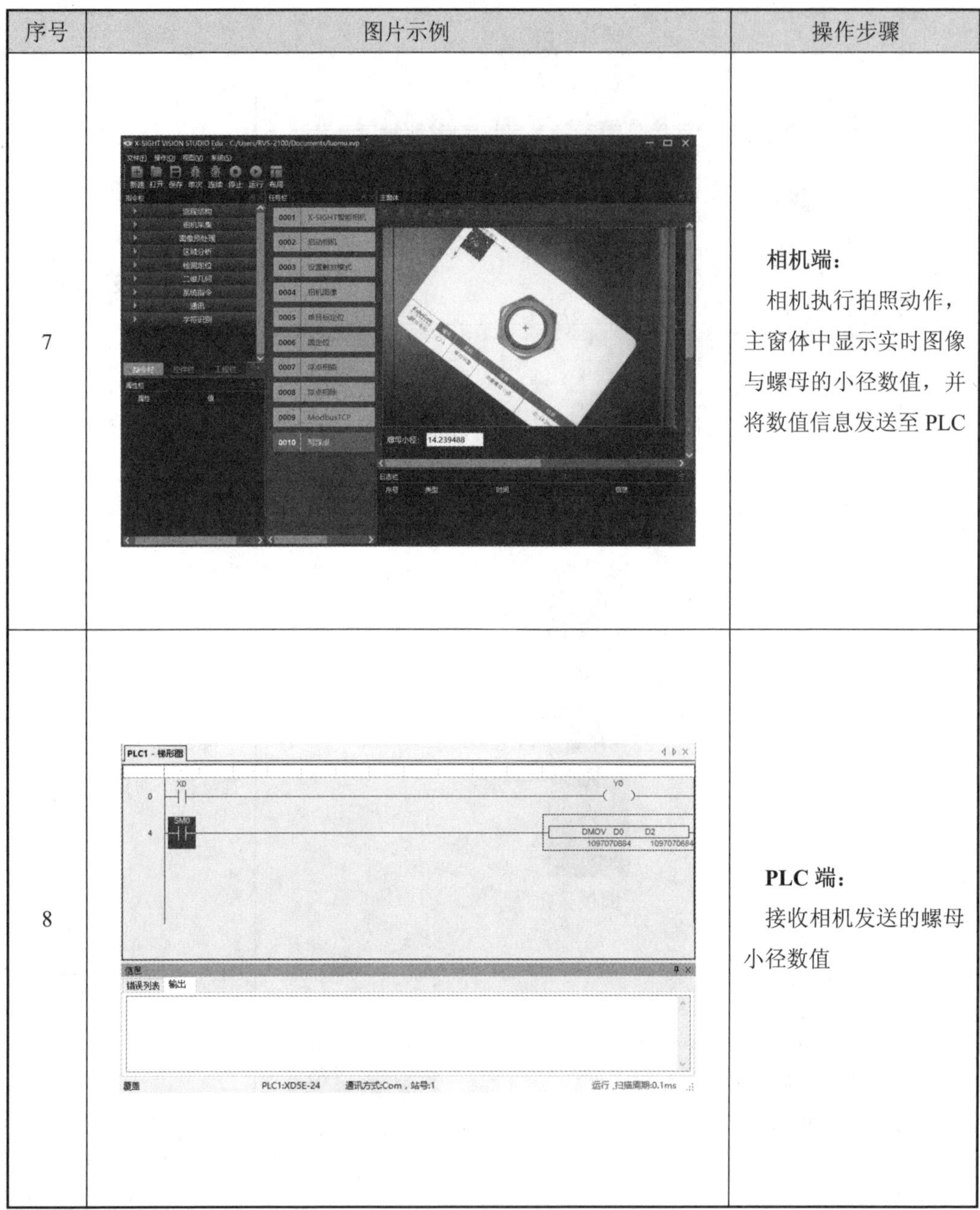

序号	图片示例	操作步骤
7		**相机端：** 相机执行拍照动作，主窗体中显示实时图像与螺母的小径数值，并将数值信息发送至 PLC
8		**PLC 端：** 接收相机发送的螺母小径数值

6.5.2 数据验证

已知 C2 号卡片 A 面上的螺母小径为 14.2 mm，基于形状拟合的螺母测量项目数据验证的操作步骤见表 6.16。

表 6.16　数据验证的操作步骤

序号	图片示例	操作步骤
1	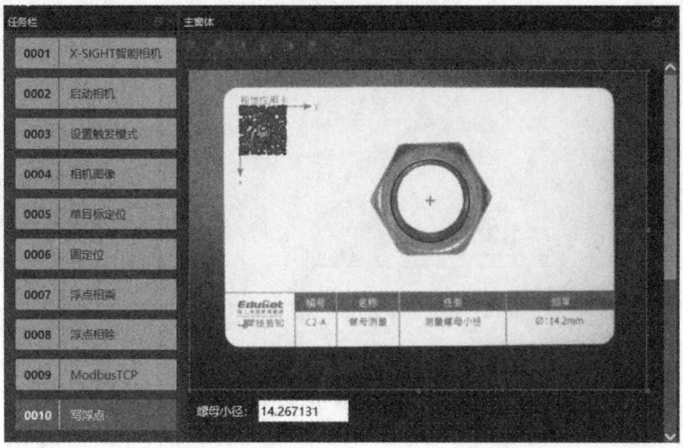	**相机端：** 相机执行拍照动作，主窗体中显示实时图像与螺母的小径数值（与实际螺母小径数值基本相同），并将数值信息发送至 PLC
2	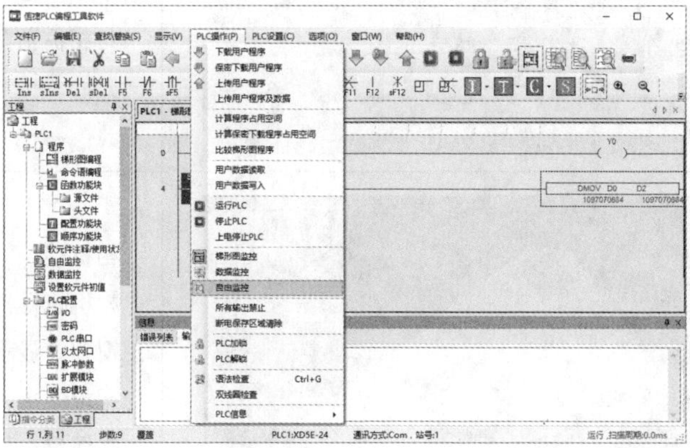	**PLC 端：** 点击菜单栏“PLC 操作”，选择“自由监控”
3		**PLC 端：** 选择“PLC1-自由监控”窗口，点击【添加】按钮

续表 6.16

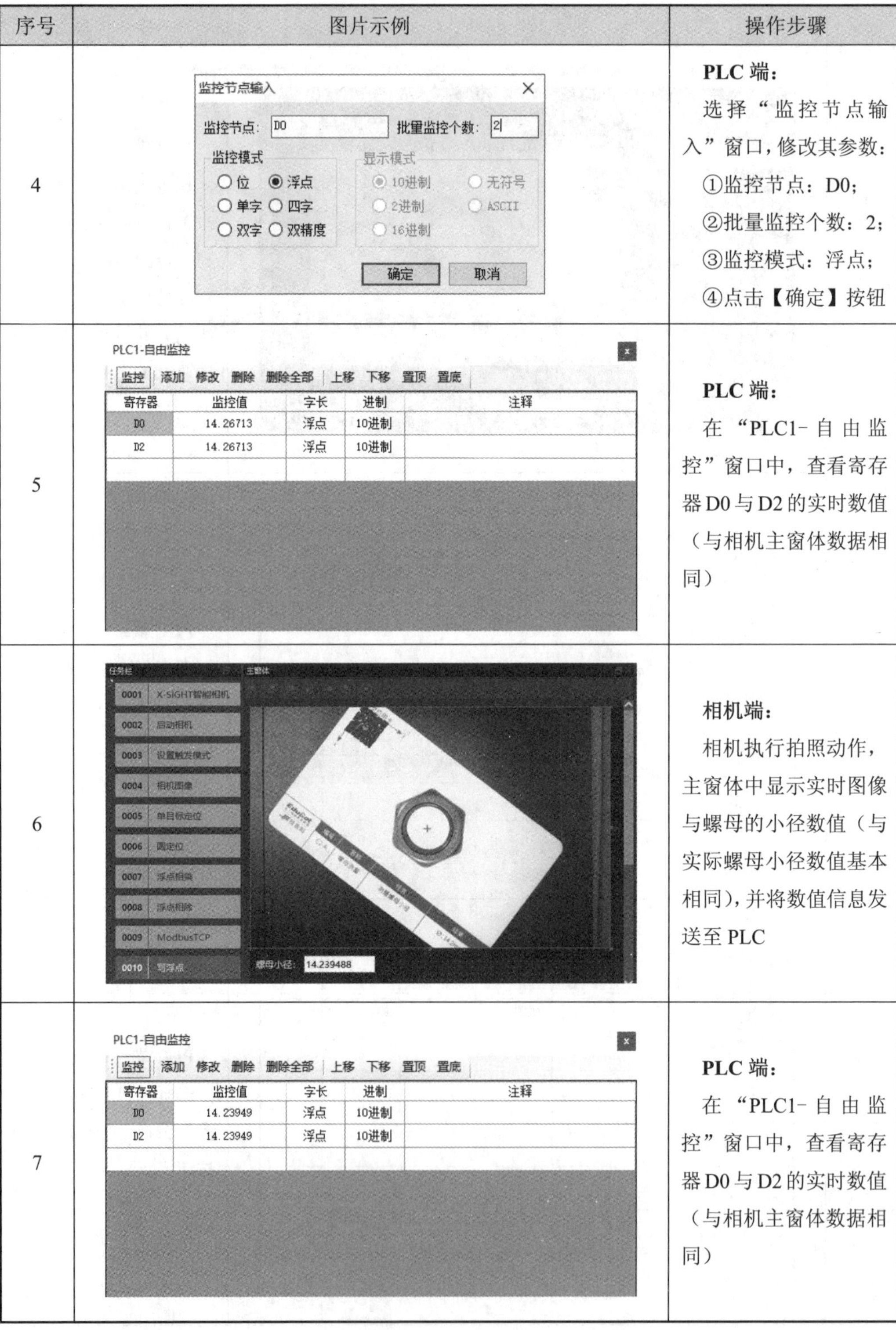

序号	图片示例	操作步骤
4		**PLC 端：** 选择“监控节点输入”窗口，修改其参数： ①监控节点：D0； ②批量监控个数：2； ③监控模式：浮点； ④点击【确定】按钮
5		**PLC 端：** 在“PLC1-自由监控”窗口中，查看寄存器 D0 与 D2 的实时数值（与相机主窗体数据相同）
6		**相机端：** 相机执行拍照动作，主窗体中显示实时图像与螺母的小径数值（与实际螺母小径数值基本相同），并将数值信息发送至 PLC
7		**PLC 端：** 在“PLC1-自由监控”窗口中，查看寄存器 D0 与 D2 的实时数值（与相机主窗体数据相同）

6.6　项目总结

6.6.1　项目评价

项目评价见表 6.17。

表 6.17　项目评价表

项目指标		分值	自评	互评	评分说明
项目分析	1. 硬件架构分析	6			
	2. 软件架构分析	6			
	3. 项目流程分析	6			
项目要点	1. 形状拟合	8			
	2. Modbus 通信	8			
项目步骤	1. 应用系统连接	8			
	2. 应用系统配置	8			
	3. 主体程序设计	8			
	4. 关联程序设计	8			
	5. 项目程序调试	8			
	6. 项目运行调试	8			
项目验证	1. 效果验证	9			
	2. 数据验证	9			
合计		100			

6.6.2　项目拓展

通过对智能视觉系统工件尺寸测量技术的学习与应用，可以进行以下的项目拓展。

1. 五角星角度测量项目

（1）项目思路。

在相机的视野中，放入 C3 号视觉应用卡——五角星测量，使用边缘线段指令定位五角星的两条相邻线段，再使用直线夹角指令获取两条相邻线段的角度信息，配合标签控件与编辑框控件将信息显示在主窗体中，如图 6.11 所示。

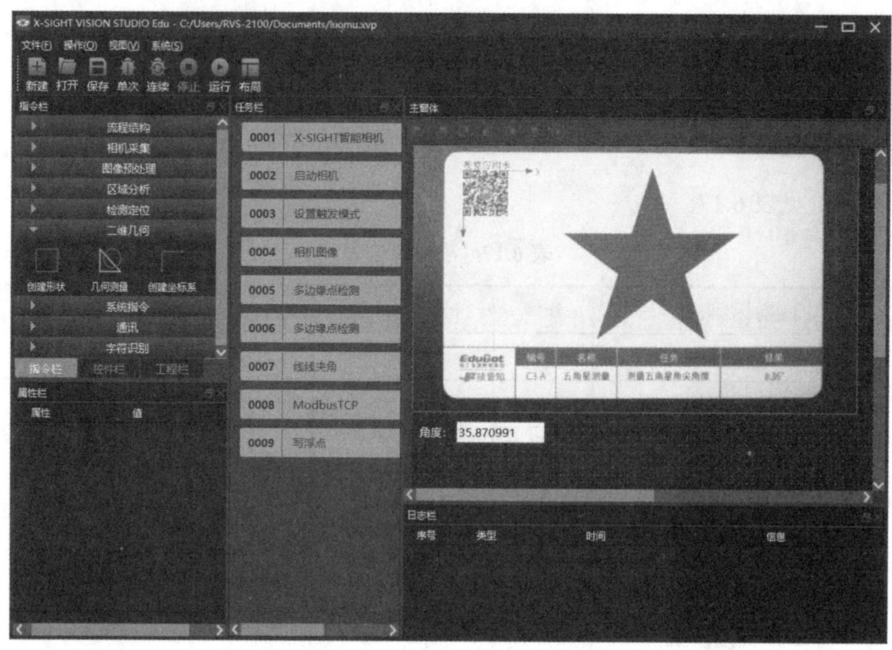

图 6.11　五角星角度测量效果

（2）操作步骤。

①使用 X-SIGHT 智能相机指令、启动相机指令、设置触发模式指令和相机图像指令加载实时图像。

②使用图形显示控件将实时图像显示在软件主窗体中。

③使用单目标定位指令定义二维码的搜索区域和对象模板。

④使用边缘线段指令定位五角星的两条邻边。

⑤使用直线夹角指令获取邻边的角度信息。

⑥使用标签控件与编辑框控件将数据信息显示在主窗体中。

⑦使用 ModbusTCP 指令和写寄存器指令将数据信息发送至 PLC。

2. 橡皮长度测量项目

（1）项目思路。

在相机的视野中，放入 C1 号视觉应用卡——橡皮测量，使用边缘线段指令定位橡皮的四条边，再使用点到线段距离指令获取橡皮边长信息，配合表格控件将信息显示在主窗体的表格中，如图 6.12 所示。

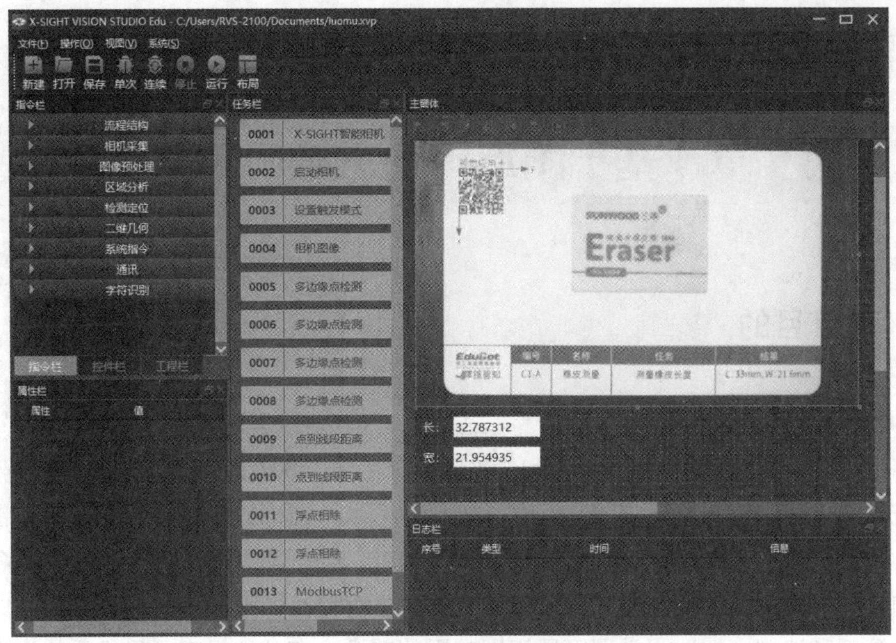

图 6.12　橡皮长度测量效果

（2）操作步骤。

①使用 X-SIGHT 智能相机指令、启动相机指令、设置触发模式指令和相机图像指令加载实时图像。

②使用图形显示控件将实时图像显示在主窗体中。

③使用单目标定位指令定义二维码的搜索区域和对象模板。

④使用边缘线段指令定位橡皮四条边。

⑤使用点到线段距离指令获取橡皮边长数据。

⑥使用浮点相除指令将像素数据换算成毫米数据。

⑦使用标签控件与编辑框控件将橡皮长宽数据显示在主窗体中。

⑧使用 ModbusTCP 指令和写寄存器指令将数据信息发送至 PLC。

第 7 章　基于图形码的二维码识别项目

7.1　项目目的

※ 二维码识别项目介绍

7.1.1　项目背景

图形码分为一维条码（条形码）和二维条码（又称二维码），用来记录数据符号信息，广泛应用在零售、物流、医疗卫生、食品等行业领域。图形码识别在视觉应用中占有很重要的比例，简单来说就是使用智能视觉系统处理、分析和理解图像，识别各种各样的对象和目标。在商品的生产中，厂家把很多的数据存储在图形码中，通过这种方式对商品进行管理和追溯。智能视觉图形码识别应用的普及，有效地提高了现代化的生产水平和生产效率，降低了生产成本。图 7.1（a）所示为书籍条形码识别，图 7.1（b）所示为 PCB 板二维码识别。

（a）书籍条形码识别

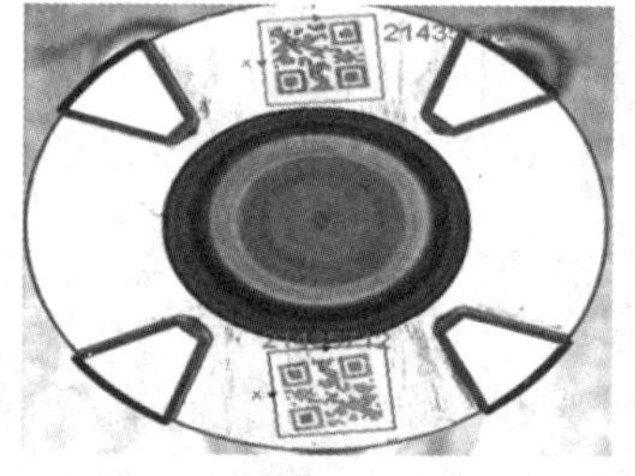

（b）PCB 板二维码识别

图 7.1　图形码识别应用

7.1.2　项目需求

基于图形码的二维码识别项目选用 D2 号视觉应用卡——二维码识别来辅助完成，如图 7.2 所示。

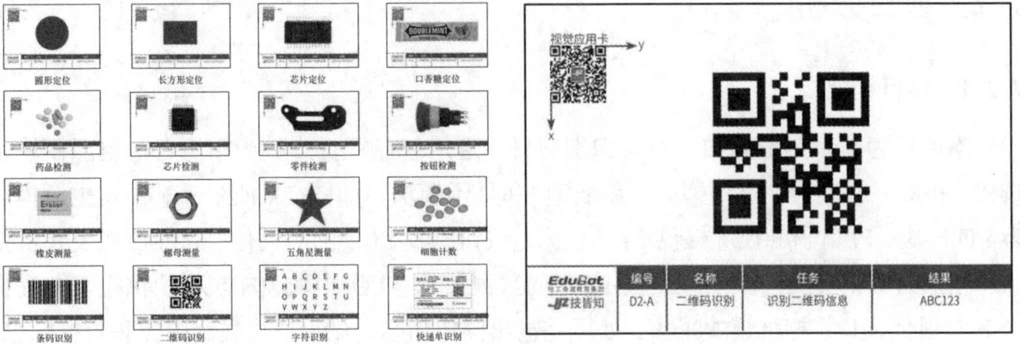

图 7.2　D2 号视觉应用卡——二维码识别

本项目通过 SPV-SmartCam 系列智能相机的图形码识别功能获取二维码的文本信息，将数据信息显示在主窗体中，并通过 ModbusTCP 通信协议发送至 PLC 与触摸屏，效果如图 7.3 所示。

图 7.3　二维码识别效果

7.1.3　项目目的

（1）掌握单个 QR 码指令的使用方法。

（2）掌握全局变量的使用方法。

（3）掌握触摸屏基本画面的绘制方法。

7.2 项目分析

7.2.1 项目构架

本项目为基于图形码的二维码识别项目，选用智能视觉产教应用平台的电源模块、按钮、PLC、触摸屏、I/O 模块、相机模块和显示模块，如图 7.4 所示。其中，电源模块为 I/O 模块、PLC 和触摸屏提供 24 V 电源；按钮触发 PLC 的启动信号；PLC 触发相机拍照和相机的数据交互；触摸屏交换 PLC 的数据信息；I/O 模块为相机模块供电，并提供 USB 与通信接口；相机模块采集、处理并输出图像信息；显示模块显示图像和数据信息。项目构架如图 7.5 所示。

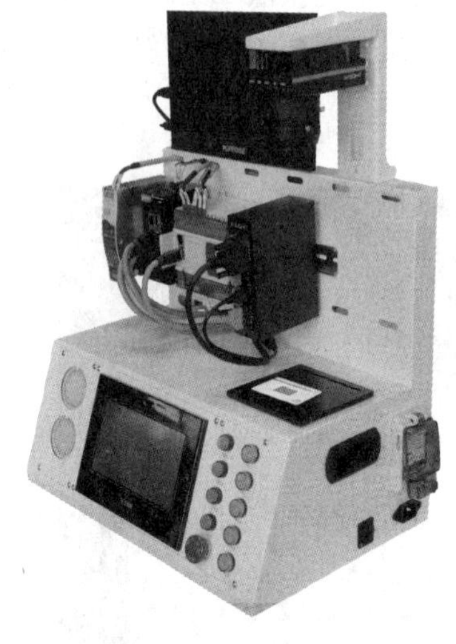

图 7.4 智能视觉产教应用平台

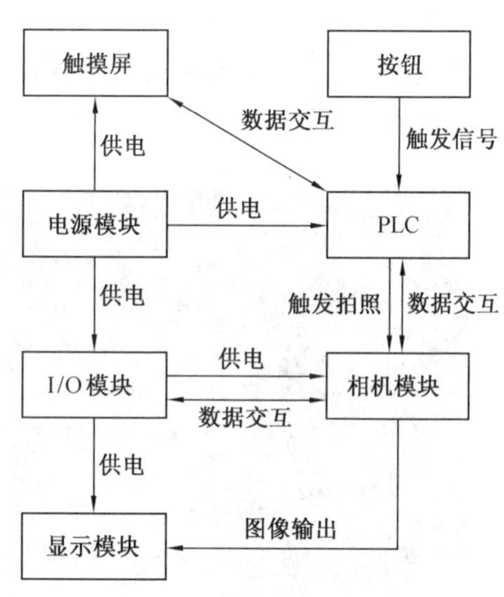

图 7.5 项目构架

7.2.2 项目流程

基于智能视觉系统图形码识别技术，识别二维码中文本信息，将结果数据显示在主窗体中，并通过 ModbusTCP 通信协议发送至 PLC 与触摸屏，具体内容如下：

①使用 X-SIGHT 智能相机指令、启动相机指令、设置触发模式指令、相机图像指令和图形显示控件将实时图像显示在软件主窗体中。

②使用单个 QR 码指令获取图像中二维码数据信息。

③使用标签和编辑框控件将二维码文本信息显示在主窗体中。

④使用全局变量指令和变量赋值指令获取二维码的文本信息。

⑤使用 ModbusTCP 指令和写寄存器指令将识别成功与否信息发送至 PLC。

⑥通过 PLC 将数据信息发送至触摸屏。

基于图形码的二维码识别项目流程如图 7.6 所示。

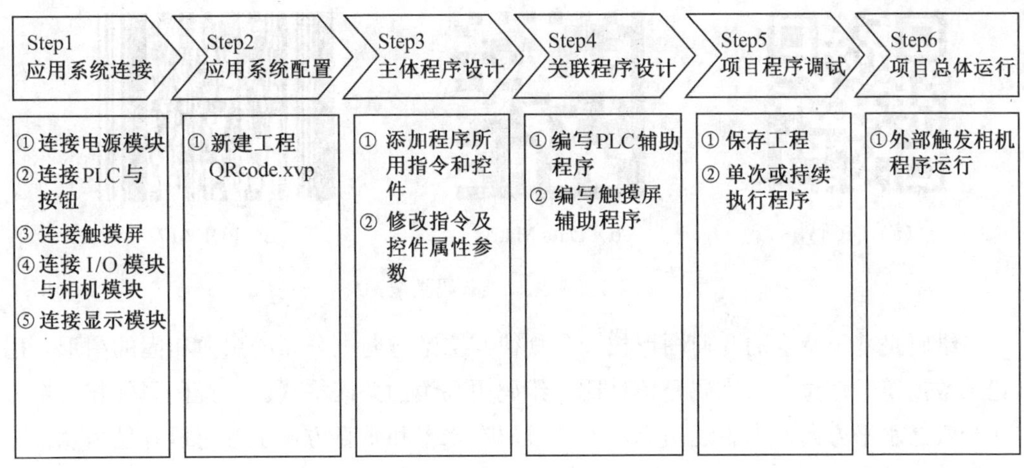

图 7.6　项目流程

7.3　项目要点

※ 二维码识别项目要点

7.3.1　全局变量

变量分为全局变量和局部变量（也称内部变量）。局部变量通常是由某对象或某个函数创建，只能被局部引用，而无法被其他对象或者函数引用；全局变量既可以由某对象函数创建，也可以是在本程序任何地方创建，可以被本程序所有对象或函数引用。

X-SIGHT Vision Studio EDU 软件中常用变量数据类型见表 7.1。

表 7.1　常用变量数据类型

数据类型	名称	取值范围	说　明
string	字符型		存储有关字符序列的信息，通常用于文本数据
bool	布尔型	0 或 1	表示逻辑状态
short	短整型	−32 768～32 767	16 位（有符号）整数
int	整型	-2^{31}～$2^{31}-1$	32 位（有符号）整数
float	浮点型		单精度（32 位）浮点数
XVRegion	二维区域		表示一个二维区域
XVPoint2D	二维点		表示一个二维点
XVRectancle2D	二维矩形		表示一个矩形及其旋转角度

7.3.2　图形码

二维条码（又称二维码）是图形码的一种，常见类型如图 7.7 所示。

（a）QR 码

（b）Data Matrix

（c）PDF 417

图 7.7　常见二维条码类型

二维码是基于特定的几何图形按一定规律在二维方向上分布的黑白相间的图形，用以记录数据符号信息。二维码是一种比一维码更高级的条码格式。一维码只能在一个方向（一般是水平方向）上表达信息，而二维码在水平和垂直方向上都可以存储信息；一维码只能由数字和字母组成，而二维码能存储汉字、数字和图片等信息，因此二维码的应用领域要广得多。

以使用广泛的 QR（Quick-Response）码为例，其主要由定位图形、格式信息、版本信息、数据信息和纠错信息 5 部分构成。

（1）定位图形：用于对二维码的定位，由 3 个方框图案组成，即 3 个定位图形可标识一个矩形，同时可以用于确认二维码的大小和方向。

（2）格式信息：用于存放一些格式化数据。

（3）版本信息：即二维码的规格，在版本 7 以上，需要预留两块 3*6 的区域存放一些版本信息。

（4）数据信息和纠错信息：实际保存的二维码信息和纠错信息（用于修正二维码损坏带来的错误）。

软件 X-SIGHT Vision Studio EDU 的单个 QR 码指令用来检测和识别二维码，其属性见表 7.2。

表 7.2　单个 QR 码指令属性

属性	类型	取值范围	说　　明
输入图像	图像		输入图像
输入范围	2D 矩形		要处理的像素范围
坐标系	坐标系		将感兴趣的区域调整到被检测对象的位置
单位格大小	浮点型	1.5～100.0	估计单位格的大小
明暗像素差	浮点型	1.0～255.0	二维码中最亮的像素和最暗的像素之间的差异
图案质量	整型	1～3	二维码的质量从 1（极度变形）到 3（完美）
二维码方向	浮点型	0.0～89.9	二维码轴之一的方向
最小边缘强度	浮点型	0.0～255.0	二维码边缘的强度（默认值取决于参数）
输出二维码信息	二维码		实际二维码的文本信息
相对位置	2D 矩形		转换后输入 ROI（在图像坐标系中）

7.4　项目步骤

※ 二维码识别项目步骤

7.4.1　应用系统连接

基于图形码的二维码识别项目所需电气元器件交互关系如图7.8所示，应用系统的连接分为3部分：I/O分配、硬件接线图绘制、电气接线。

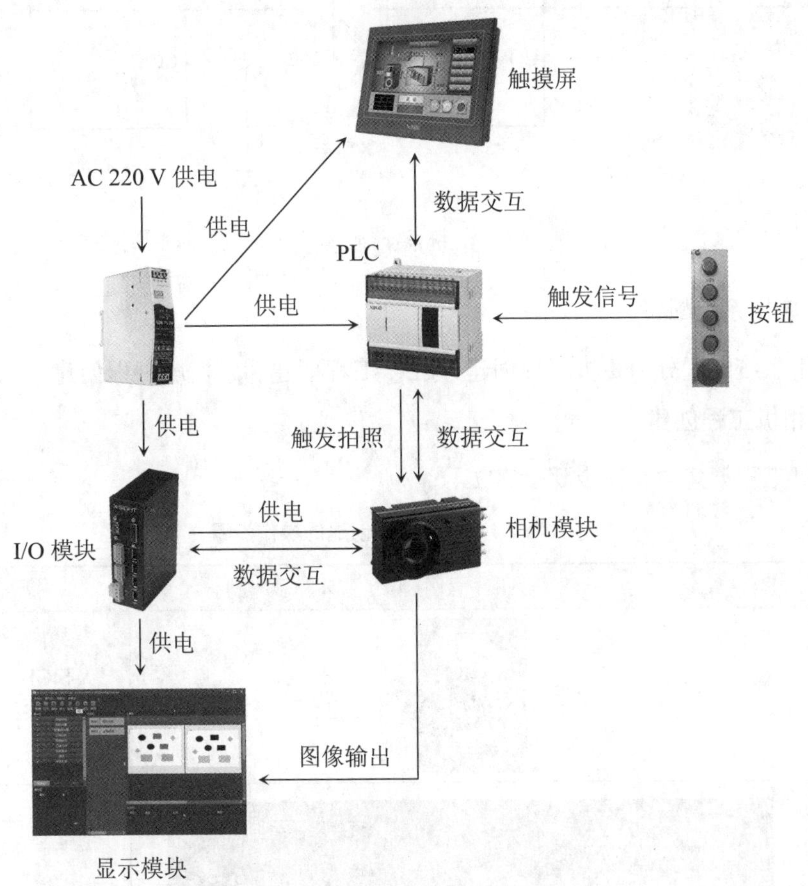

图7.8　电气元器件组成

1. I/O分配

I/O分配见表7.3。

表7.3　I/O分配

序号	PLC地址	功能	说　明
1	X1	启动	按钮SB1信号
2	Y0	触发拍照	相机Trigger信号

2. 硬件接线图绘制

逻辑控制的硬件接线图如图 7.9 所示，硬件接线图绘制完成后，根据绘制的电气图，正确地对元器件进行接线。

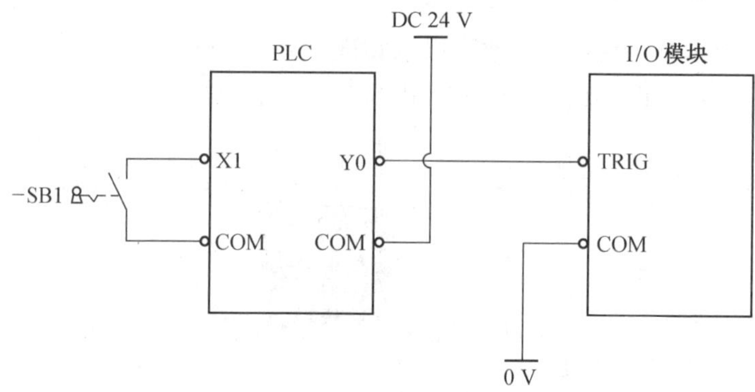

图 7.9　硬件接线图

7.4.2　应用系统配置

应用系统配置分为相机工程创建、PLC 工程创建和触摸屏工程创建。

1. 相机工程创建

相机工程创建的操作步骤见表 7.4。

表 7.4　相机工程创建的操作步骤

序号	图片示例	操作步骤
1	X-SIGHT Vision Studio EDU	双击桌面图标“X-SIGHT Vision Studio EDU”，打开软件主界面
2		点击工具栏【新建】按钮，新建工程

续表 7.4

序号	图片示例	操作步骤
3	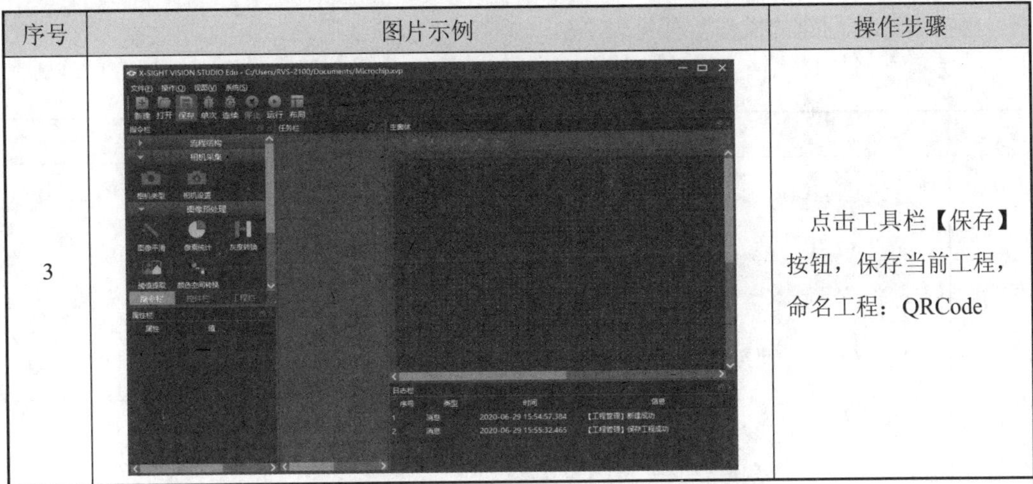	点击工具栏【保存】按钮，保存当前工程，命名工程：QRCode

2. PLC 工程创建

PLC 工程创建的操作步骤见表 7.5。

表 7.5　PLC 工程创建的操作步骤

序号	图片示例	操作步骤
1		打开 PLC 编程软件，执行以下基本配置： ①设定工程机型：XD5E-24； ②设定本地 IP 地址和子网掩码，连接 PLC
2		点击菜单栏“文件”，选择“保存工程”，命名工程：二维码识别

3. 触摸屏工程创建

触摸屏工程创建的操作步骤见表 7.6。

表 7.6　触摸屏工程创建的操作步骤

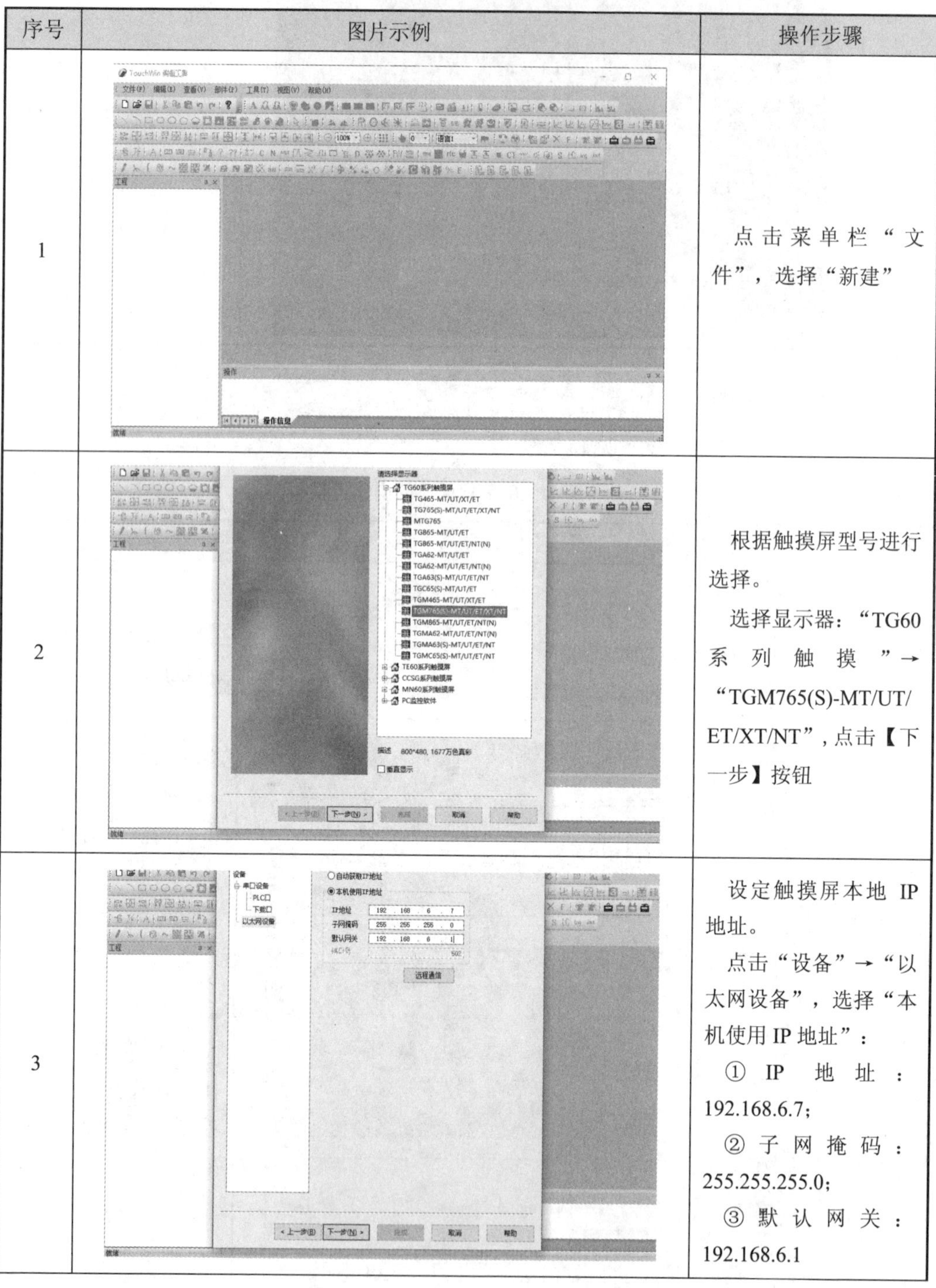

序号	图片示例	操作步骤
1		点击菜单栏“文件”，选择“新建”
2		根据触摸屏型号进行选择。 选择显示器：“TG60系列触摸”→“TGM765(S)-MT/UT/ET/XT/NT”，点击【下一步】按钮
3		设定触摸屏本地 IP 地址。 点击“设备”→“以太网设备”，选择“本机使用 IP 地址”： ① IP 地址：192.168.6.7; ② 子网掩码：255.255.255.0; ③ 默认网关：192.168.6.1

续表 7.6

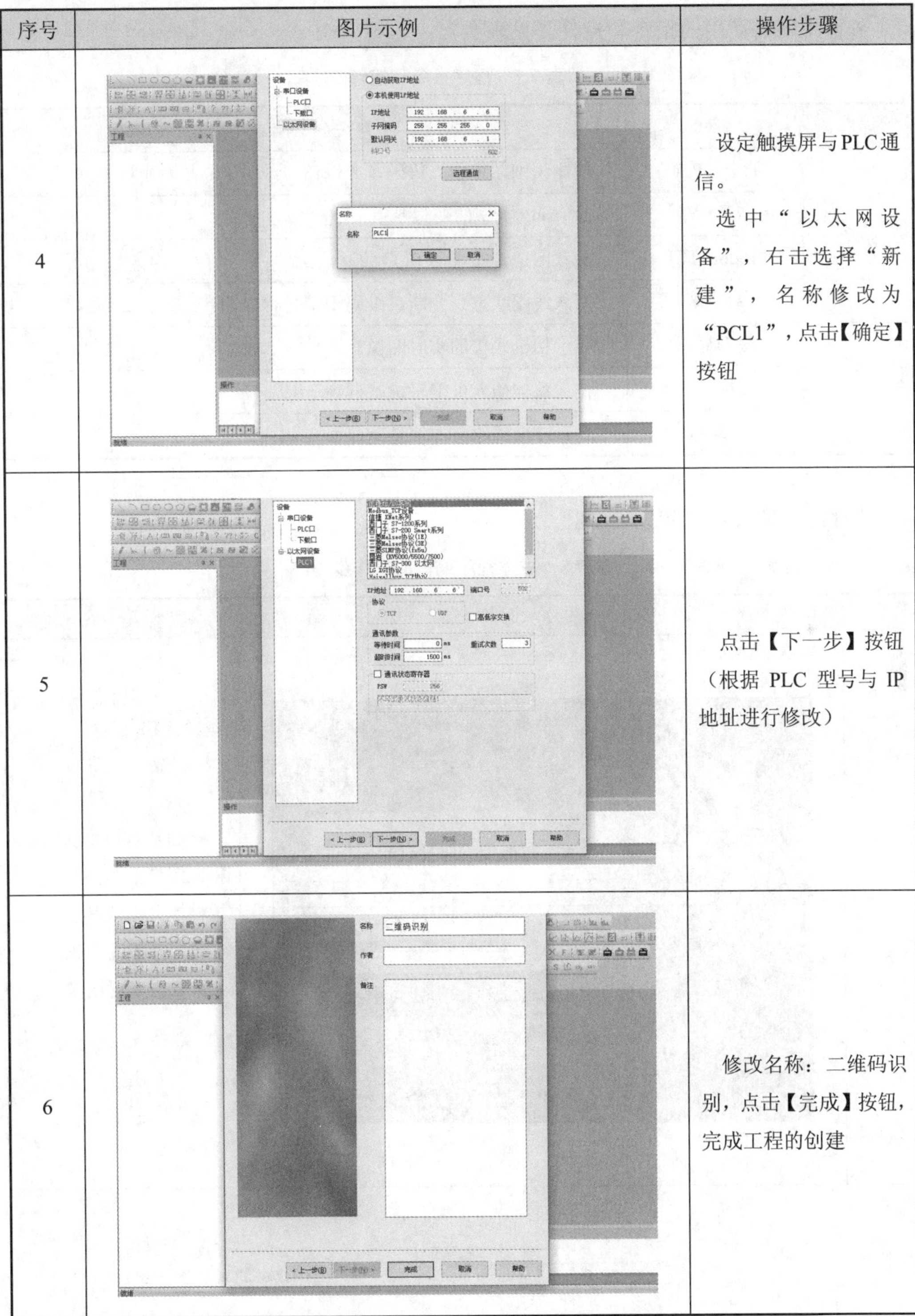

序号	图片示例	操作步骤
4		设定触摸屏与PLC通信。 选中“以太网设备”，右击选择“新建”，名称修改为“PCL1”，点击【确定】按钮
5		点击【下一步】按钮（根据 PLC 型号与 IP 地址进行修改）
6		修改名称：二维码识别，点击【完成】按钮，完成工程的创建

7.4.3　主体程序设计

分析程序需使用的指令和控件，见表 7.7。

表 7.7　程序指令和控件

属性	名称	说　明
指令	单个 QR 码	检测识别图像中二维码，并以该二维码建立相对坐标系
	变量赋值	给 string 类型的变量赋值
	ModbusTCP	配置网口，实现与 PLC 的通信
	写线圈	写入线圈状态，判断二维码识别是否成功
控件	图形显示	显示相机采集的实时图像
	标签	在主窗体插入可编辑标签框
	编辑框	显示二维码的文本信息

程序编写的操作步骤见表 7.8。

表 7.8　主体程序编写的操作步骤

序号	图片示例	操作步骤
1	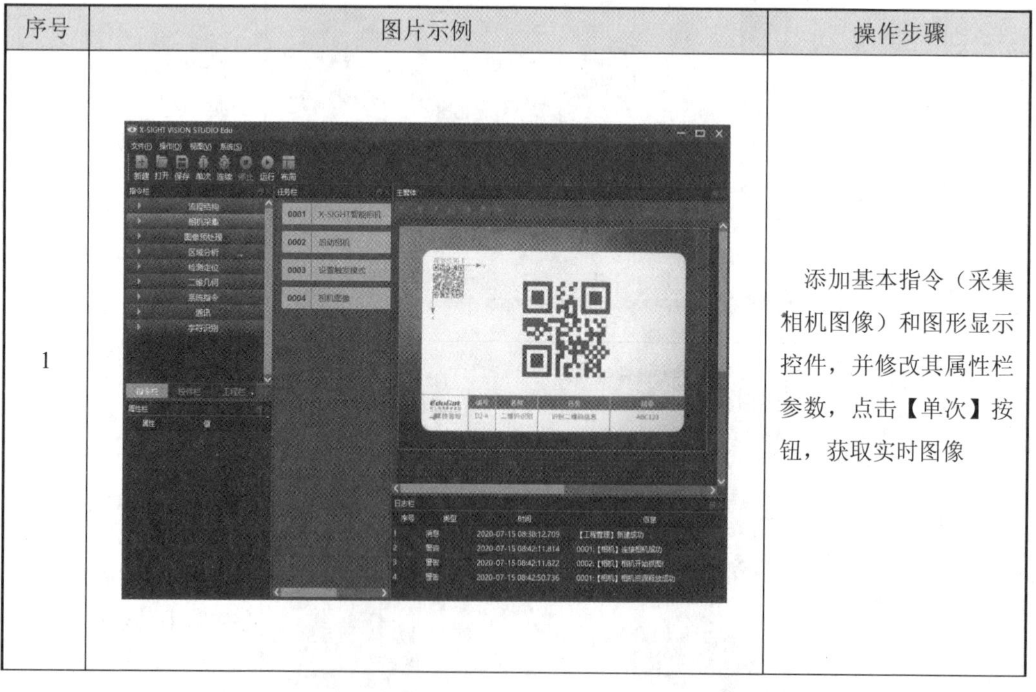	添加基本指令（采集相机图像）和图形显示控件，并修改其属性栏参数，点击【单次】按钮，获取实时图像

续表 7.8

序号	图片示例	操作步骤
2		点击指令栏的“检测定位”，选择“读码”中的“单个 QR 码”指令，点击【确定】按钮
3	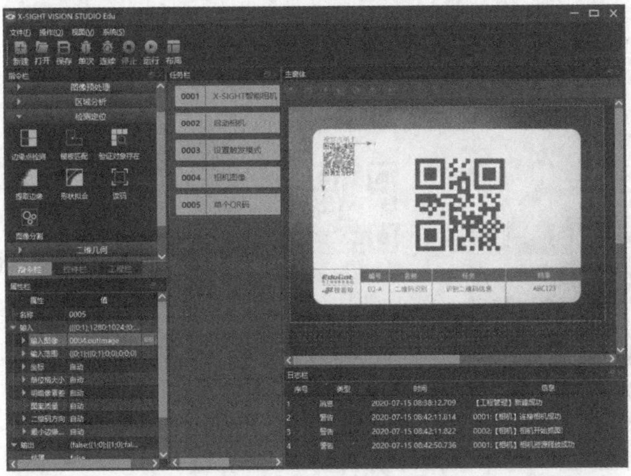	点击任务栏中“0005 单个 QR 码”指令，设定其属性栏参数： ① 输入图像：0004.outImage
4		点击控件栏，拖拽“标签”控件至主窗体中，放置于“图形显示”控件的左下方，并修改属性栏参数： ①描述：二维码文本：

续表 7.8

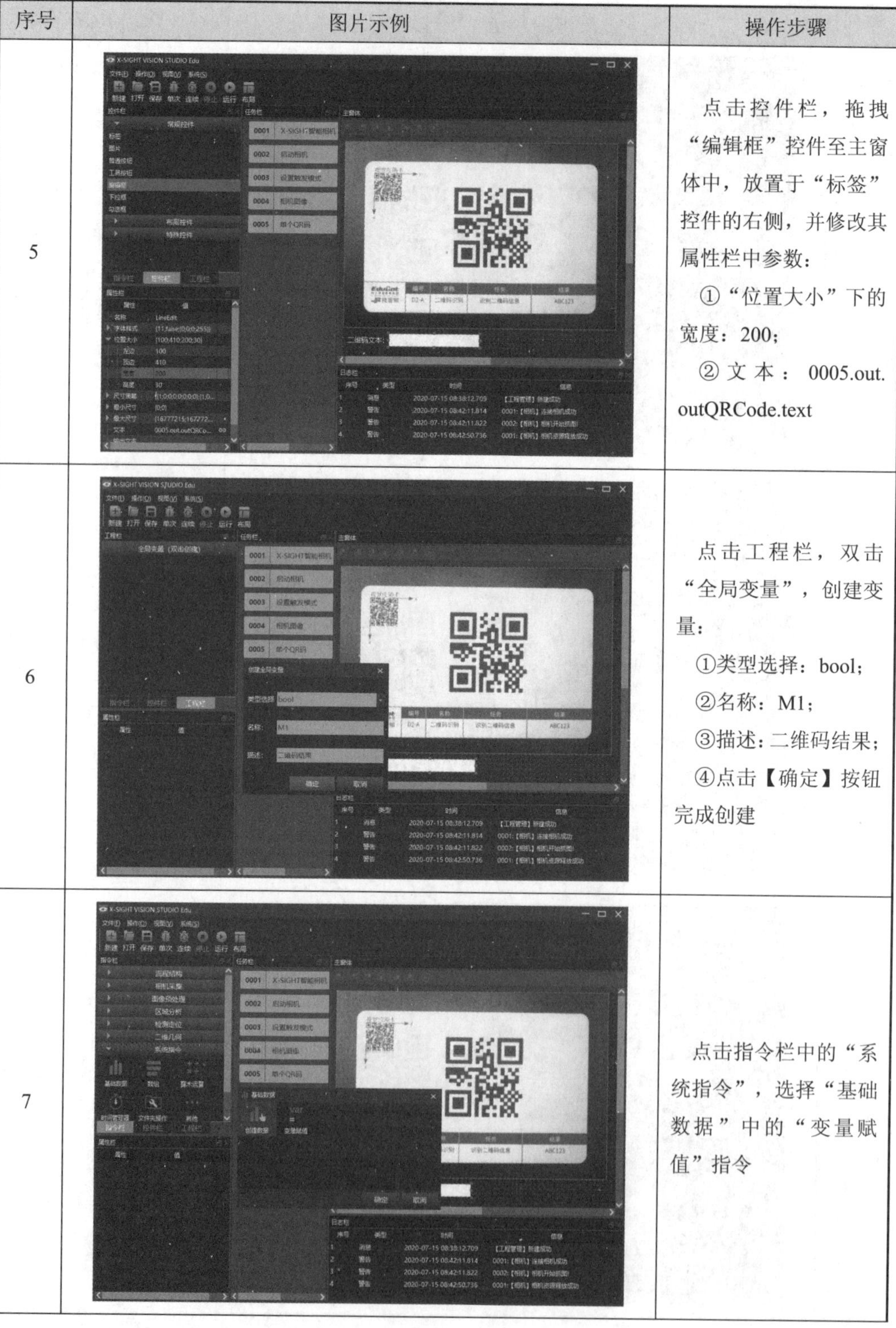

序号	图片示例	操作步骤
5		点击控件栏，拖拽“编辑框”控件至主窗体中，放置于“标签”控件的右侧，并修改其属性栏中参数： ①“位置大小”下的宽度：200； ②文本：0005.out.outQRCode.text
6		点击工程栏，双击“全局变量”，创建变量： ①类型选择：bool； ②名称：M1； ③描述：二维码结果； ④点击【确定】按钮完成创建
7		点击指令栏中的“系统指令”，选择“基础数据”中的“变量赋值”指令

续表 7.8

序号	图片示例	操作步骤
8		双击任务栏中的“变量赋值”指令，设定其“类型选择”为“bool”，点击【确定】按钮。 **注**：与变量 M1 类型相对应
9		点击任务栏中的“变量赋值”指令，修改其属性栏参数： ① 链接变量：varilist.M1.outValue； ②值：0005.out.result
10		点击指令栏中的“通讯”，选择“Modbus”中的“ModbusTCP”指令，点击【确定】按钮

续表 7.8

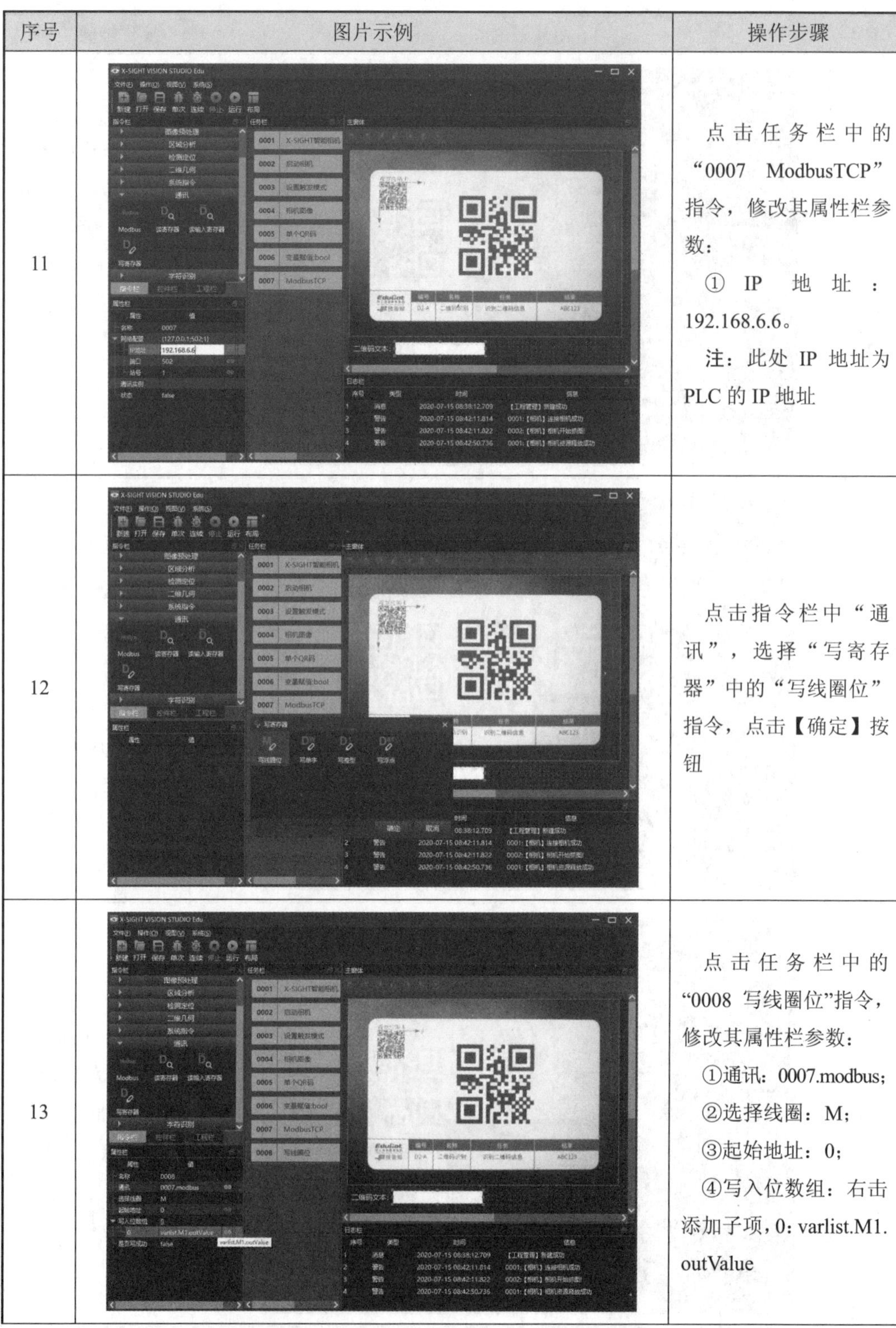

序号	图片示例	操作步骤
11		点击任务栏中的“0007 ModbusTCP”指令，修改其属性栏参数： ① IP 地址：192.168.6.6。 注：此处 IP 地址为 PLC 的 IP 地址
12		点击指令栏中“通讯”，选择“写寄存器”中的“写线圈位”指令，点击【确定】按钮
13		点击任务栏中的“0008 写线圈位”指令，修改其属性栏参数： ①通讯：0007.modbus; ②选择线圈：M; ③起始地址：0; ④写入位数组：右击添加子项，0: varlist.M1.outValue

续表 7.8

序号	图片示例	操作步骤
14		将“单个 QR 码”指令效果添加到“图形显示”控件上。 点击软件主窗体的“图形显示”控件，设定其属性栏参数： ① 输入数据 1：0005.out.outQRCode.position； ② 输入数据 2：0005.out.outQRCode.position.arrayPoint2D

7.4.4　关联程序设计

在完成主体程序设计后需设计关联程序，关联程序分为两个部分：PLC 程序和触摸屏程序。

1. PLC 程序设计

PLC 程序编写之前首先建立变量表，见表 7.9。

表 7.9　变量表

序号	变量	数据类型	注释
1	X0	Bool	面板按钮信号
2	Y0	Bool	相机 Trigger 信号
3	M0	Bool	二维码识别结果
4	M1	Bool	触摸屏按钮信号
5	M2	Bool	二维码识别成功
6	M3	Bool	二维码识别失败

PLC 程序编写的操作步骤见表 7.10。

表 7.10　PLC 关联程序编写的操作步骤

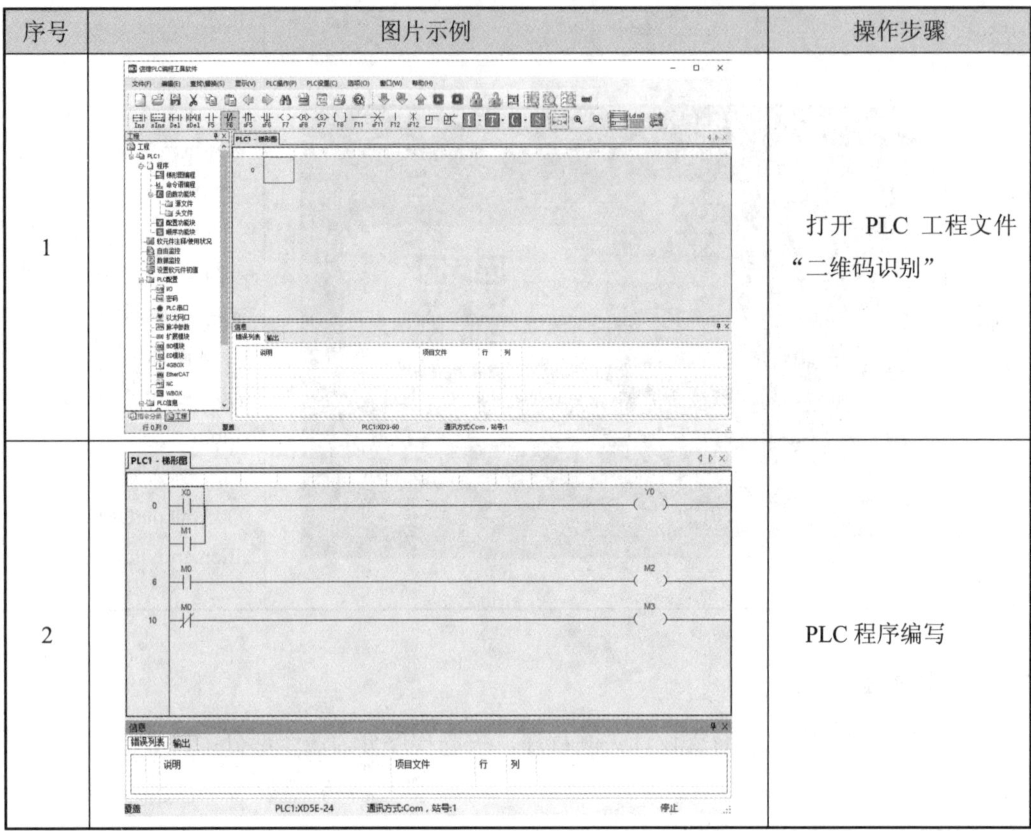

序号	图片示例	操作步骤
1		打开 PLC 工程文件“二维码识别”
2		PLC 程序编写

2. 触摸屏程序设计

使用信捷 TouchWin 软件进行触摸屏组态编程。根据 PLC 的变量表设计触摸屏程序，具体操作步骤见表 7.11。

表 7.11　触摸屏程序设计的操作步骤

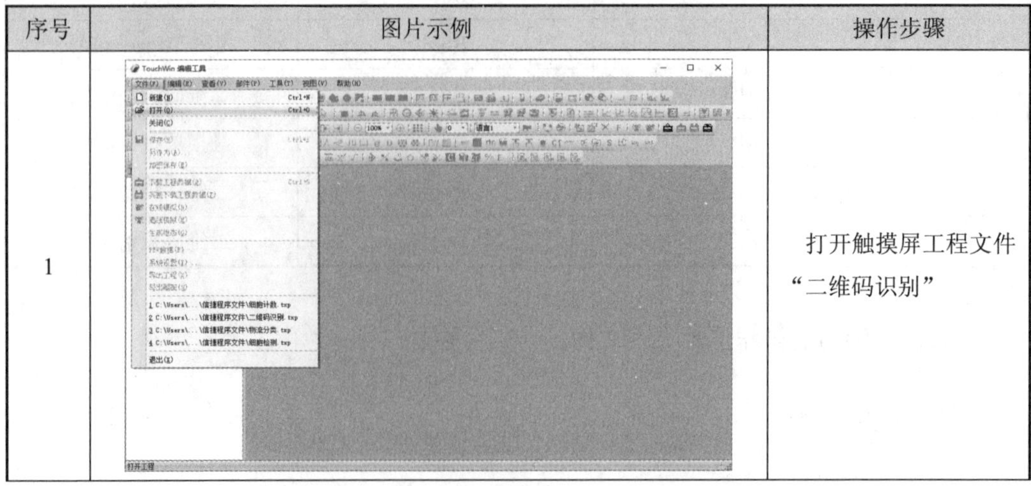

序号	图片示例	操作步骤
1		打开触摸屏工程文件“二维码识别”

续表 7.11

序号	图片示例	操作步骤
2	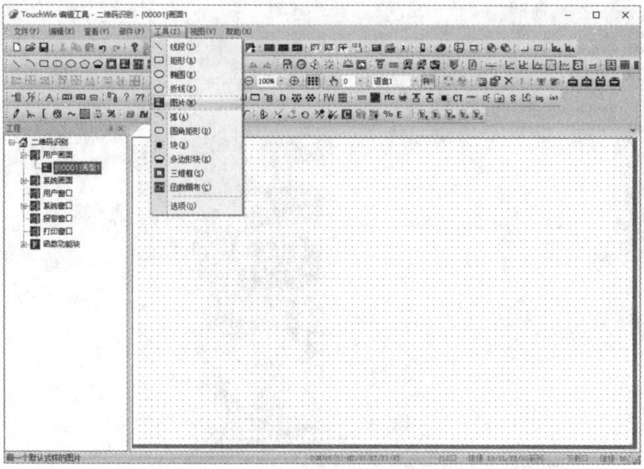	点击菜单栏“工具”→“图片”，范围为整个画面（加载背景图片）
3		背景图片添加完成
4	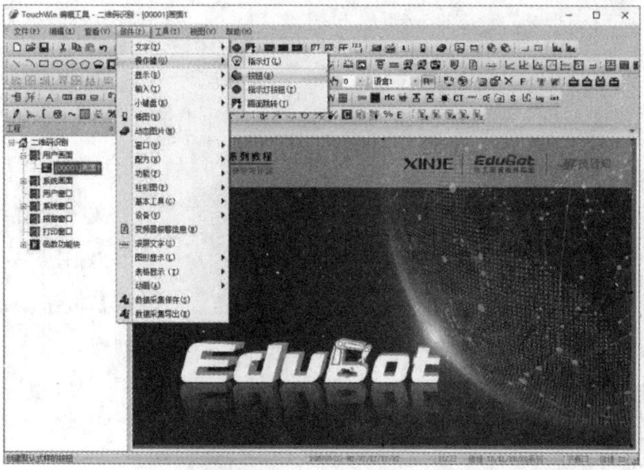	放置“按钮”（M1）用来触发相机 Trigger 信号。 触摸屏关联程序创建完成，点击菜单栏“部件”→“操作键”→“按钮”

续表 7.11

序号	图片示例	操作步骤
5	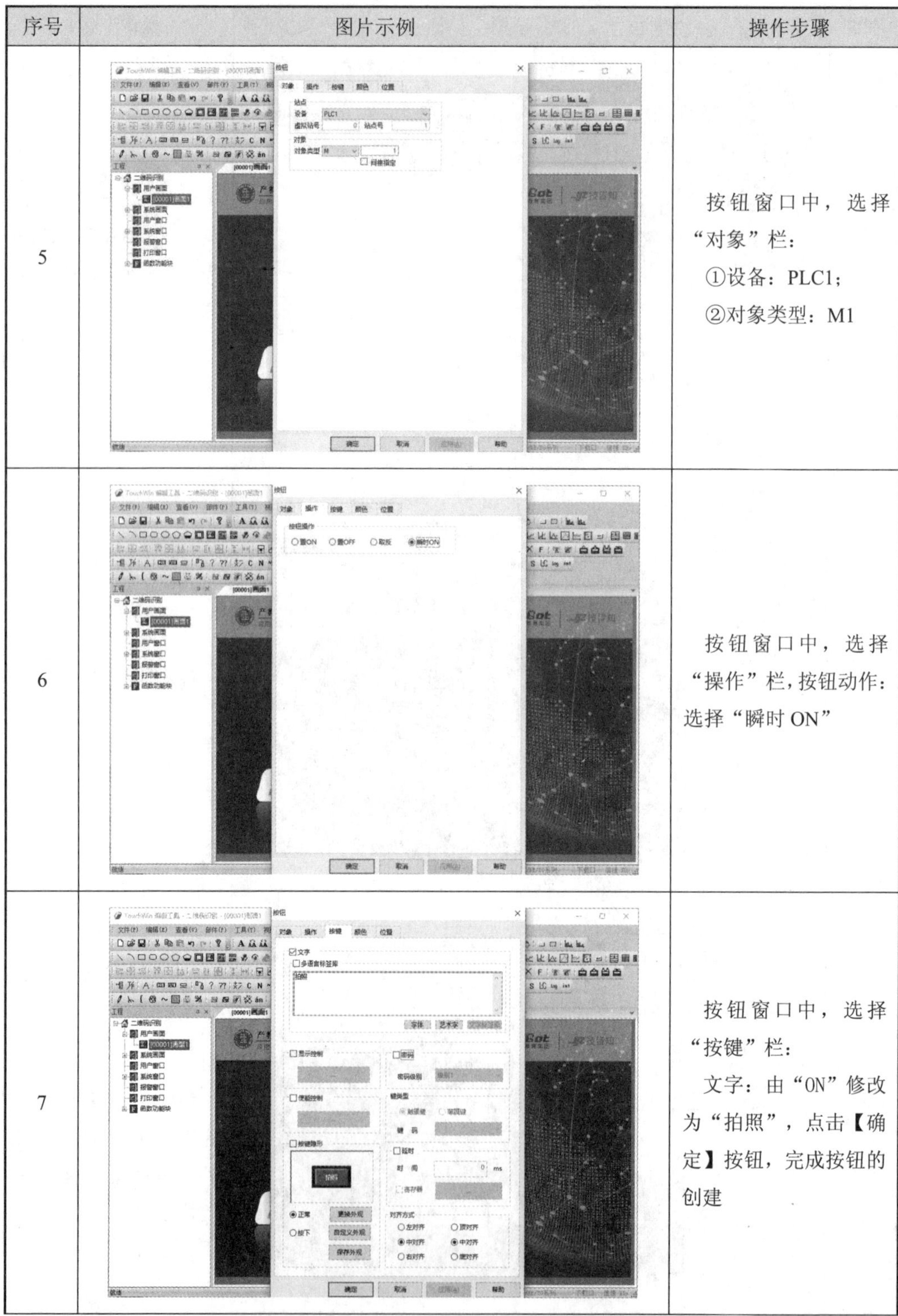	按钮窗口中，选择“对象”栏： ①设备：PLC1； ②对象类型：M1
6		按钮窗口中，选择“操作”栏，按钮动作：选择“瞬时 ON”
7		按钮窗口中，选择“按键”栏： 文字：由“ON”修改为“拍照”，点击【确定】按钮，完成按钮的创建

续表 7.11

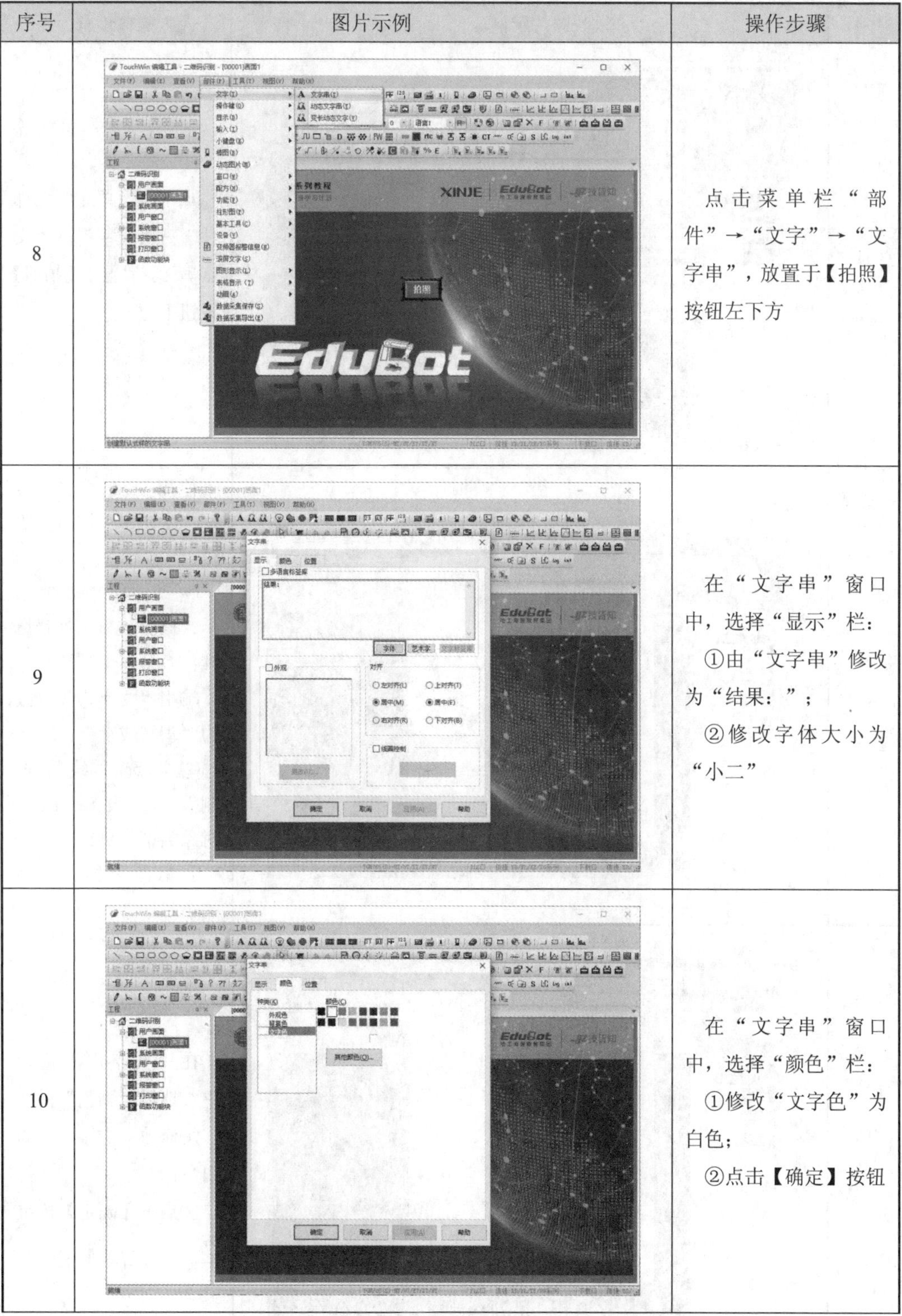

序号	图片示例	操作步骤
8		点击菜单栏“部件”→“文字”→“文字串”，放置于【拍照】按钮左下方
9		在“文字串”窗口中，选择“显示”栏： ①由“文字串”修改为“结果：”； ②修改字体大小为“小二”
10		在“文字串”窗口中，选择“颜色”栏： ①修改“文字色”为白色； ②点击【确定】按钮

续表 7.11

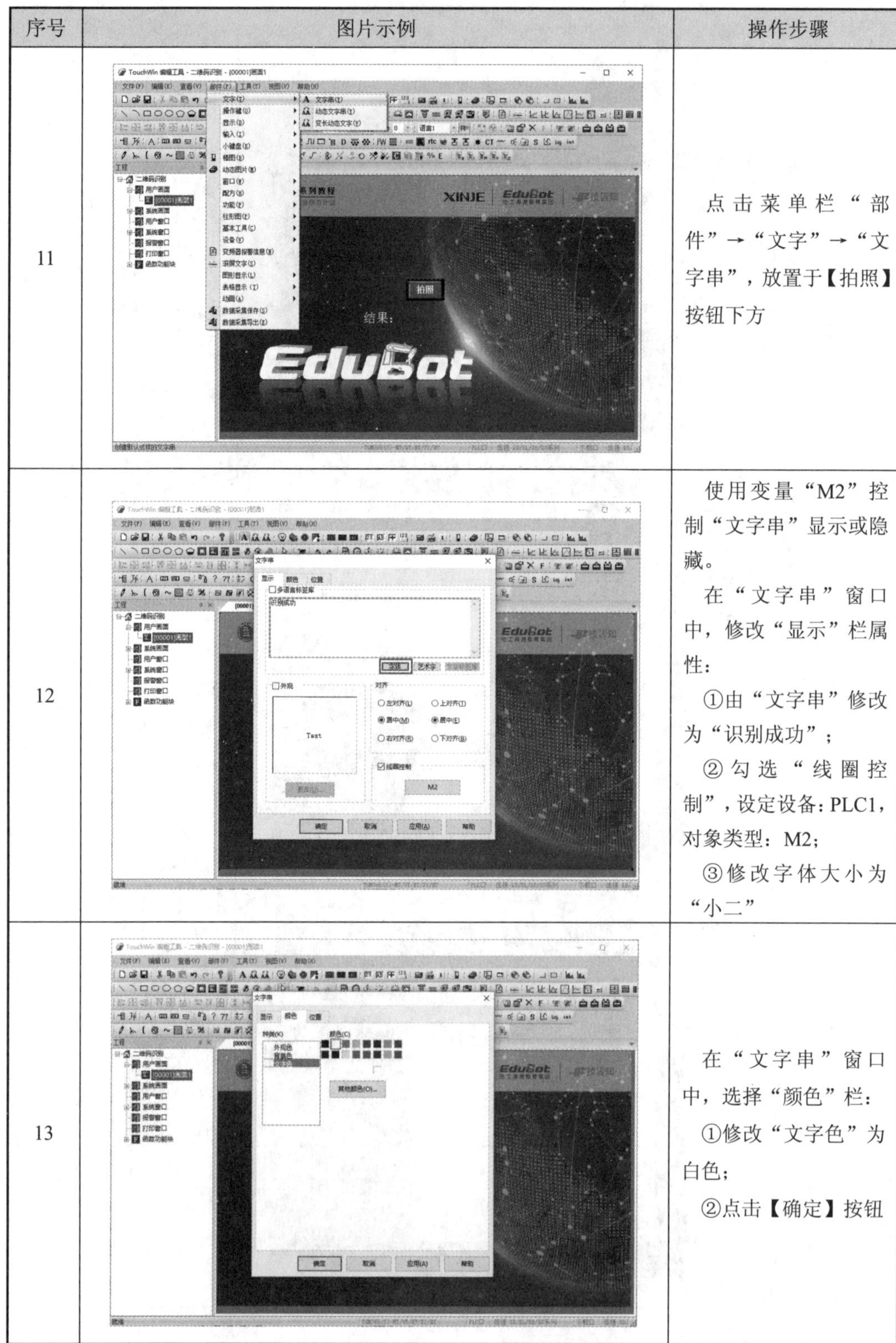

序号	图片示例	操作步骤
11		点击菜单栏“部件”→“文字”→“文字串”，放置于【拍照】按钮下方
12		使用变量“M2”控制“文字串”显示或隐藏。 在“文字串”窗口中，修改“显示”栏属性： ①由“文字串”修改为“识别成功”； ②勾选“线圈控制”，设定设备：PLC1，对象类型：M2； ③修改字体大小为“小二”
13		在“文字串”窗口中，选择“颜色”栏： ①修改“文字色”为白色； ②点击【确定】按钮

续表 7.11

序号	图片示例	操作步骤
14	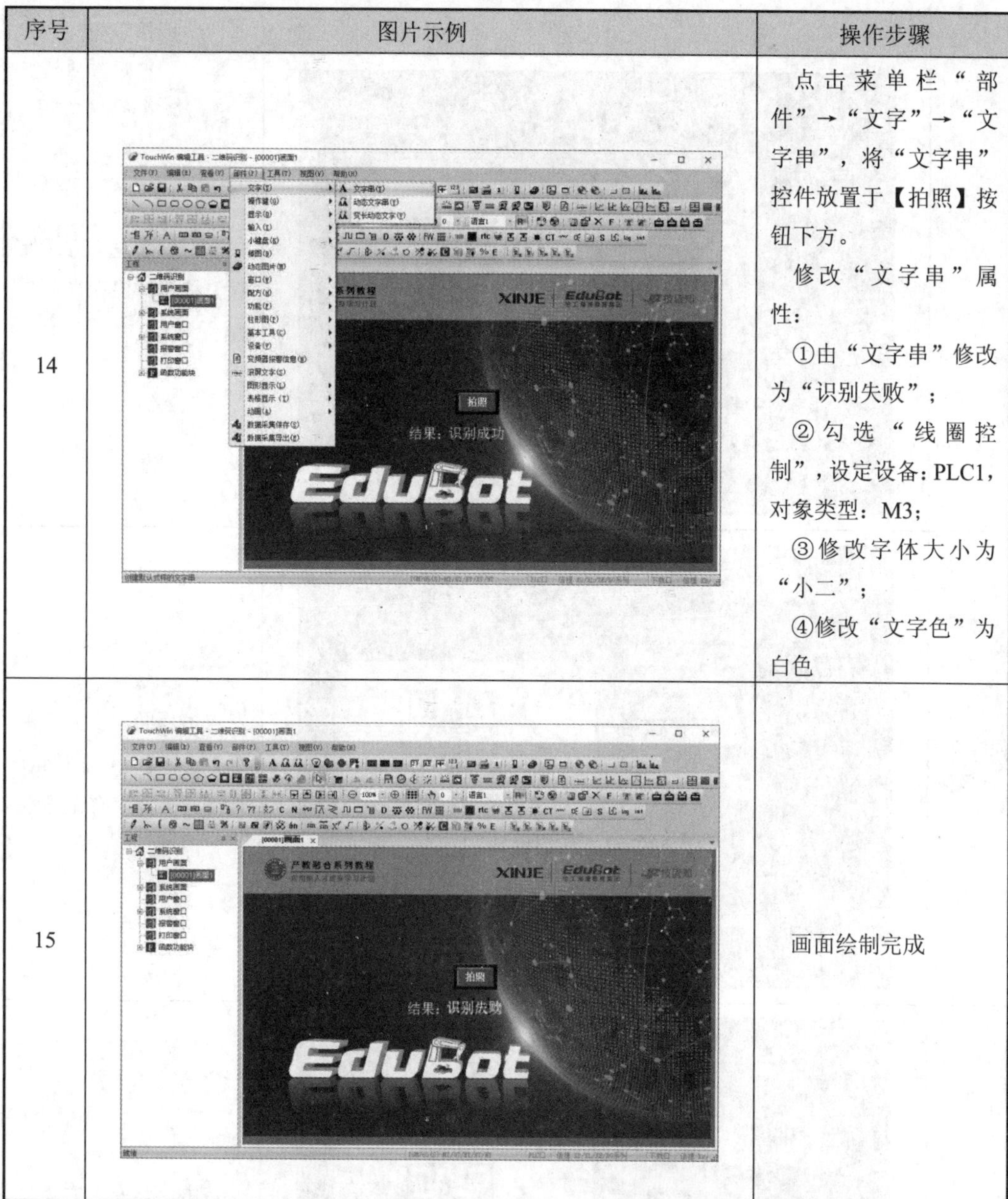	点击菜单栏“部件”→“文字”→“文字串”，将“文字串”控件放置于【拍照】按钮下方。 修改“文字串”属性： ①由“文字串”修改为“识别失败”； ②勾选“线圈控制”，设定设备：PLC1，对象类型：M3； ③修改字体大小为“小二”； ④修改“文字色”为白色
15		画面绘制完成

7.4.5　项目程序调试

程序调试分为相机程序调试、PLC 程序调试和触摸屏程序调试。

1. 相机程序调试

相机程序调试的操作步骤见表 7.12。

表 7.12　相机程序调试的操作步骤

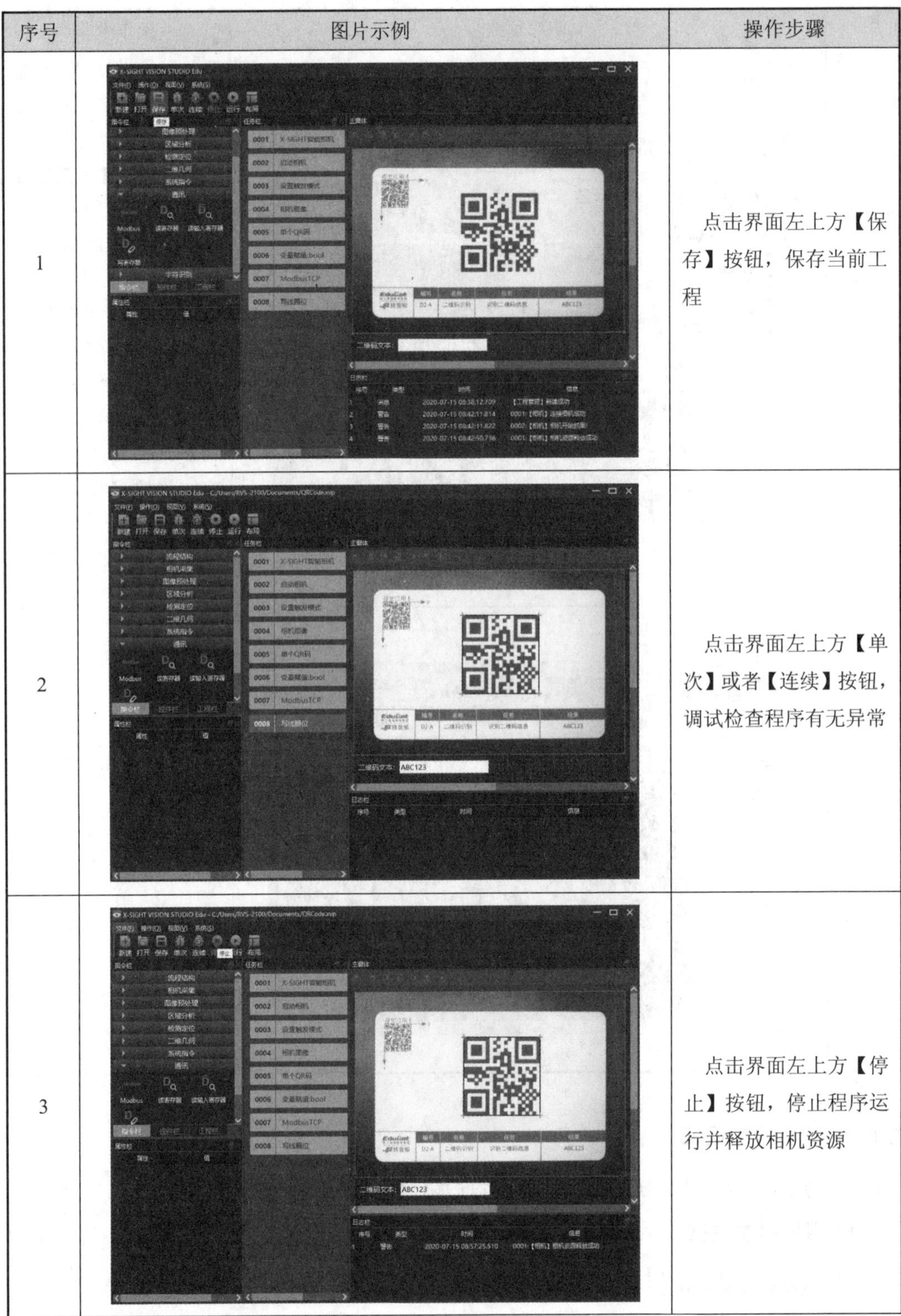

序号	图片示例	操作步骤
1		点击界面左上方【保存】按钮，保存当前工程
2		点击界面左上方【单次】或者【连续】按钮，调试检查程序有无异常
3		点击界面左上方【停止】按钮，停止程序运行并释放相机资源

续表 7.12

序号	图片示例	操作步骤
4		修改相机采集图像模式为面板按钮触发，点击任务栏中“0003 设置触发模式”指令，修改其属性栏参数： ①工作模式：外触发
5		点击界面左上方【保存】按钮，保存当前工程

2. PLC 程序调试

PLC 程序调试的操作步骤见表 7.13。

表 7.13　PLC 程序调试的操作步骤

序号	图片示例	操作步骤
1	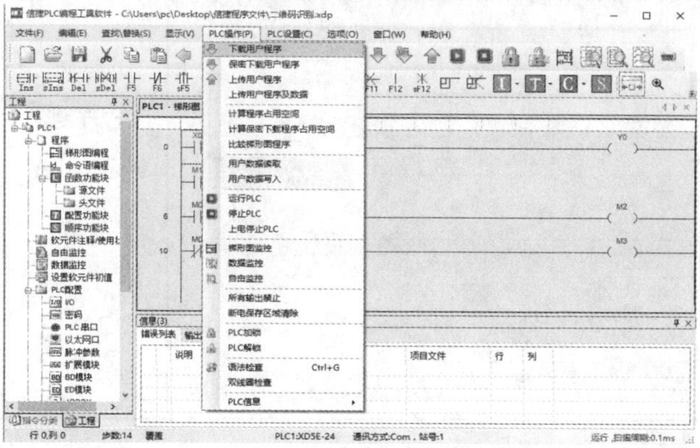	点击菜单栏中“PLC 操作”，选择“下载用户程序”： ①点击【停止 PLC，继续下载】按钮； ②勾选“选择所有”，点击【确定】按钮； ③提示下载完成，点击【确定】按钮

续表 7.13

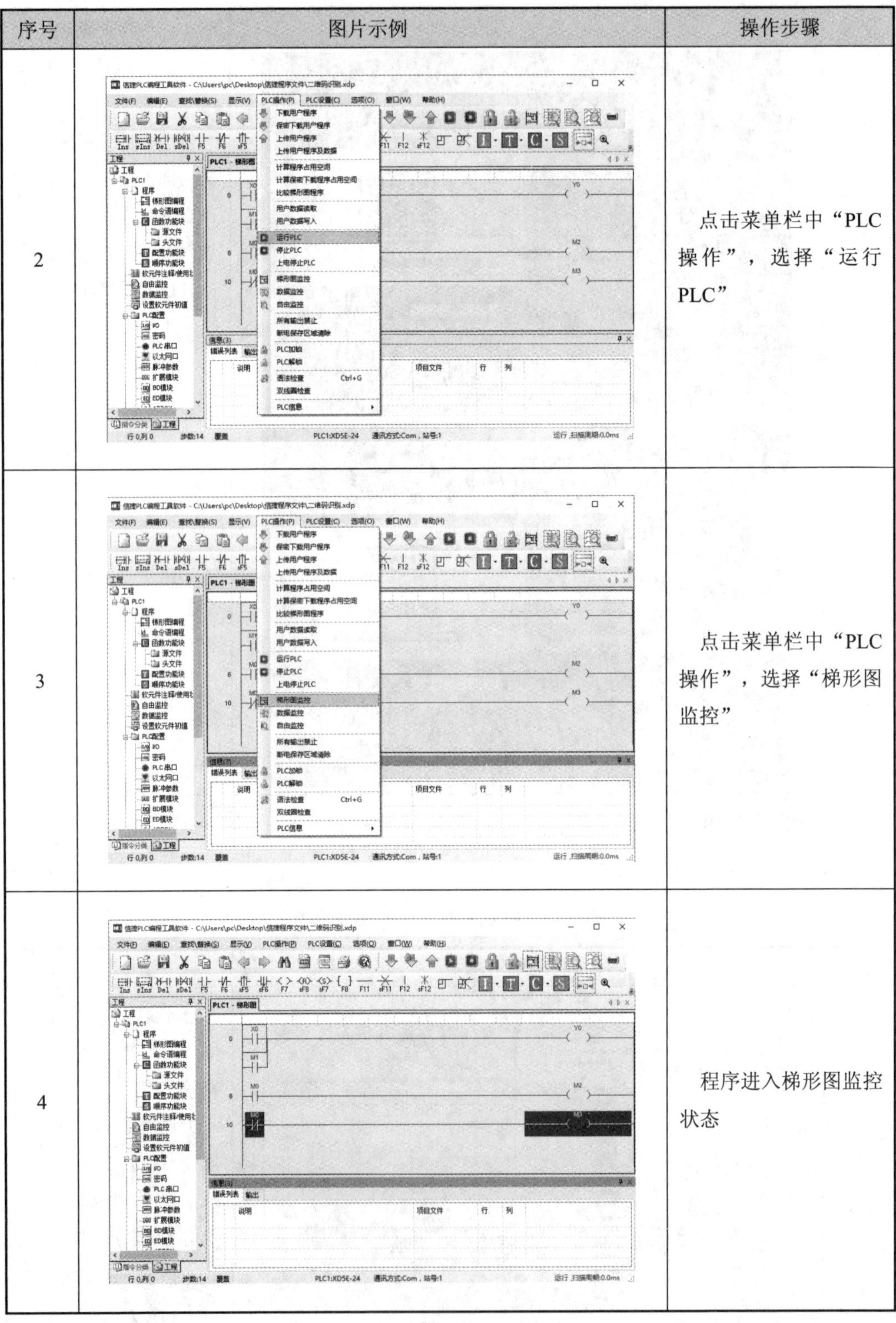

序号	图片示例	操作步骤
2		点击菜单栏中“PLC操作”，选择“运行PLC”
3		点击菜单栏中“PLC操作”，选择“梯形图监控”
4		程序进入梯形图监控状态

3. 触摸屏程序调试

触摸屏程序调试的操作步骤见表 7.14。

表 7.14　触摸屏程序调试的操作步骤

序号	图片示例	操作步骤
1	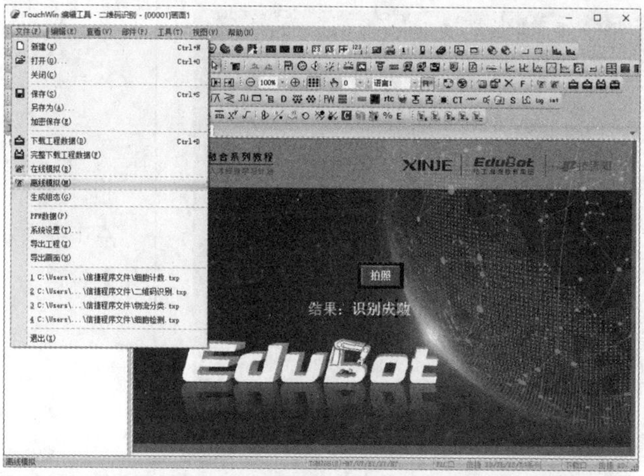	点击菜单栏中【文件】按钮，选择“离线模拟”
2		弹出“离线模拟”窗口，画面显示无异常
3	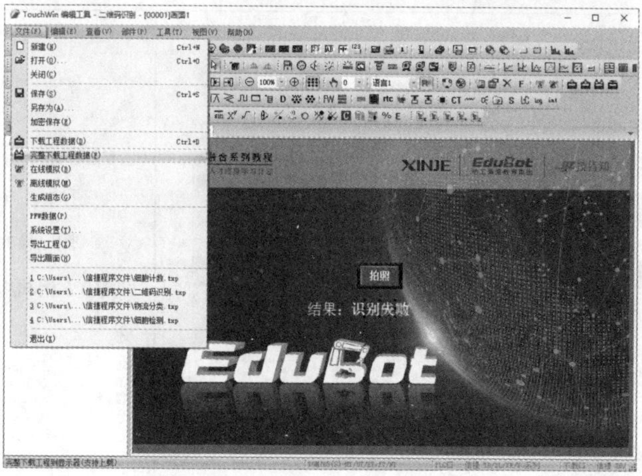	点击菜单栏中“文件”，选择“完整下载工程数据”，点击【OK】按钮

7.4.6 项目总体运行

程序总体运行的操作步骤见表 7.15。

表 7.15 程序总体运行的操作步骤

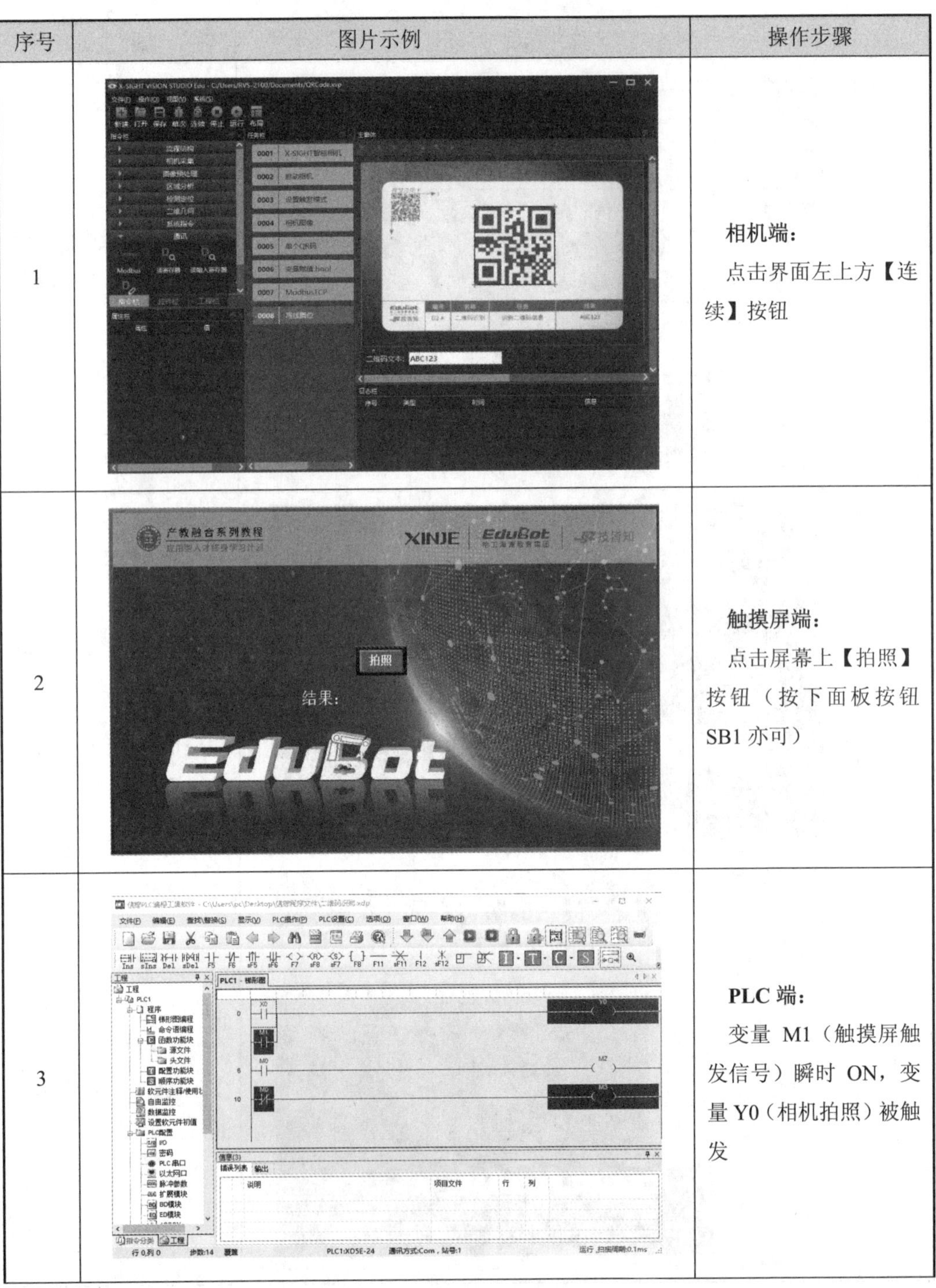

序号	图片示例	操作步骤
1		**相机端：** 点击界面左上方【连续】按钮
2		**触摸屏端：** 点击屏幕上【拍照】按钮（按下面板按钮 SB1 亦可）
3		**PLC 端：** 变量 M1（触摸屏触发信号）瞬时 ON，变量 Y0（相机拍照）被触发

续表 7.15

序号	图片示例	操作步骤
4		**相机端：** 拍照，识别图像中的二维码，并将数据显示发出： ①将实时图像显示在主窗体中； ②将文本信息显示在主窗体中； ③将结果数据发送至PLC

7.5　项目验证

7.5.1　效果验证

已知 D2 号卡片 A 面上的二维码识别结果为 ABC123，基于图形码的二维码识别项目效果验证的操作步骤见表 7.16。

表 7.16　效果验证的操作步骤

序号	图片示例	操作步骤
1		**触摸屏端：** 点击屏幕上【拍照】按钮（按下面板按钮 SB1 亦可）

续表 7.16

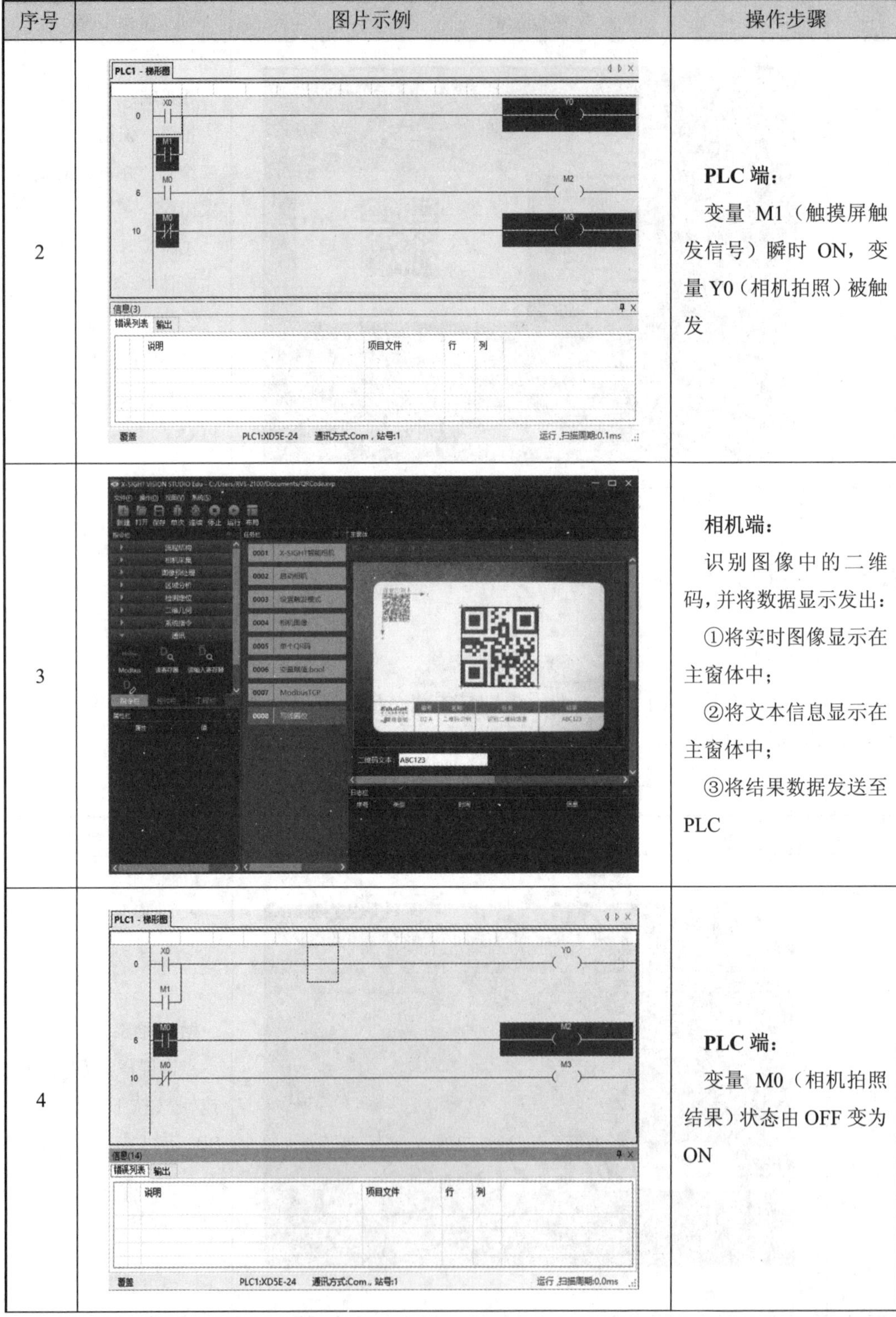

序号	图片示例	操作步骤
2		**PLC 端：** 变量 M1（触摸屏触发信号）瞬时 ON，变量 Y0（相机拍照）被触发
3		**相机端：** 识别图像中的二维码，并将数据显示发出： ①将实时图像显示在主窗体中； ②将文本信息显示在主窗体中； ③将结果数据发送至 PLC
4		**PLC 端：** 变量 M0（相机拍照结果）状态由 OFF 变为 ON

续表 7.16

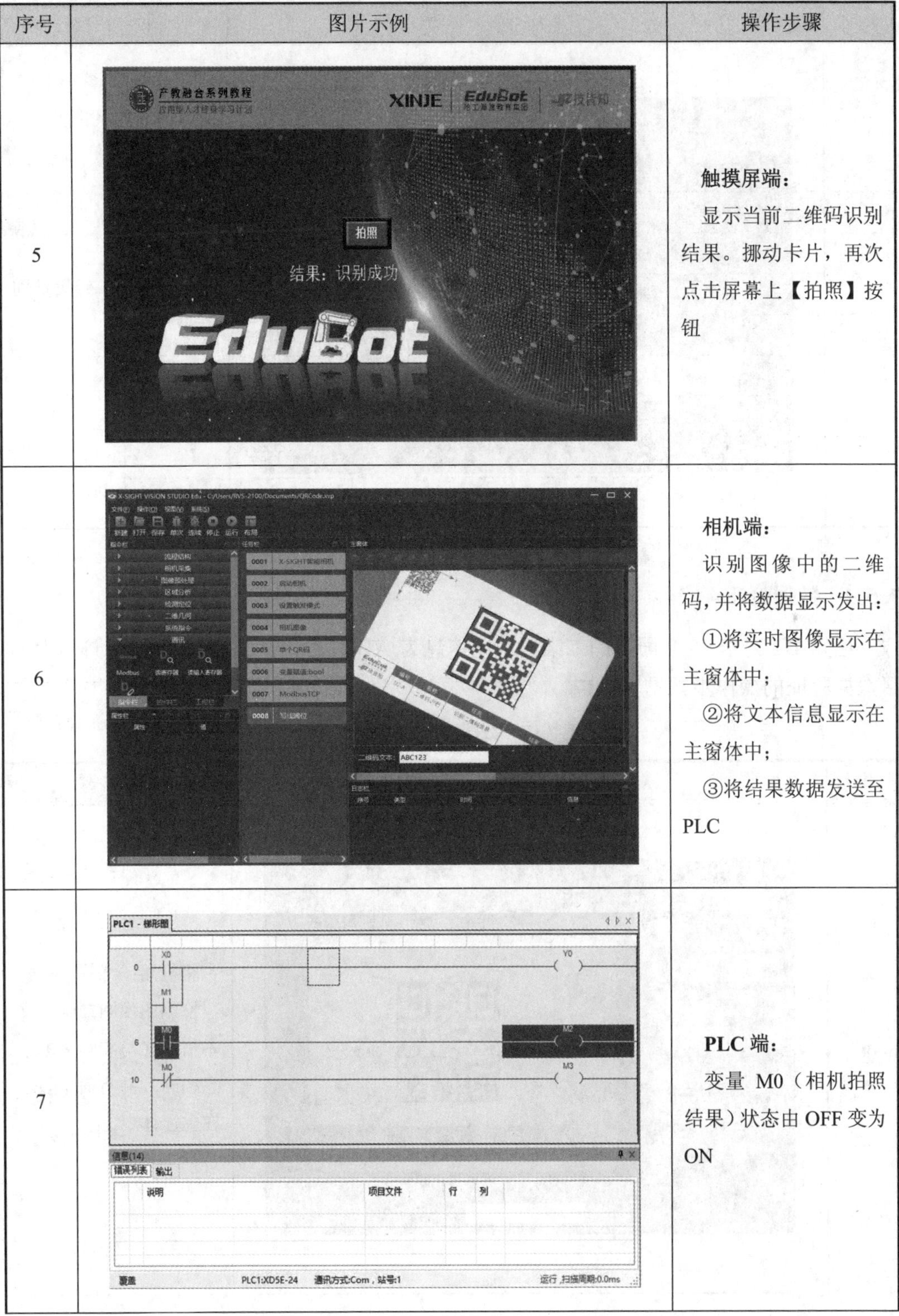

序号	图片示例	操作步骤
5		触摸屏端： 显示当前二维码识别结果。挪动卡片，再次点击屏幕上【拍照】按钮
6		相机端： 识别图像中的二维码，并将数据显示发出： ①将实时图像显示在主窗体中； ②将文本信息显示在主窗体中； ③将结果数据发送至PLC
7		PLC 端： 变量 M0（相机拍照结果）状态由 OFF 变为 ON

续表 7.16

序号	图片示例	操作步骤
8		**触摸屏端：** 显示当前二维码识别结果

7.5.2 数据验证

已知 D2 号卡片 A 面上的二维码识别信息为 ABC123，基于图形码的二维码识别项目数据验证的操作步骤见表 7.17。

表 7.17 数据验证的操作步骤

序号	图片示例	操作步骤
1		**相机端：** 检测图像中二维码文本信息（与实际文本信息相同），并将信息显示在主窗体中

续表 7.17

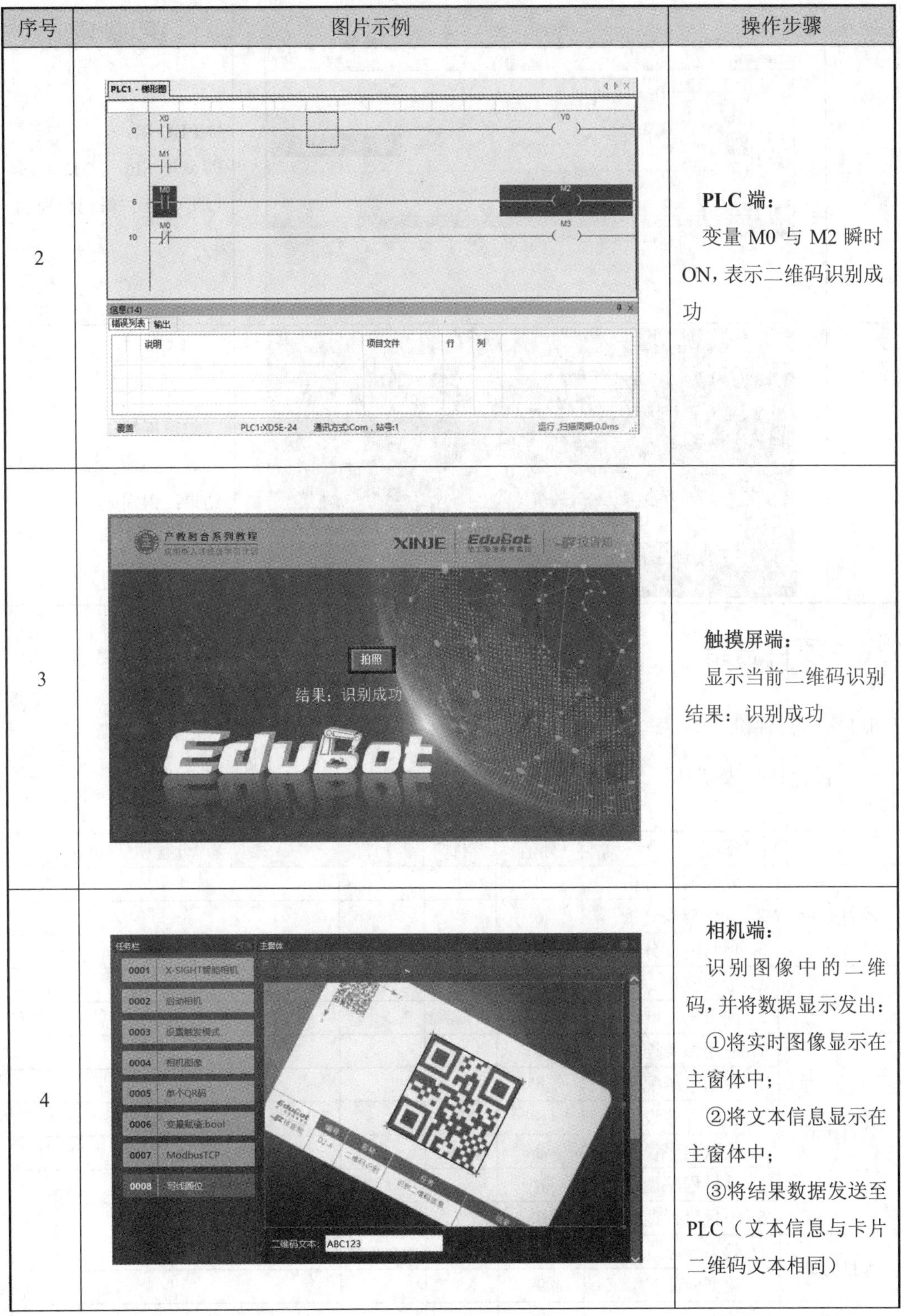

序号	图片示例	操作步骤
2		**PLC 端：** 变量 M0 与 M2 瞬时 ON，表示二维码识别成功
3		**触摸屏端：** 显示当前二维码识别结果：识别成功
4		**相机端：** 识别图像中的二维码，并将数据显示发出： ①将实时图像显示在主窗体中； ②将文本信息显示在主窗体中； ③将结果数据发送至 PLC（文本信息与卡片二维码文本相同）

续表 7.17

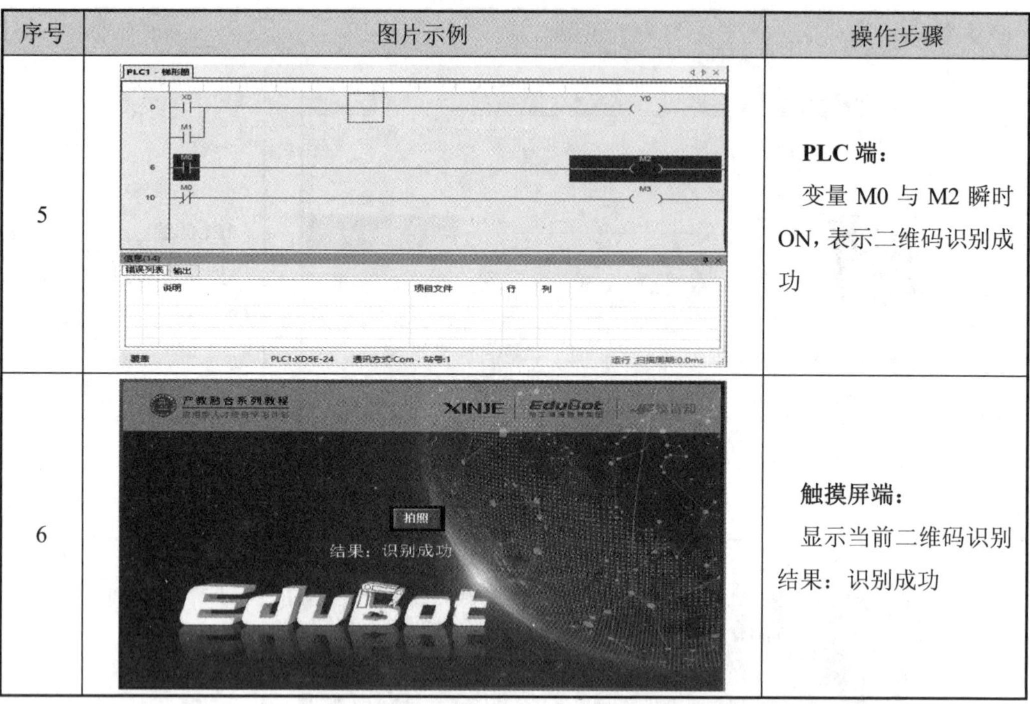

序号	图片示例	操作步骤
5		**PLC 端：** 变量 M0 与 M2 瞬时 ON，表示二维码识别成功
6		**触摸屏端：** 显示当前二维码识别结果：识别成功

7.6 项目总结

7.6.1 项目评价

项目评价见表 7.18。

表 7.18 项目评价表

项目指标		分值	自评	互评	评分说明
项目分析	1. 硬件架构分析	6			
	2. 软件架构分析	6			
	3. 项目流程分析	6			
项目要点	1. 全局变量	8			
	2. 图形码	8			
项目步骤	1. 应用系统连接	8			
	2. 应用系统配置	8			
	3. 主体程序设计	8			
	4. 关联程序设计	8			
	5. 项目程序调试	8			
	6. 项目运行调试	8			
项目验证	1. 效果验证	9			
	2. 数据验证	9			
合计		100			

7.6.2　项目拓展

通过对智能视觉系统二维码识别技术的学习与应用，可以进行以下的项目拓展。

1. 条形码识别项目

（1）项目思路。

在相机的视野中，放入 D1 号视觉应用卡——条码识别，使用单个条形码指令检测识别卡片上的条形码，配合编辑框控件将其文本信息显示在主窗体中，如图 7.10 所示。

（2）操作步骤。

①使用 X-SIGHT 智能相机指令、启动相机指令、设置触发模式指令和相机图像指令加载实时图像。

②使用图形显示控件将实时图像显示在软件主窗体中。

③使用单个条形码指令检测识别图像中条形码。

④使用全局变量指令和变量赋值指令获取条形码的文本信息。

⑤使用编辑框控件将条形码的文本信息显示在主窗体中。

⑥使用 ModbusTCP 指令和写寄存器指令将识别成功与否信息发送至 PLC。

⑦通过 PLC 将数据信息发送至触摸屏。

图 7.10　条形码识别效果

2. 物流单二维码识别项目

（1）项目思路。

在相机的视野中，放入 D4 号视觉应用卡——快递单识别，使用单个 QR 码指令检测和识别二维码，配合编辑框控件将二维码的文本信息显示在主窗体中，如图 7.11 所示。

（2）操作步骤。

①使用 X-SIGHT 智能相机指令、启动相机指令、设置触发模式指令和相机图像指令加载实时图像。

②使用图形显示控件将实时图像显示在软件主窗体中。

③使用单个 QR 码指令检测识别快递单二维码，并将其文本信息输出。

④使用全局变量指令和变量赋值指令获取二维码的文本信息。

⑤使用编辑框控件将二维码的文本信息显示在主窗体中。

⑥使用 ModbusTCP 指令和写寄存器指令将识别成功与否信息发送至 PLC。

⑦通过 PLC 将数据信息发送至触摸屏。

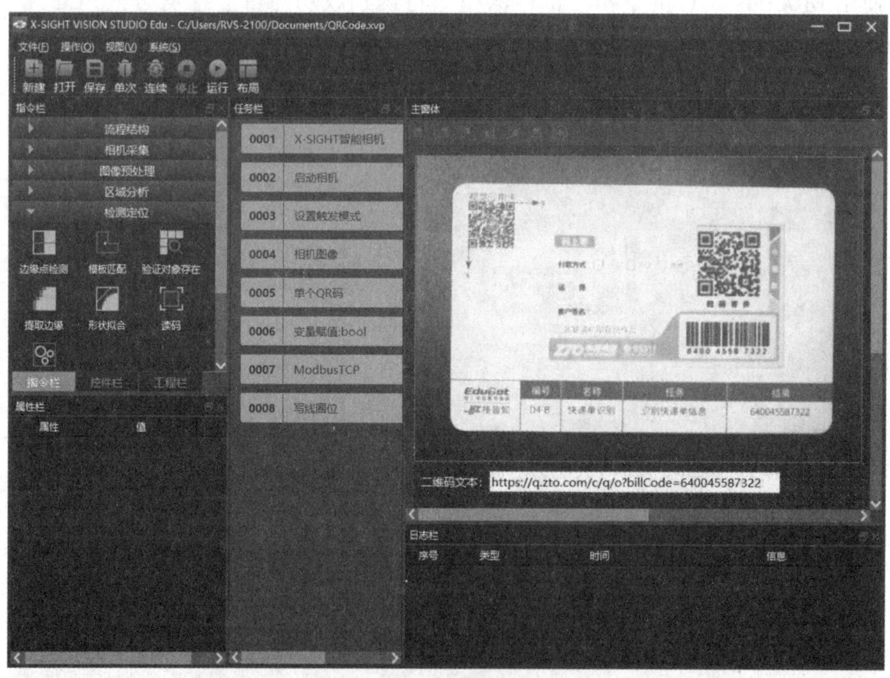

图 7.11　物流单二维码识别效果

第 8 章　基于形态处理的细胞检测项目

※ 细胞检测项目介绍

8.1　项目目的

8.1.1　项目背景

计数是许多工厂生产线中不可或缺的一个环节，而传统的计数方式多为人工计数，长时间的重复性工作，不仅速度慢而且误点率高，已不能满足现代化工厂生产节奏的需求。针对这样的现状，自动计数方式应运而生。目前，自动计数方式多为智能视觉计数，即是在人工不干预或者极少干预的情况下，分析视觉传感器获取的信号，实现对工件的识别和计数。该技术将人力从单调、繁重的人眼计数中解放出来，大幅度降低了企业的用人成本。机器视觉计数在食品包装、医疗、制药、公共安全等领域有着广泛的应用前景。图 8.1（a）所示为轴承钢球计数，图 8.1（b）所示为药品计数。

（a）轴承钢球计数

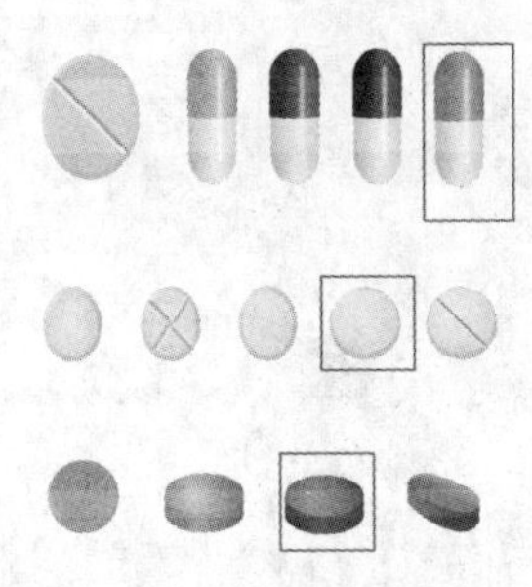

（b）药品计数

图 8.1　智能视觉计数应用

8.1.2　项目需求

基于形态处理的细胞检测项目选用 C4 号视觉应用卡——细胞检测来辅助完成，如图 8.2 所示。

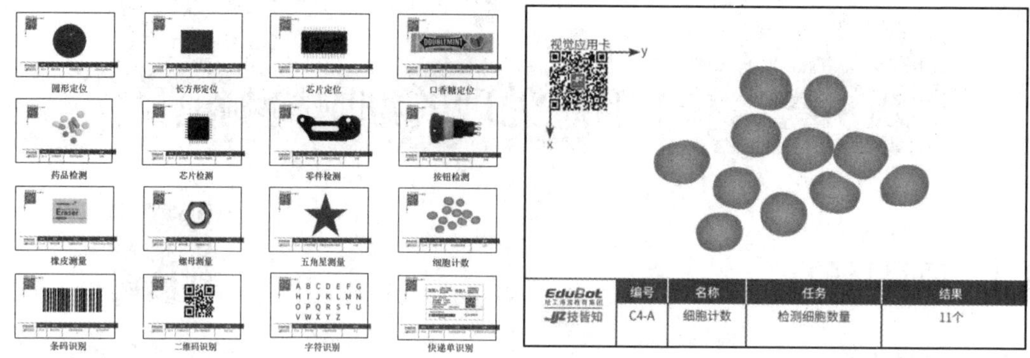

图 8.2　C4 号视觉应用卡——细胞检测

本项目通过 SPV-SmartCam 系列智能相机的形态处理功能检测生物切片的细胞数量，实现将数据信息显示在主窗体中并通过 ModbusTCP 通信协议发送至 PLC 与触摸屏，效果如图 8.3 所示。

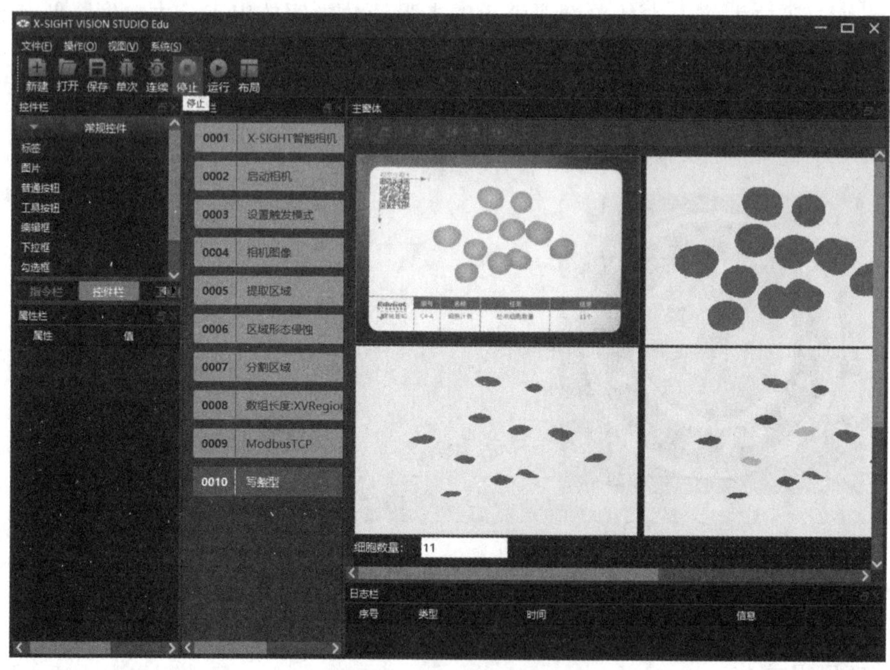

图 8.3　细胞计数效果

8.1.3　项目目的

（1）掌握阈值提取指令的使用方法。

（2）掌握分割区域指令、区域填充指令的使用方法。

（3）掌握创建数组指令、获取数组项指令的使用方法。

8.2　项目分析

8.2.1　项目构架

本项目为基于形态处理的细胞检测项目，选用智能视觉产教应用平台的电源模块、按钮、PLC、触摸屏、I/O 模块、相机模块和显示模块，如图 8.4 所示。其中，电源模块为 I/O 模块、PLC 和触摸屏提供 24V 电源；按钮触发 PLC 的启动信号；PLC 触发相机拍照和与相机的数据交互；触摸屏交换 PLC 的数据信息；I/O 模块为相机模块供电，并集成 USB、通信接口供外部使用；相机模块采集、处理并输出图像信息；显示模块显示图像和数据信息。项目构架如图 8.5 所示。

图 8.4　智能视觉产教应用平台

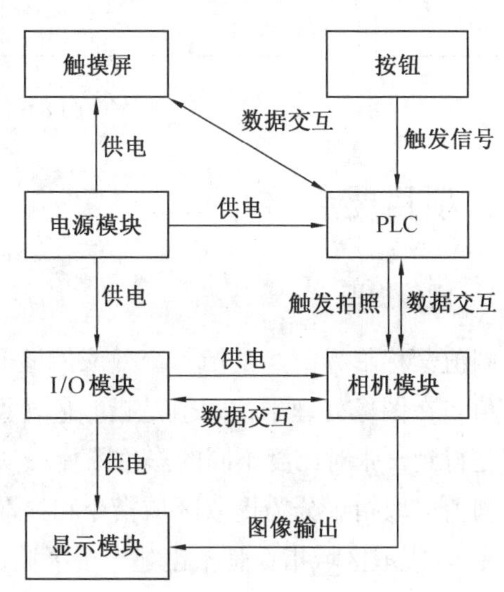

图 8.5　项目构架

8.2.2　项目流程

基于智能视觉系统图像形态学技术，处理图像后统计图像中细胞数量，将该数据显示在主窗体中，并通过 ModbusTCP 通信协议发送至 PLC 与触摸屏，具体内容如下：

①使用 X-SIGHT 智能相机指令、启动相机指令、设置触发模式指令、相机图像指令和图形显示控件将实时图像显示在软件主窗体中。

②使用提取区域指令，提取图像中细胞区域。

③使用区域形态侵蚀指令和分割区域指令，将区域中细胞变成独立的个体。

④使用创建数组指令和数组长度指令获取区域中细胞数量。

⑤使用标签控件和编辑框控件将数据显示在主窗体中。

⑥使用 ModbusTCP 指令和写寄存器指令将数据发送至 PLC。

⑦PLC 将数据发送至触摸屏。

基于形态处理的细胞检测项目流程如图 8.6 所示。

Step1 应用系统连接	Step2 应用系统配置	Step3 主体程序设计	Step4 关联程序设计	Step5 项目程序调试	Step6 项目总体运行
①连接电源模块 ②连接 PLC 与按钮 ③连接触摸屏 ④连接 I/O 模块与相机模块 ⑤连接显示模块	①新建工程 Cell.xvp	①添加程序所用指令和控件 ②修改指令及控件属性参数	①编写 PLC 辅助程序 ②编写触摸屏辅助程序	①保存工程 ②单次或持续执行程序	①外部触发相机程序运行

图 8.6　项目流程

8.3　项目要点

8.3.1　阈值提取

※ 细胞检测项目要点

阈值又称临界值，是指一个效应能够产生的最低值或最高值。在图像处理中，阈值是指颜色转换的临界点，其作用是得到一张对比度不同的彩色图片。

阈值提取指令分为提取区域指令和提取动态区域指令（在照明不均匀的情况下使用该指令）。提取区域指令是指创建一个区域，该区域内的像素值均在设定的范围内。提取区域效果如图 8.7 所示，指令属性见表 8.1。

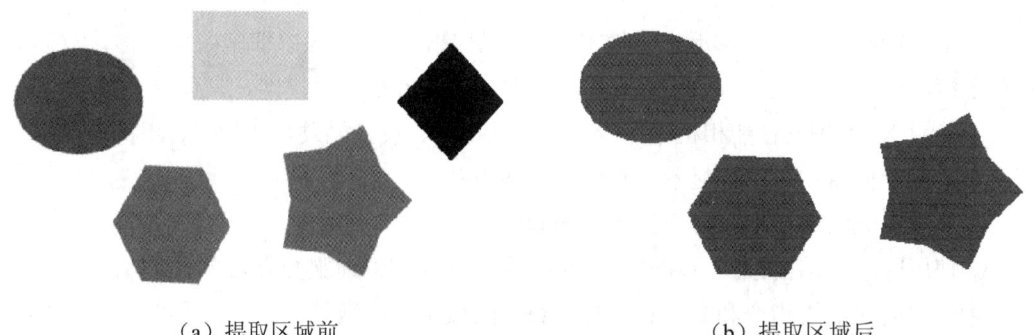

（a）提取区域前　　（b）提取区域后

图 8.7　提取区域效果

表 8.1　提取区域指令属性

属性	类型	取值范围	说　明
输入图像	图像		输入图像
输入区域	区域		感兴趣的区域
最小像素值	浮点型		最小像素值（默认为-∞）
最大像素值	浮点型		最大像素值（默认为+∞）
inHysteresis	浮点型	0.0～∞	定义与其他前景像素相邻的像素降低阈值标准的程度
输出区域	区域		输出区域

注：所得到的区域满足以下条件：

①像素值在[最小像素值，最大像素值]范围之内。

②像素值在[最小像素值-inHysteresis，最小像素值]或[最大像素值，最大像素值+inHysteresis]范围之内，并且在处理过的图像中，有一条连接像素值的路径，其范围为[最小像素值-inHysteresis，最大像素值+inHysteresis]，它连接正在考虑的像素和像素值在[最小像素值，最大像素值]范围内的任何像素。

8.3.2　形态处理

形态处理是指使用工具从图像中提取对于表达和描绘区域形状有用处的图像分量，比如边界、骨架以及凸壳，也包括拥有预处理或后处理的形态学过滤、细化和修剪等。图像形态处理常用方法有区域形态膨胀、侵蚀、关闭和填充。

软件 X-SIGHT Vision Studio EDU 的区域形态侵蚀指令用于消除区域的边界点使区域缩小，与其他形态处理指令相似。区域形态侵蚀效果如图 8.8 所示，指令属性见表 8.2。

（a）区域形态侵蚀前

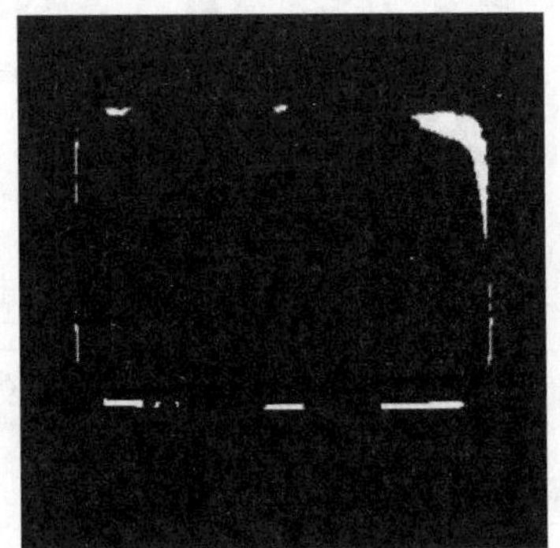

（b）区域形态侵蚀后

图 8.8　区域形态侵蚀效果

表 8.2　区域形态侵蚀指令属性

属性	类型	取值范围	说　　明
输入区域	区域		输入待侵蚀的区域
内核形状	内核形状		内核形状（预定义）
宽度	整型	0～+∞	接近内核宽度的一半（2*R+1）
高度	整型	0～+∞	接近内核高度的一半（2*R+1），或者与宽度相同
输出区域	区域		输出区域

8.4　项目步骤

※ 细胞检测项目步骤

8.4.1　应用系统连接

基于形态处理的细胞检测项目所需电气元器件交互关系如图 8.9 所示，应用系统的连接分为 3 部分：I/O 分配、硬件接线图绘制和电气接线。

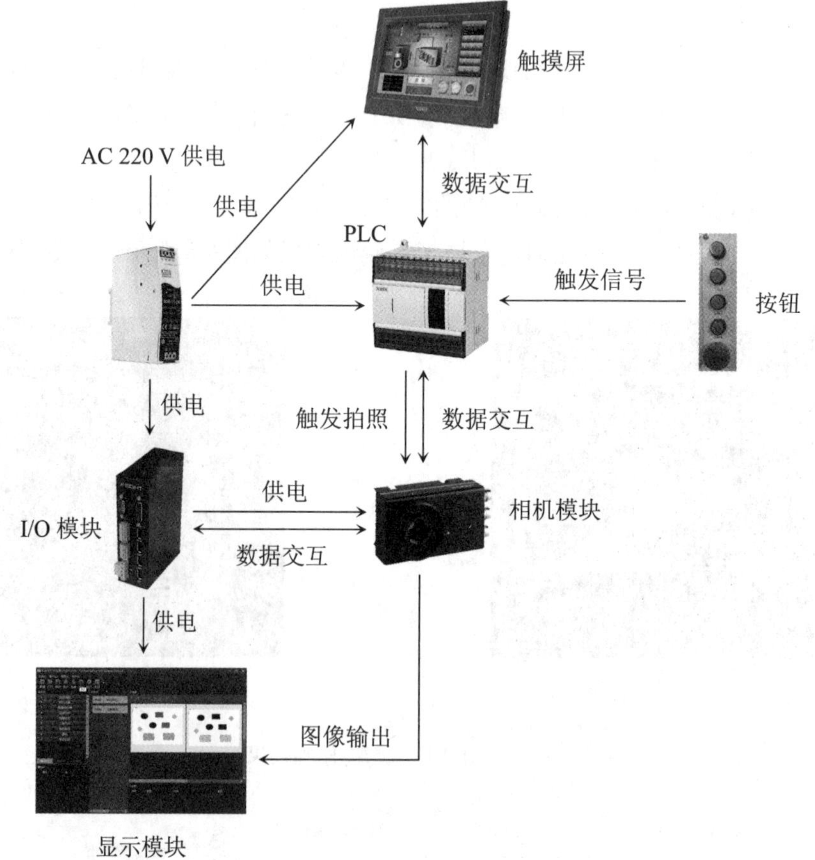

图 8.9　电气元器件组成

1. I/O 分配

I/O 分配见表 8.3。

表 8.3　I/O 分配

序号	PLC 地址	功能	说　明
1	X1	启动	按钮 SB1 信号
2	Y0	触发拍照	相机 Trigger 信号

2. 硬件接线图绘制

逻辑控制的硬件接线图如图 8.10 所示，硬件接线图绘制完成后，根据绘制的电气图，正确地对元器件进行接线。

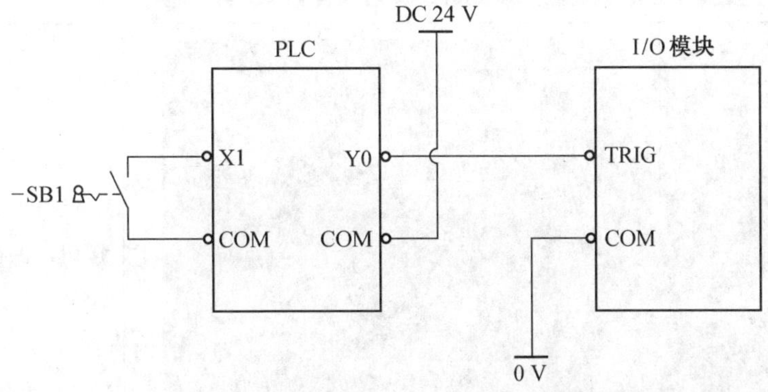

图 8.10　硬件接线图

8.4.2　应用系统配置

应用系统配置分为相机工程创建、PLC 工程创建和触摸屏工程创建。

1. 相机工程创建

相机工程创建的操作步骤见表 8.4。

表 8.4　相机工程创建的操作步骤

序号	图片示例	操作步骤
1		双击桌面图标“X-SIGHT Vision Studio EDU”，打开软件主界面

续表 8.4

序号	图片示例	操作步骤
2	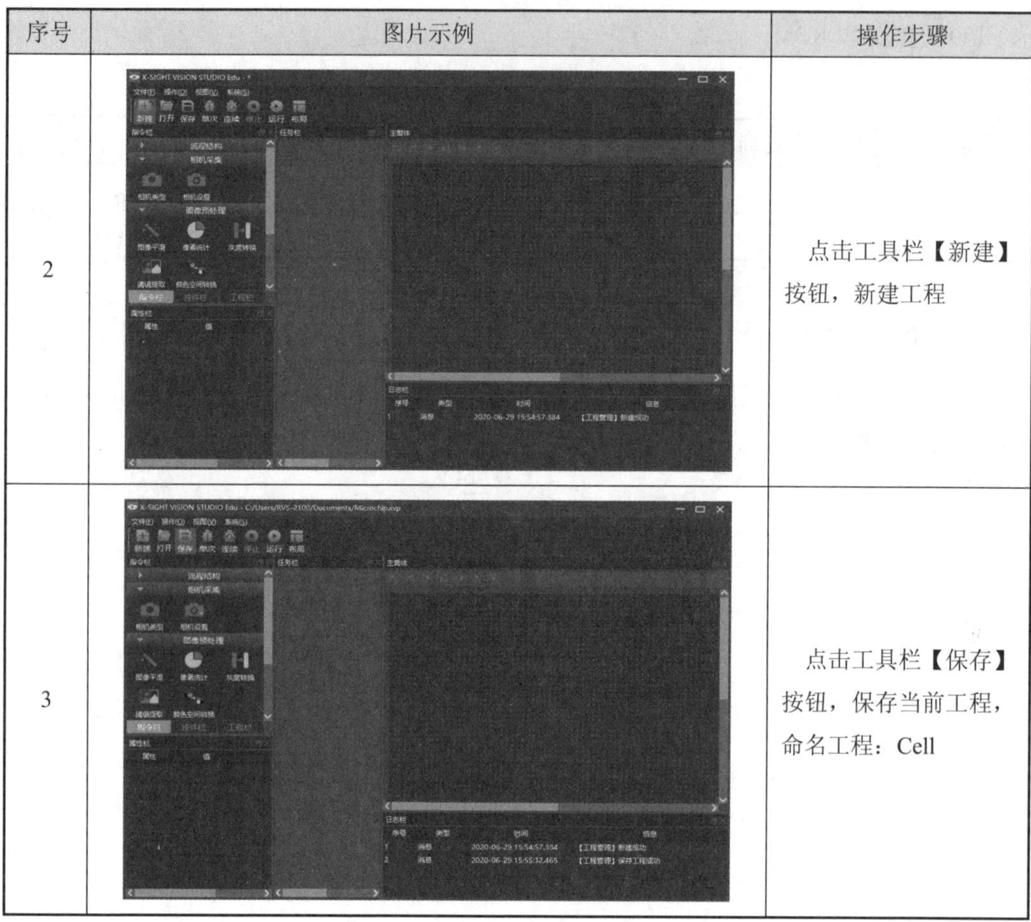	点击工具栏【新建】按钮，新建工程
3		点击工具栏【保存】按钮，保存当前工程，命名工程：Cell

2. PLC 工程创建

PLC 工程创建的操作步骤见表 8.5。

表 8.5　PLC 工程创建的操作步骤

序号	图片示例	操作步骤
1	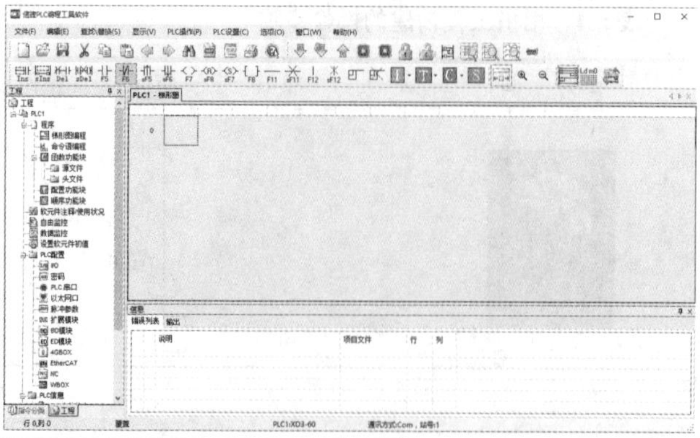	打开 PLC 编程软件，执行以下基本配置： ①设定工程机型：XD5E-24； ②设定本地 IP 地址和子网掩码，连接 PLC

续表 8.5

序号	图片示例	操作步骤
2	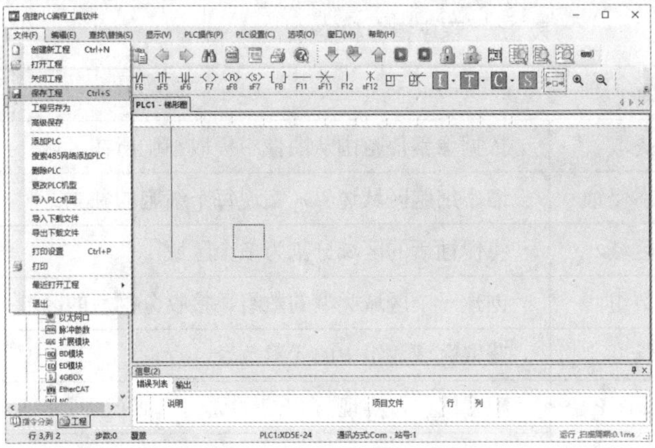	点击菜单栏“文件”，选择“保存工程”，命名工程：细胞计数

3. 触摸屏工程创建

触摸屏工程创建的操作步骤见表 8.6。

表 8.6　触摸屏工程创建的操作步骤

序号	图片示例	操作步骤
1	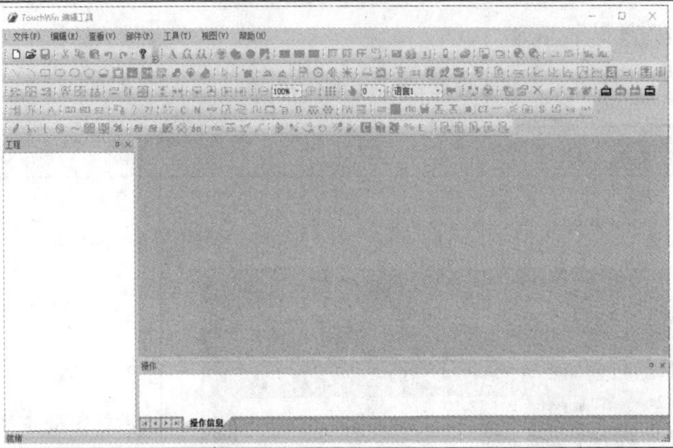	打开触摸屏编程软件，执行以下基本配置： ①选择显示器：TGM765(S)-MT/UT/ET/XT/NT； ②设定本机 IP 地址，连接触摸屏； ③设定以太网通信：IP 地址 192.168.6.6，子网掩码 255.255.255.0
2	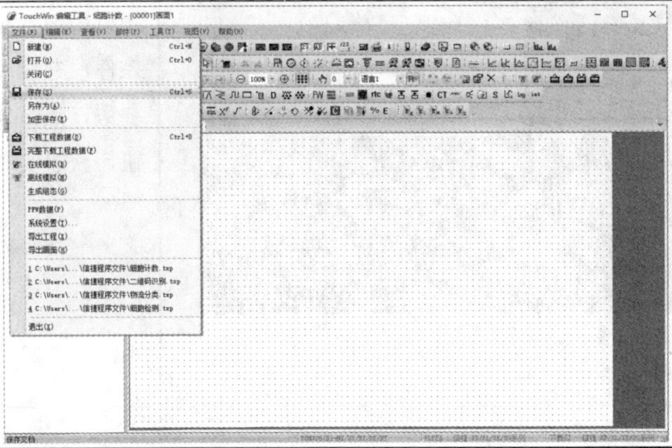	点击菜单栏“文件”，选择“保存”，命名工程：细胞计数

8.4.3 主体程序设计

分析程序需使用的指令和控件，见表 8.7。

表 8.7 程序指令和控件

属性	名称	说　明
指令	阈值提取	依据像素值范围从图像中提取细胞所在区域
	区域形态侵蚀	缩小细胞区域边界，实现每个细胞的独立
	分割区域	将侵蚀后的区域分割为多个区域
	创建数组	创建一个区域类型的数组，接收分割后的区域
	数组长度	获取区域数组中的元素数量
	ModbusTCP	配置网口，实现与 PLC 的通信
	写整型	写入整型寄存器，存放细胞数量
控件	图形显示	显示相机采集的实时图像
	标签	在主窗体插入可编辑标签框
	编辑框	显示细胞数量

程序编写的具体操作步骤见表 8.8。

表 8.8 主体程序编写的操作步骤

序号	图片示例	操作步骤
1	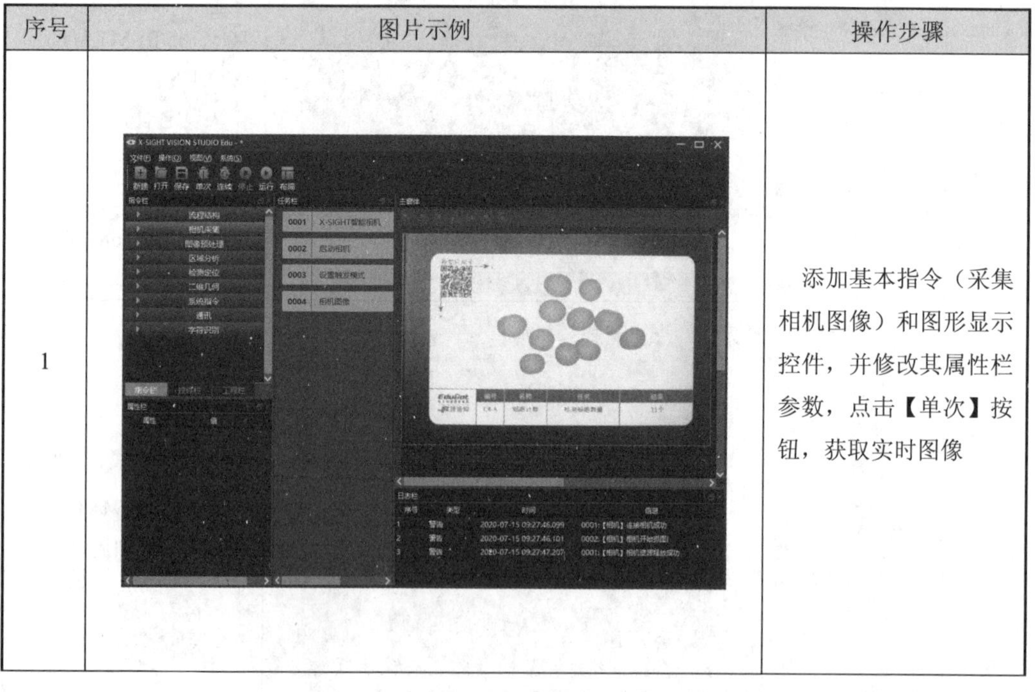	添加基本指令（采集相机图像）和图形显示控件，并修改其属性栏参数，点击【单次】按钮，获取实时图像

续表 8.8

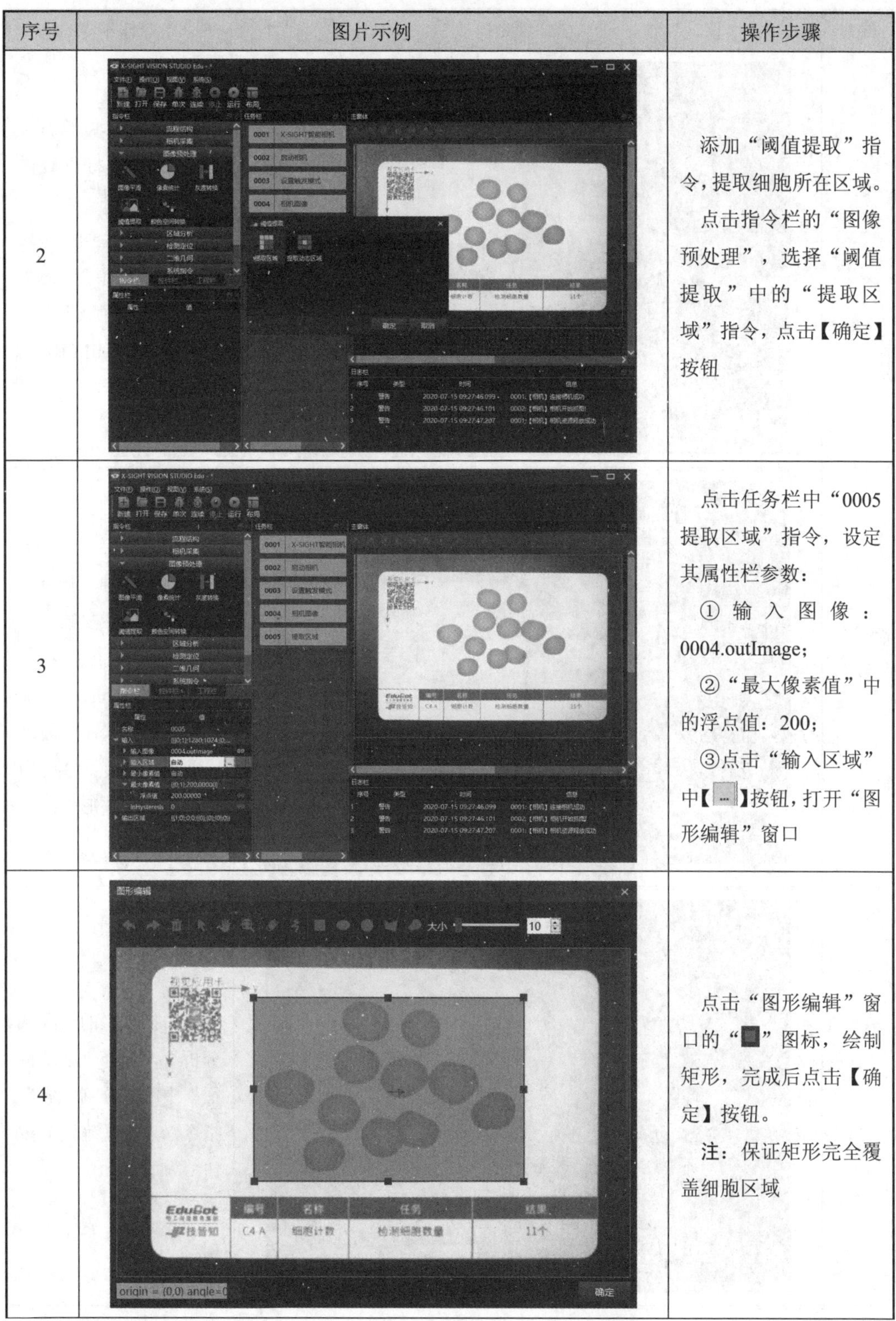

序号	图片示例	操作步骤
2		添加“阈值提取”指令，提取细胞所在区域。 点击指令栏的“图像预处理”，选择“阈值提取”中的“提取区域”指令，点击【确定】按钮
3		点击任务栏中“0005 提取区域”指令，设定其属性栏参数： ① 输入图像：0004.outImage； ②“最大像素值”中的浮点值：200； ③点击“输入区域”中【...】按钮，打开“图形编辑”窗口
4		点击“图形编辑”窗口的“■”图标，绘制矩形，完成后点击【确定】按钮。 注：保证矩形完全覆盖细胞区域

续表 8.8

序号	图片示例	操作步骤
5	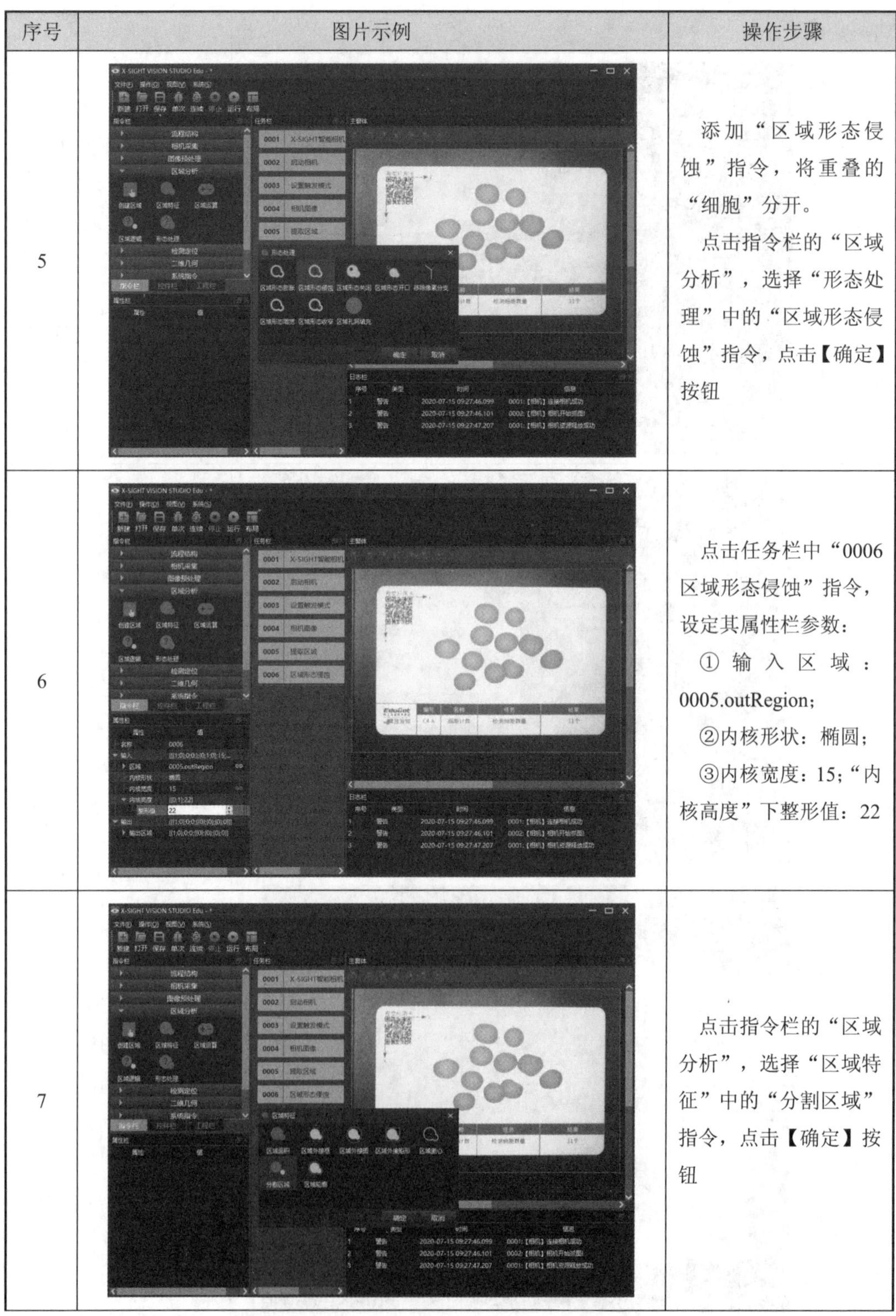	添加“区域形态侵蚀”指令，将重叠的“细胞”分开。 点击指令栏的“区域分析”，选择“形态处理”中的“区域形态侵蚀”指令，点击【确定】按钮
6		点击任务栏中“0006 区域形态侵蚀”指令，设定其属性栏参数： ①输入区域：0005.outRegion； ②内核形状：椭圆； ③内核宽度：15；“内核高度”下整形值：22
7		点击指令栏的“区域分析”，选择“区域特征”中的“分割区域”指令，点击【确定】按钮

续表 8.8

序号	图片示例	操作步骤
8	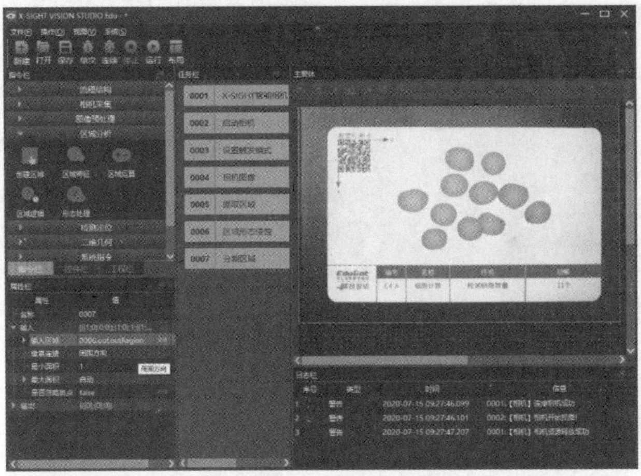	点击任务栏中“0006 区域形态侵蚀”指令，设定其属性栏参数： ① 输入图像：0006.out.outRegion; ②像素连接：周围方向
9	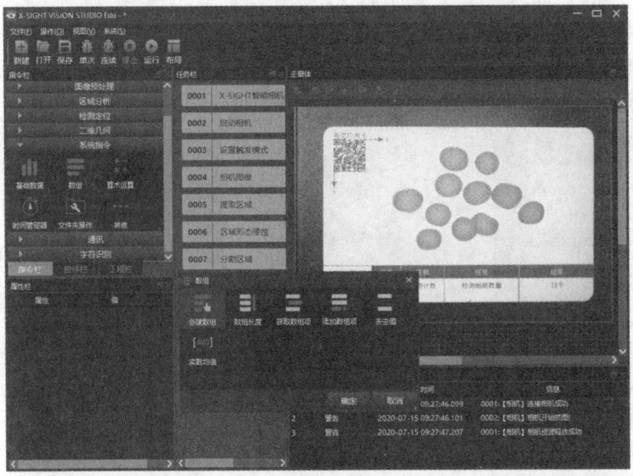	点击指令栏的“系统指令”，选择“数组”中的“数组长度”指令，点击【确定】按钮
10	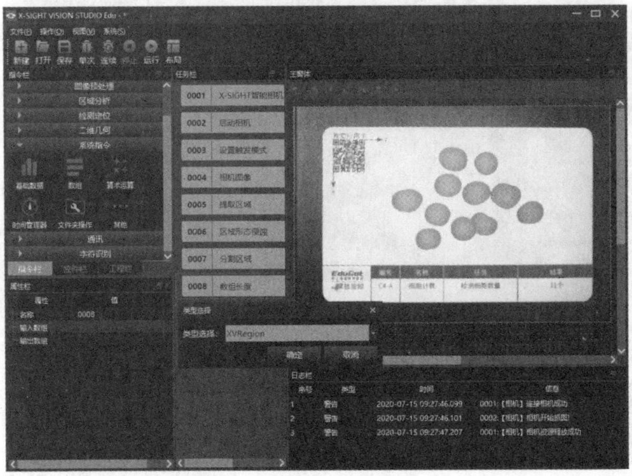	双击指令栏“0008 数组长度”指令，类型选择：XVRegion

续表 8.8

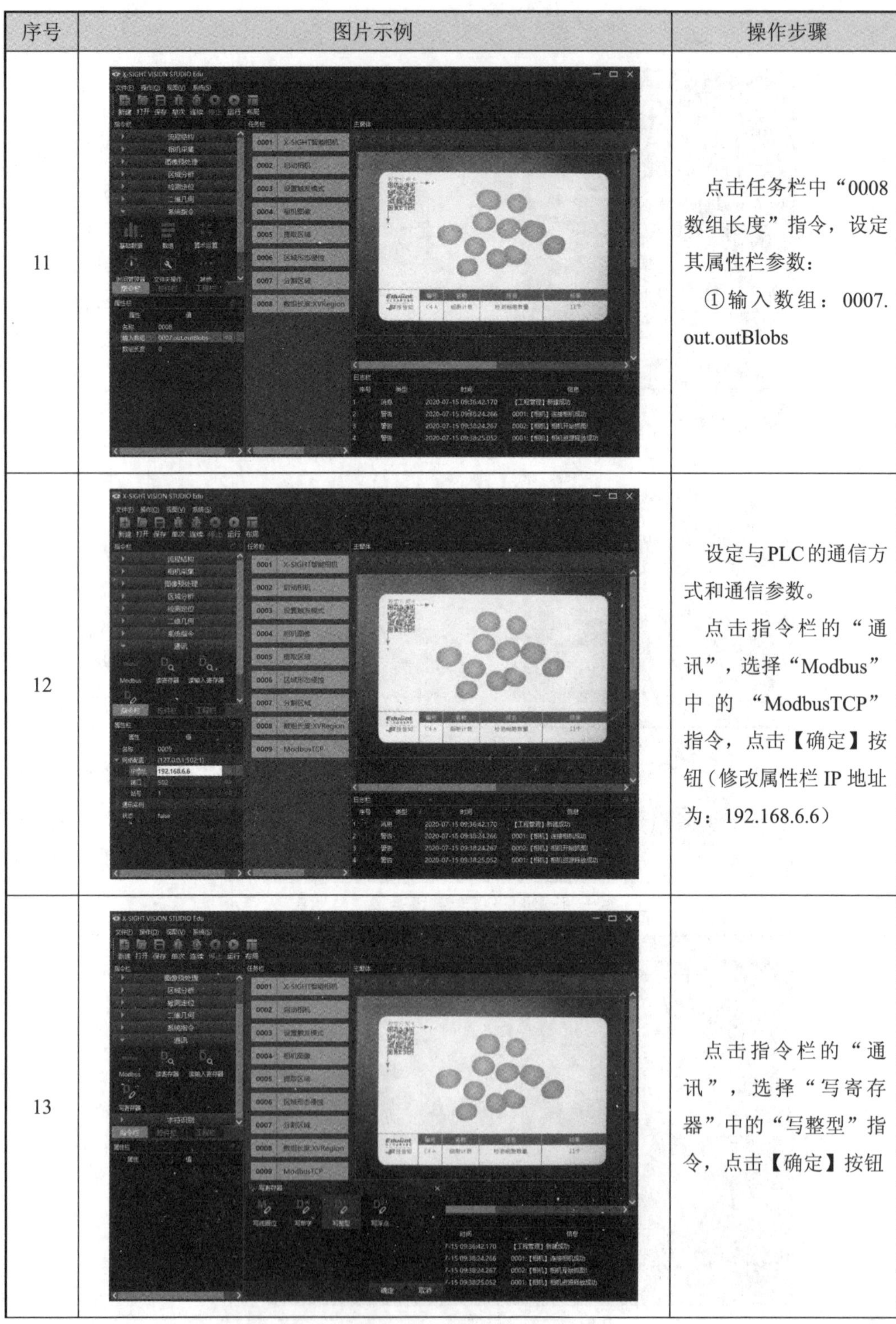

序号	图片示例	操作步骤
11		点击任务栏中“0008 数组长度”指令，设定其属性栏参数： ①输入数组：0007.out.outBlobs
12		设定与PLC的通信方式和通信参数。 点击指令栏的“通讯”，选择“Modbus”中的“ModbusTCP”指令，点击【确定】按钮（修改属性栏 IP 地址为：192.168.6.6）
13		点击指令栏的“通讯”，选择“写寄存器”中的“写整型”指令，点击【确定】按钮

续表 8.8

序号	图片示例	操作步骤
14	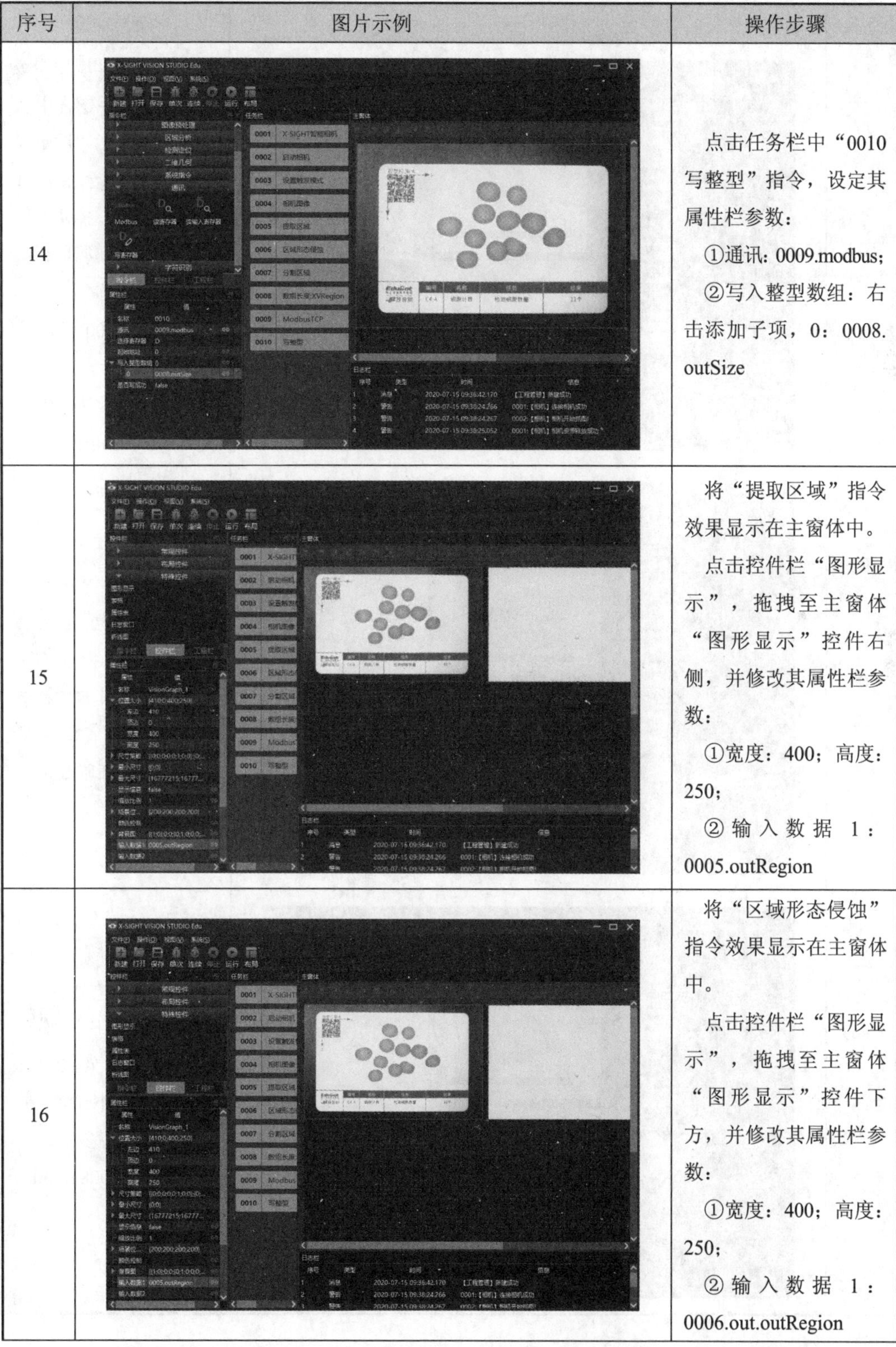	点击任务栏中“0010 写整型”指令，设定其属性栏参数： ①通讯：0009.modbus； ②写入整型数组：右击添加子项，0：0008.outSize
15		将“提取区域”指令效果显示在主窗体中。 点击控件栏“图形显示”，拖拽至主窗体“图形显示”控件右侧，并修改其属性栏参数： ①宽度：400；高度：250； ②输入数据 1：0005.outRegion
16		将“区域形态侵蚀”指令效果显示在主窗体中。 点击控件栏“图形显示”，拖拽至主窗体“图形显示”控件下方，并修改其属性栏参数： ①宽度：400；高度：250； ②输入数据 1：0006.out.outRegion

续表 8.8

序号	图片示例	操作步骤
17	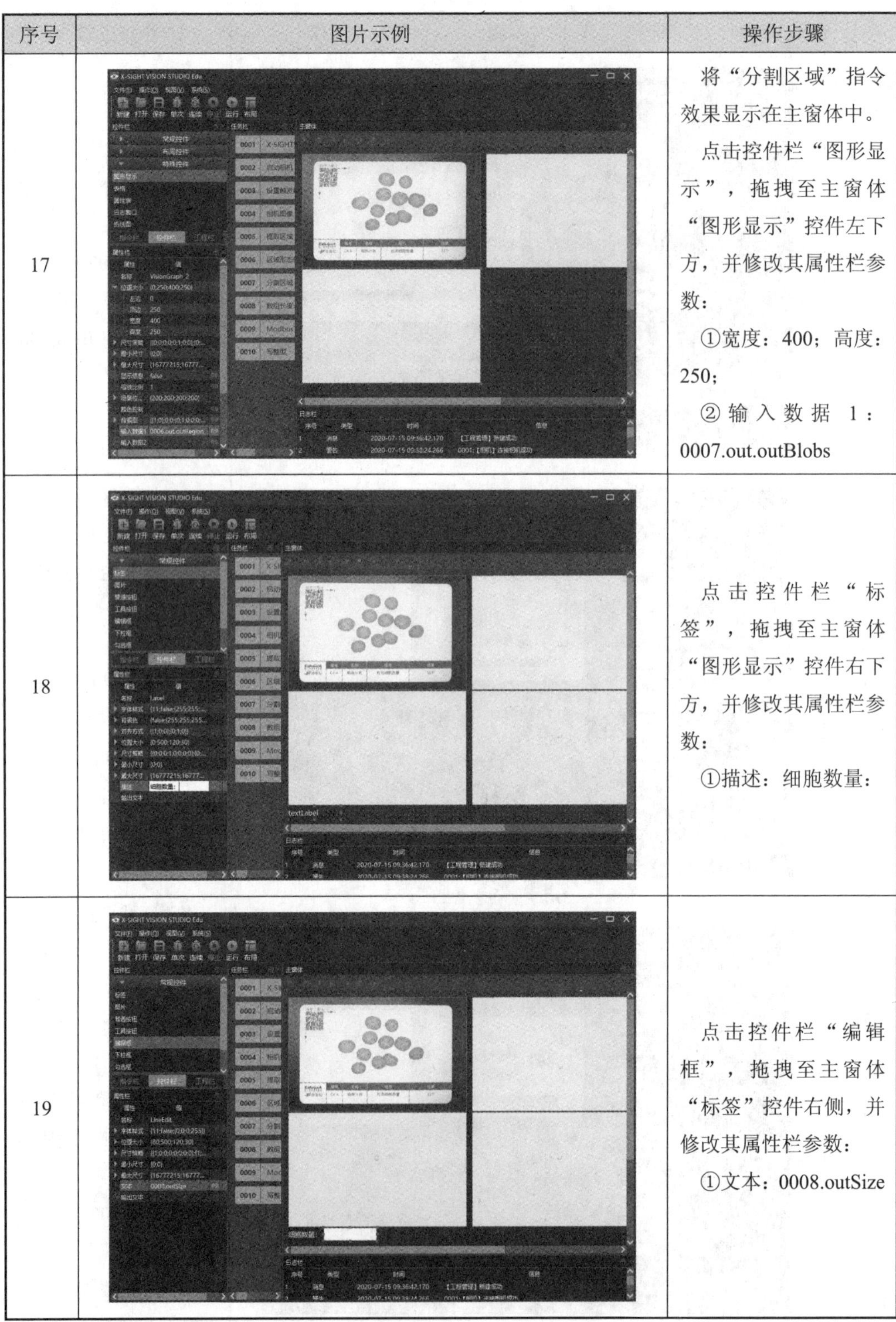	将“分割区域”指令效果显示在主窗体中。 点击控件栏“图形显示”，拖拽至主窗体“图形显示”控件左下方，并修改其属性栏参数： ①宽度：400；高度：250； ②输入数据 1：0007.out.outBlobs
18		点击控件栏“标签”，拖拽至主窗体“图形显示”控件右下方，并修改其属性栏参数： ①描述：细胞数量：
19		点击控件栏“编辑框”，拖拽至主窗体“标签”控件右侧，并修改其属性栏参数： ①文本：0008.outSize

8.4.4　关联程序设计

在完成主体程序设计后需设计关联程序，关联程序分为两个部分：PLC 程序和触摸屏程序。

1. PLC 程序设计

PLC 程序编写之前首先建立变量表，见表 8.9。

表 8.9　变量表

序号	变量	数据类型	注　释
1	X0	Bool	面板按钮信号
2	Y0	Bool	相机 Trigger 信号
3	SM0	Bool	内部标志位
4	D0	Word	PLC 接收相机发送数据（细胞数量）
5	D2	Word	触摸屏接收 PLC 数据（细胞数量）

PLC 程序编写的操作步骤见表 8.10。

表 8.10　PLC 关联程序编写的操作步骤

序号	图片示例	操作步骤
1	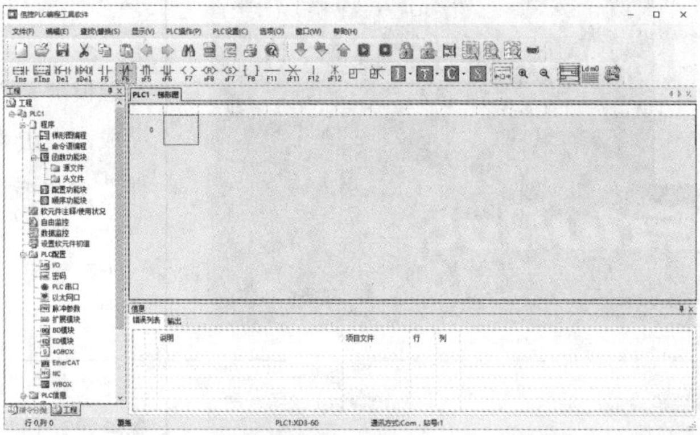	打开 PLC 工程文件“细胞计数”
2	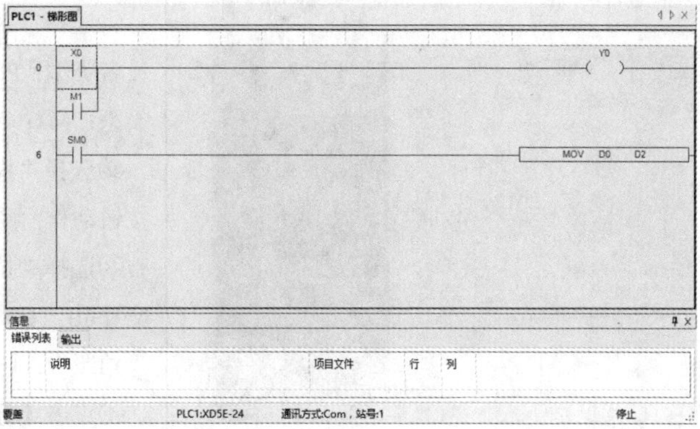	编写 PLC 程序

2. 触摸屏程序设计

触摸屏关联程序编写的操作步骤见表 8.11。

表 8.11　触摸屏关联程序设计的操作步骤

序号	图片示例	操作步骤
1	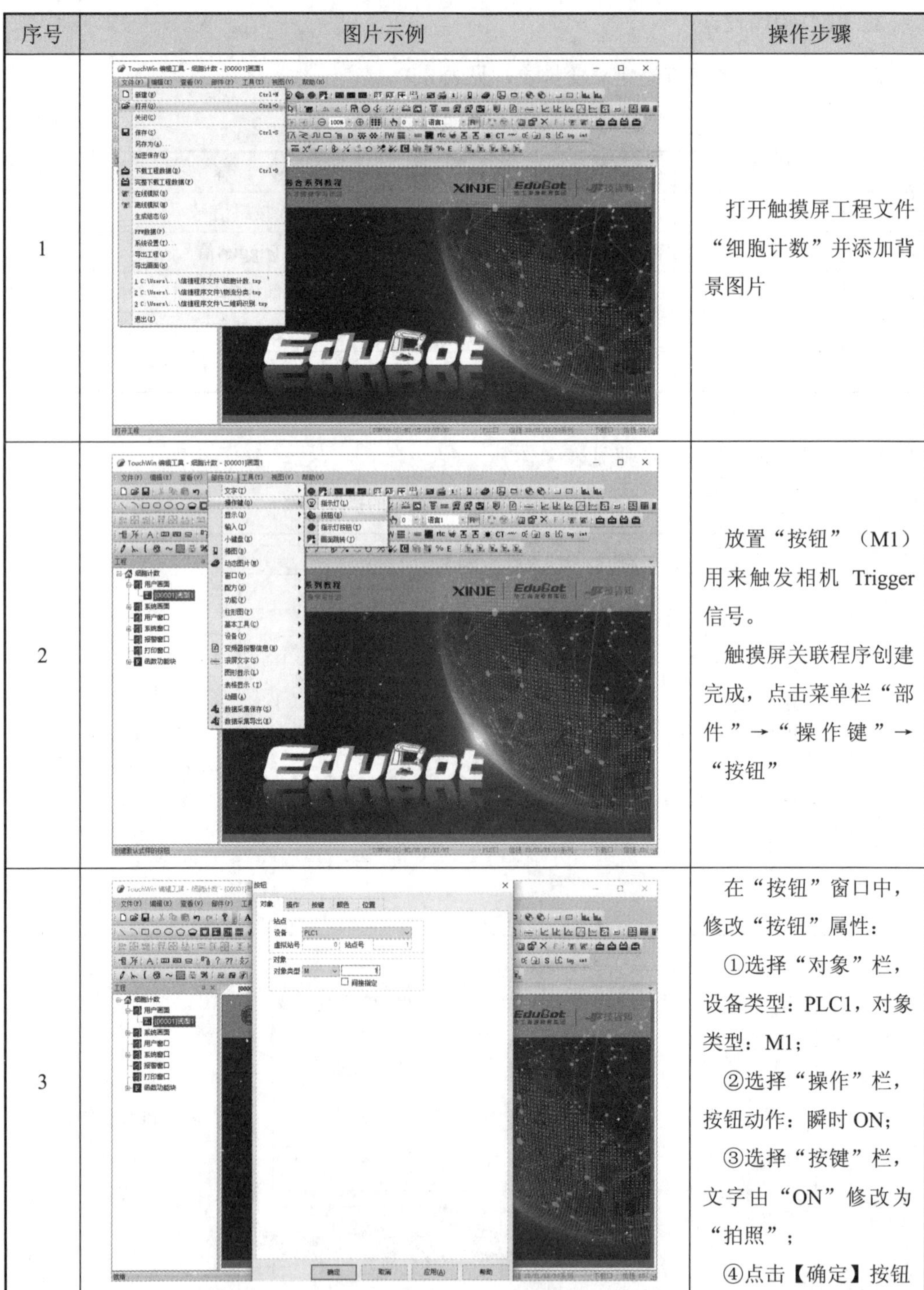	打开触摸屏工程文件“细胞计数”并添加背景图片
2		放置“按钮”（M1）用来触发相机 Trigger 信号。 触摸屏关联程序创建完成，点击菜单栏“部件”→“操作键”→“按钮”
3		在“按钮”窗口中，修改“按钮”属性： ①选择“对象”栏，设备类型：PLC1，对象类型：M1； ②选择“操作”栏，按钮动作：瞬时 ON； ③选择“按键”栏，文字由“ON”修改为“拍照”； ④点击【确定】按钮

续表 8.11

序号	图片示例	操作步骤
4	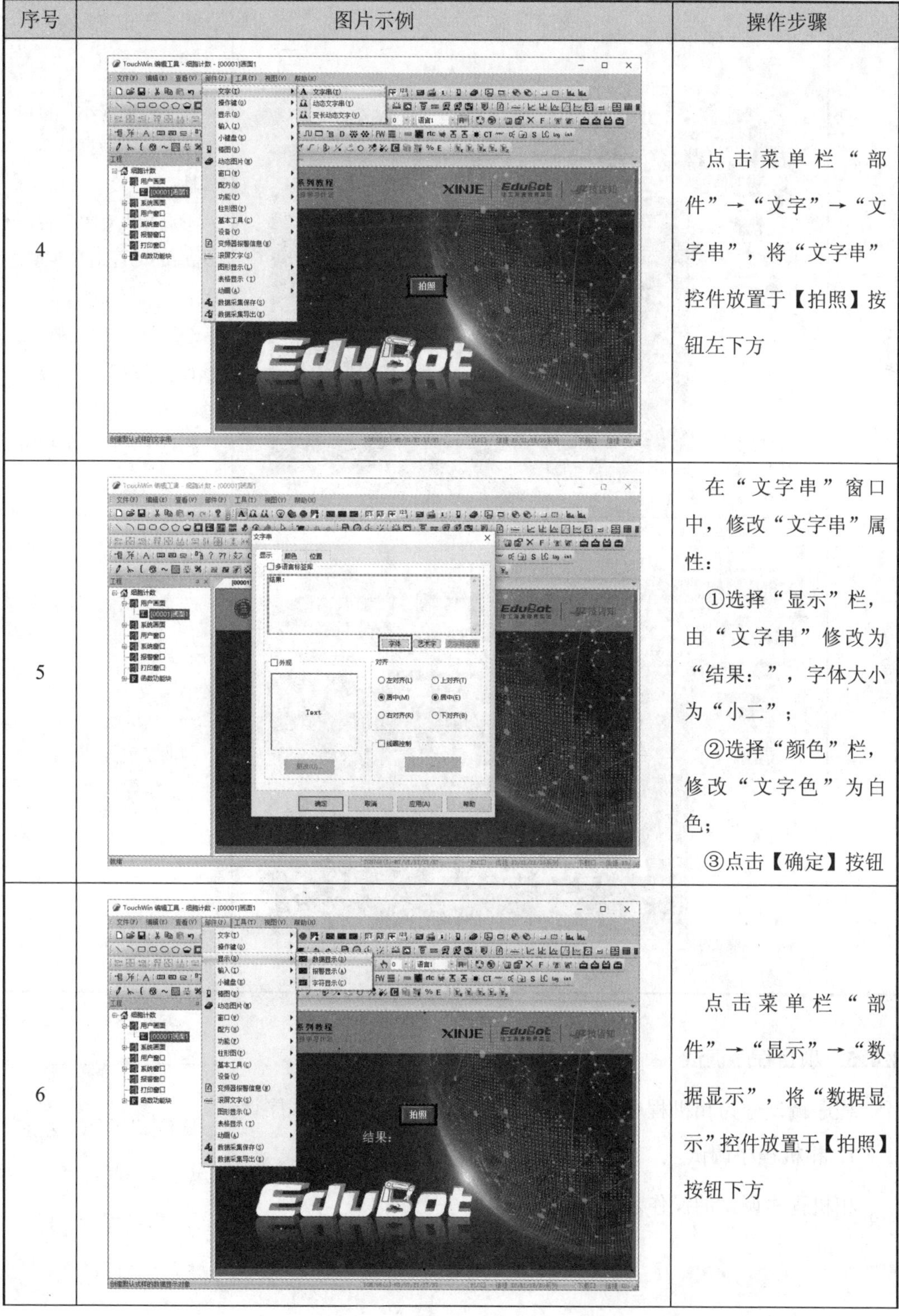	点击菜单栏“部件”→“文字”→“文字串”，将“文字串”控件放置于【拍照】按钮左下方
5		在“文字串”窗口中，修改“文字串”属性： ①选择“显示”栏，由“文字串”修改为“结果：”，字体大小为“小二”； ②选择“颜色”栏，修改“文字色”为白色； ③点击【确定】按钮
6		点击菜单栏“部件”→“显示”→“数据显示”，将“数据显示”控件放置于【拍照】按钮下方

续表 8.11

序号	图片示例	操作步骤
7	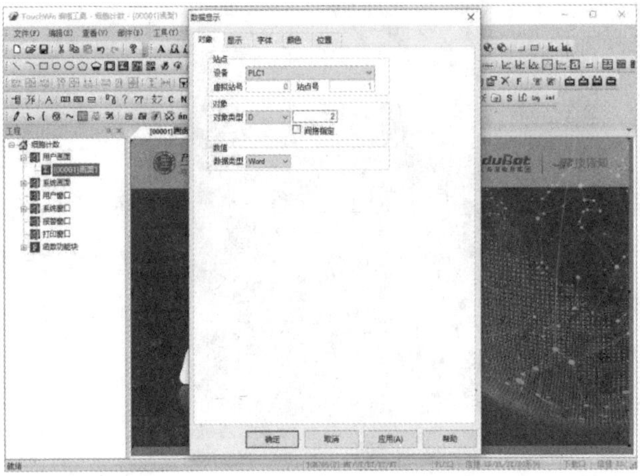	在“数据显示”窗口中，修改“数据显示”属性： ①选择“对象”栏，设备：PLC1，对象类型：D2； ②选择“颜色”栏，修改“文字色”为白色； ③点击【确定】按钮
8		画面绘制完成

8.4.5 项目程序调试

程序调试分为相机程序调试、PLC 程序调试和触摸屏程序调试。

1. 相机程序调试

相机程序调试的操作步骤见表 8.12。

表 8.12 相机程序调试的操作步骤

序号	图片示例	操作步骤
1	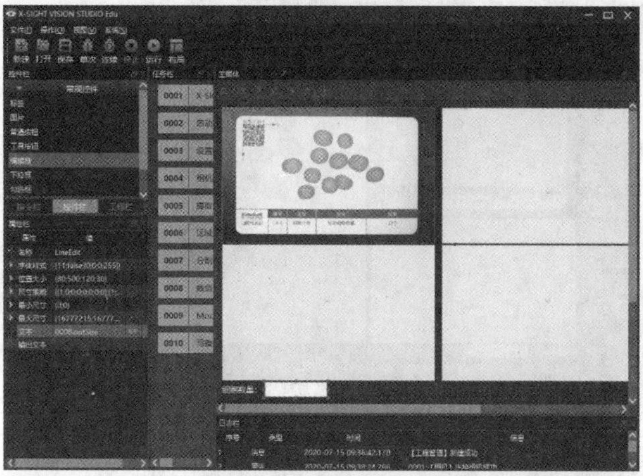	点击界面左上方【保存】按钮，保存当前工程
2	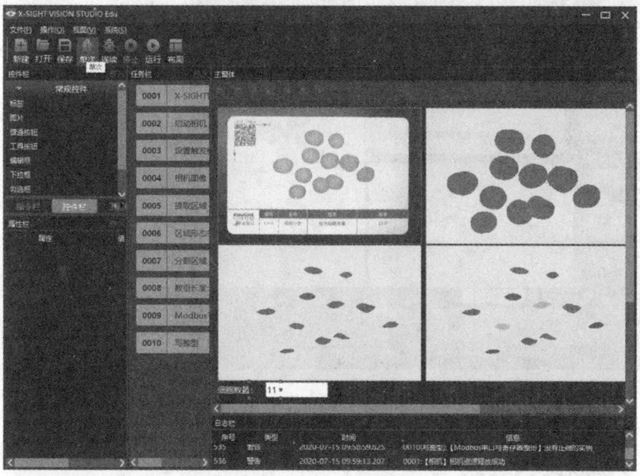	点击界面左上方【单次】或者【连续】按钮，调试检查程序有无异常
3	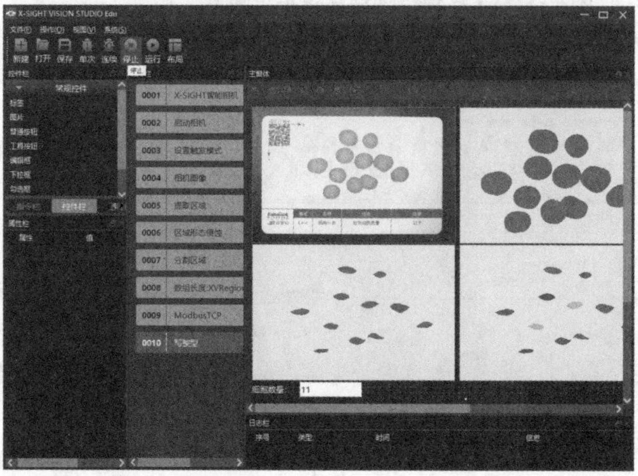	点击界面左上方【停止】按钮，停止程序运行并释放相机资源

续表 8.12

序号	图片示例	操作步骤
4	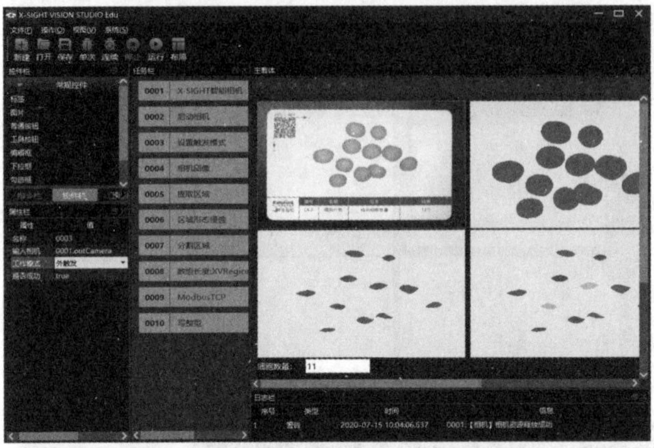	修改相机采集图像模式为面板按钮触发，点击任务栏“0003 设置触发模式”指令，修改其属性栏参数： ①工作模式：外触发
5	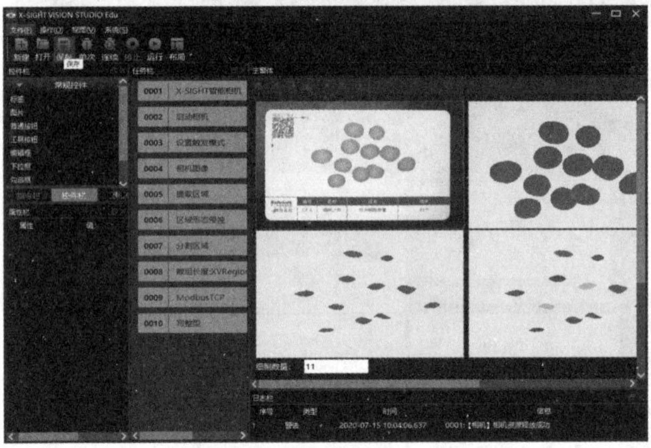	点击界面左上方【保存】按钮，保存当前工程

2. PLC 程序调试

PLC 程序调试的操作步骤见表 8.13。

表 8.13　PLC 程序调试的操作步骤

序号	图片示例	操作步骤
1	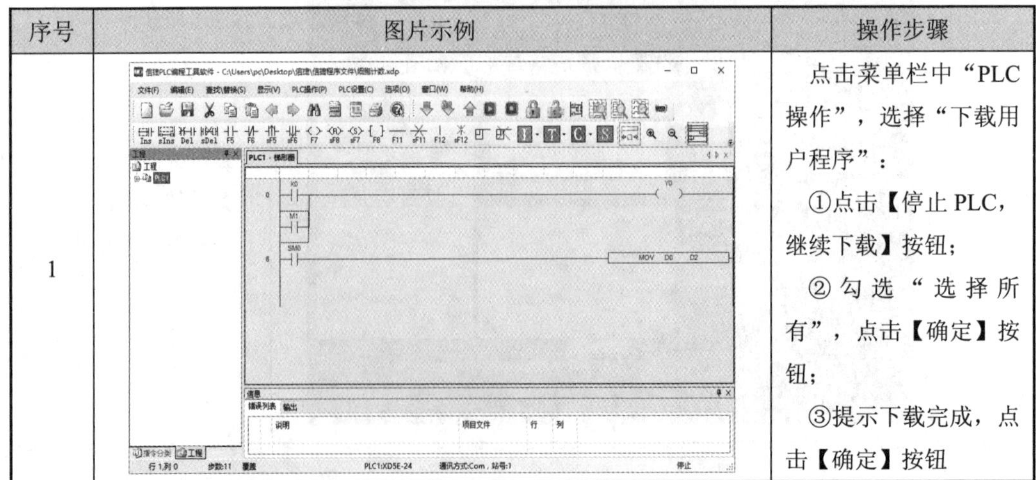	点击菜单栏中“PLC 操作”，选择“下载用户程序”： ①点击【停止 PLC，继续下载】按钮； ②勾选“选择所有”，点击【确定】按钮； ③提示下载完成，点击【确定】按钮

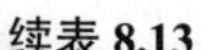

续表 8.13

序号	图片示例	操作步骤
2	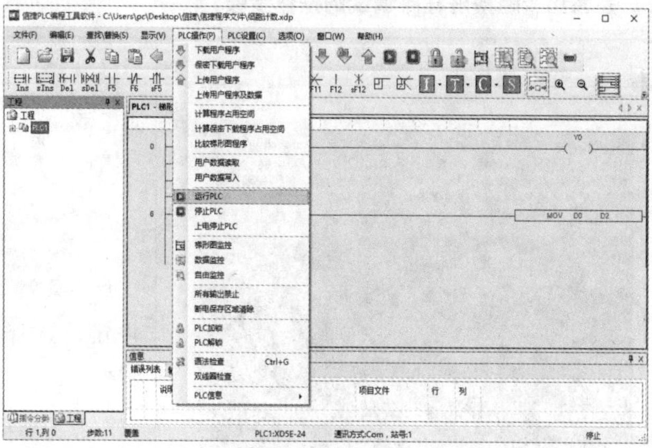	点击菜单栏中“PLC 操作”，选择“运行 PLC”
3	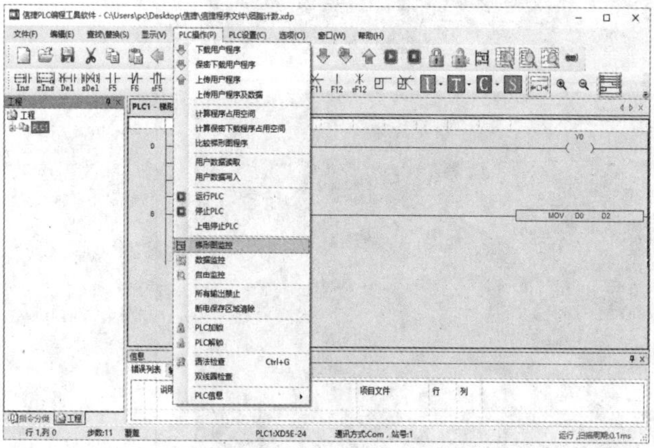	点击菜单栏中“PLC 操作”，选择“梯形图监控”
4	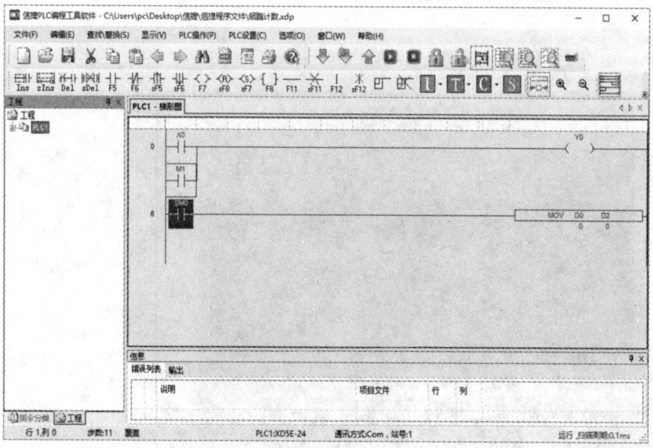	程序进入梯形图监控状态

3. 触摸屏程序调试

触摸屏程序调试的操作步骤见表 8.14。

表 8.14　触摸屏程序调试的操作步骤

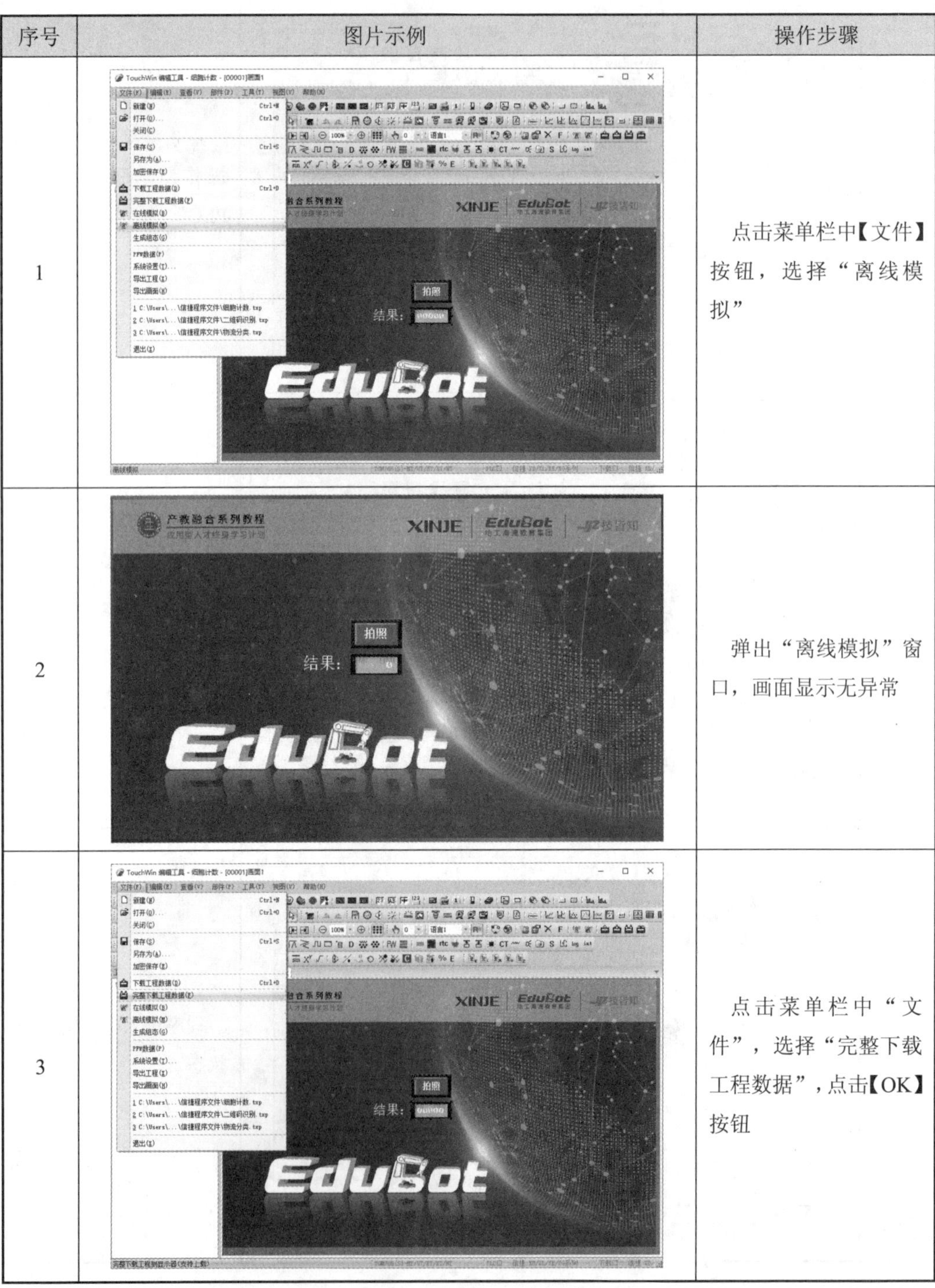

序号	图片示例	操作步骤
1		点击菜单栏中【文件】按钮，选择“离线模拟”
2		弹出“离线模拟”窗口，画面显示无异常
3		点击菜单栏中“文件”，选择“完整下载工程数据”，点击【OK】按钮

8.4.6　项目总体运行

程序运行的具体操作步骤见表 8.15。

表 8.15　程序运行的操作步骤

序号	图片示例	操作步骤
1	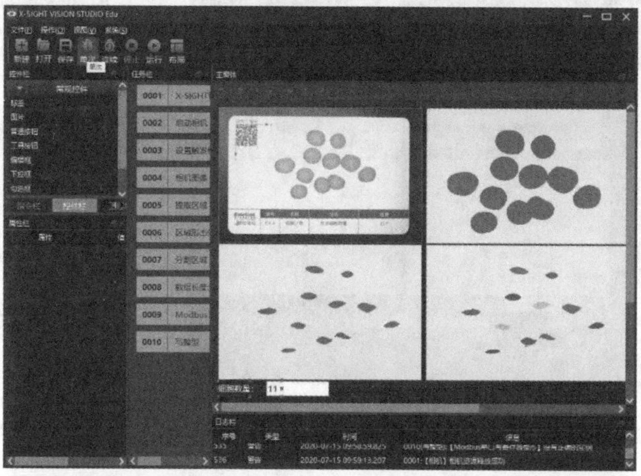	**相机端：** 点击界面左上方【连续】按钮
2		**触摸屏端：** 点击屏幕上【拍照】按钮（按下面板按钮 SB1 亦可）
3	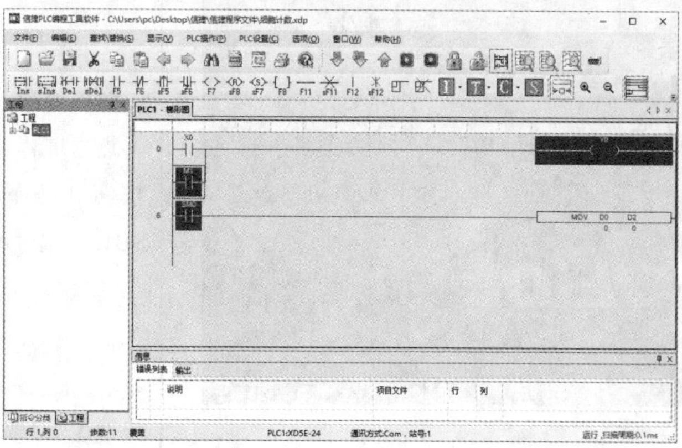	**PLC 端：** 变量 M1（触摸屏触发拍照）瞬时 ON，变量 Y0（相机拍照）被触发

续表 8.15

序号	图片示例	操作步骤
4	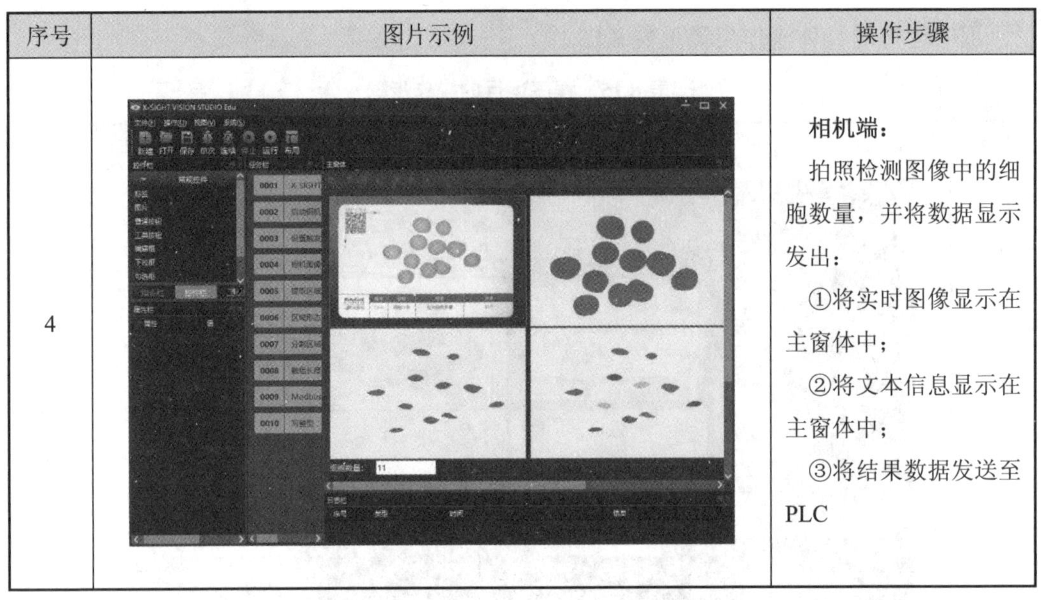	**相机端：** 拍照检测图像中的细胞数量，并将数据显示发出： ①将实时图像显示在主窗体中； ②将文本信息显示在主窗体中； ③将结果数据发送至PLC

8.5 项目验证

8.5.1 效果验证

已知 C4 号卡片 A 面上的细胞数量为 11 个，C4 号卡片 B 面上的细胞数量为 8 个，基于形态处理的细胞计数项目效果验证的操作步骤见表 8.16。

表 8.16 效果验证的操作步骤

序号	图片示例	操作步骤
1	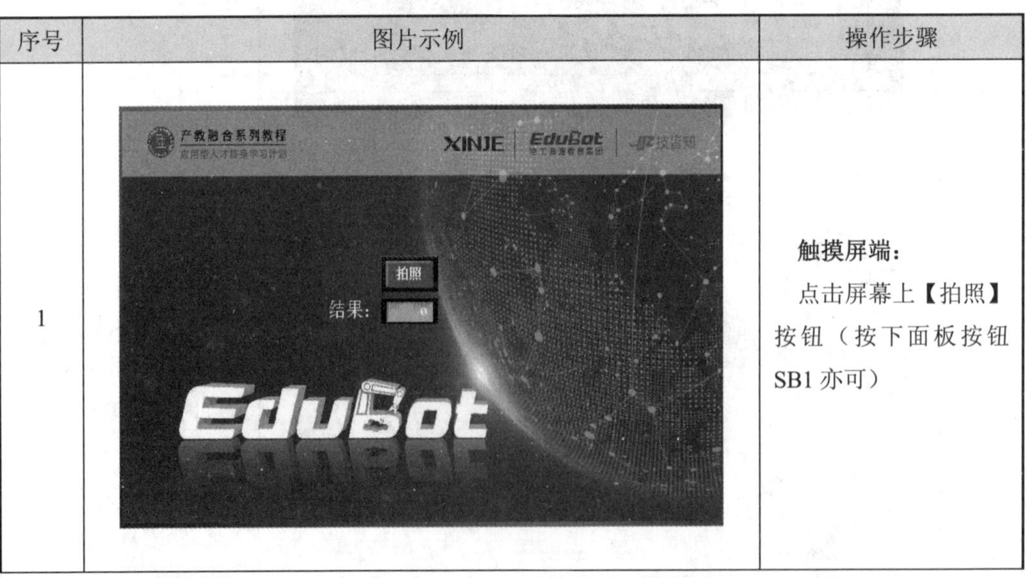	**触摸屏端：** 点击屏幕上【拍照】按钮（按下面板按钮SB1亦可）

续表 8.16

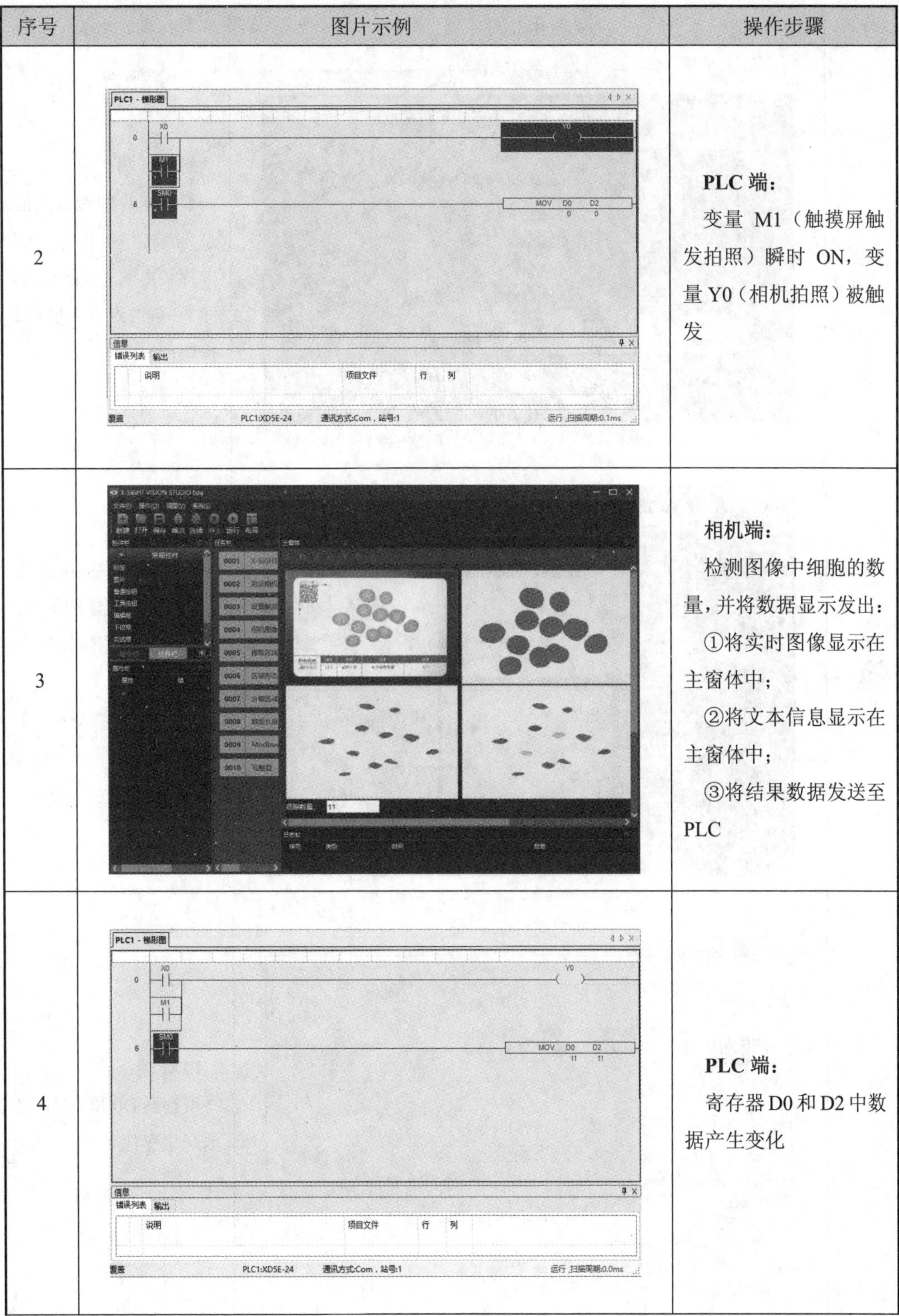

序号	图片示例	操作步骤
2		**PLC 端：** 变量 M1（触摸屏触发拍照）瞬时 ON，变量 Y0（相机拍照）被触发
3		**相机端：** 检测图像中细胞的数量，并将数据显示发出： ①将实时图像显示在主窗体中； ②将文本信息显示在主窗体中； ③将结果数据发送至 PLC
4		**PLC 端：** 寄存器 D0 和 D2 中数据产生变化

续表 8.16

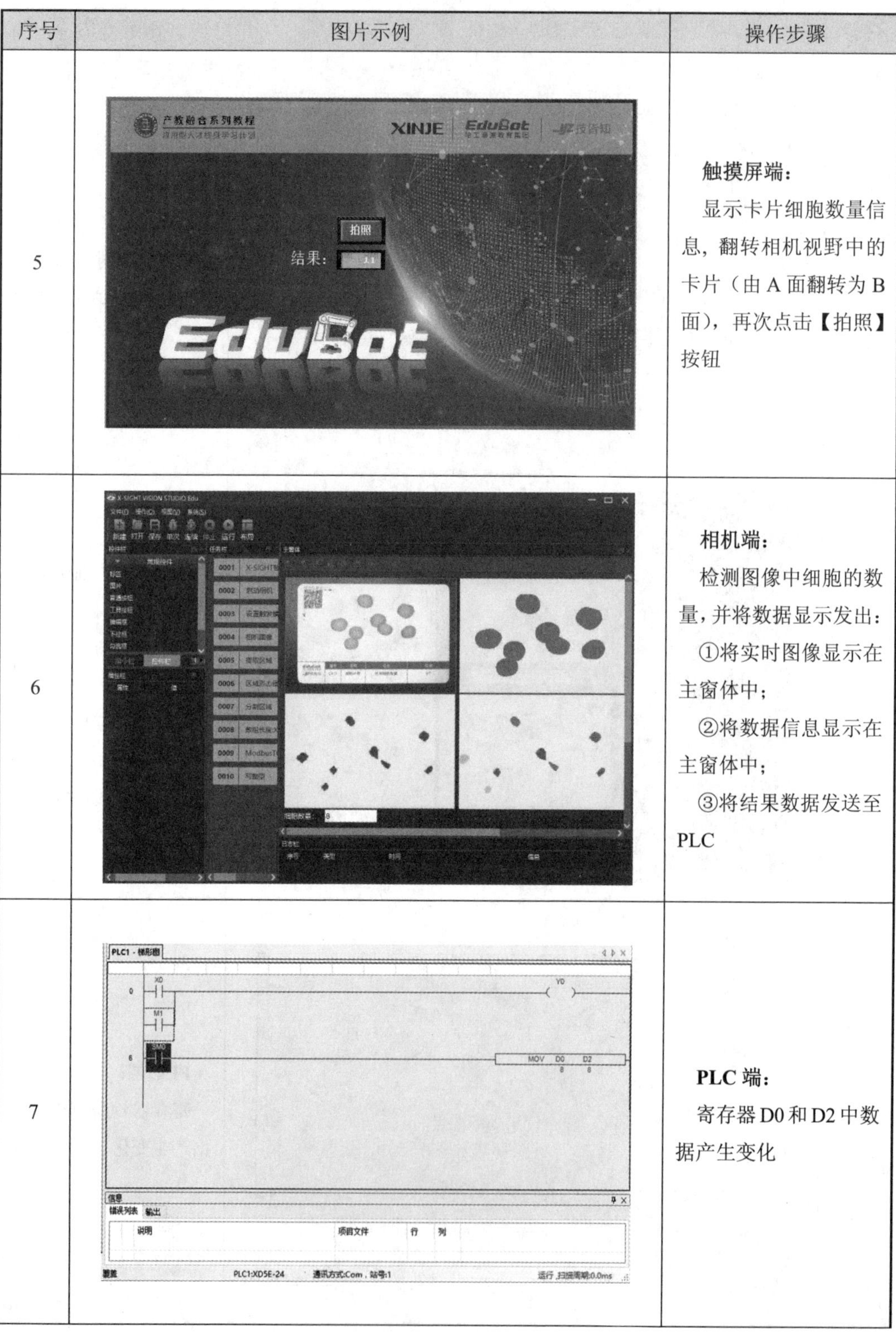

序号	图片示例	操作步骤
5		**触摸屏端：** 显示卡片细胞数量信息，翻转相机视野中的卡片（由 A 面翻转为 B 面），再次点击【拍照】按钮
6		**相机端：** 检测图像中细胞的数量，并将数据显示发出： ①将实时图像显示在主窗体中； ②将数据信息显示在主窗体中； ③将结果数据发送至 PLC
7		**PLC 端：** 寄存器 D0 和 D2 中数据产生变化

续表 8.16

序号	图片示例	操作步骤
8		**触摸屏端：** 显示卡片细胞数量信息

8. 5. 2　数据验证

已知 C4 号卡片 A 面上的细胞数量为 11 个，C4 号卡片 B 面上的细胞数量为 8 个，基于形态处理的细胞计数项目数据验证的操作步骤见表 8.17。

表 8.17　数据验证的操作步骤

序号	图片示例	操作步骤
1	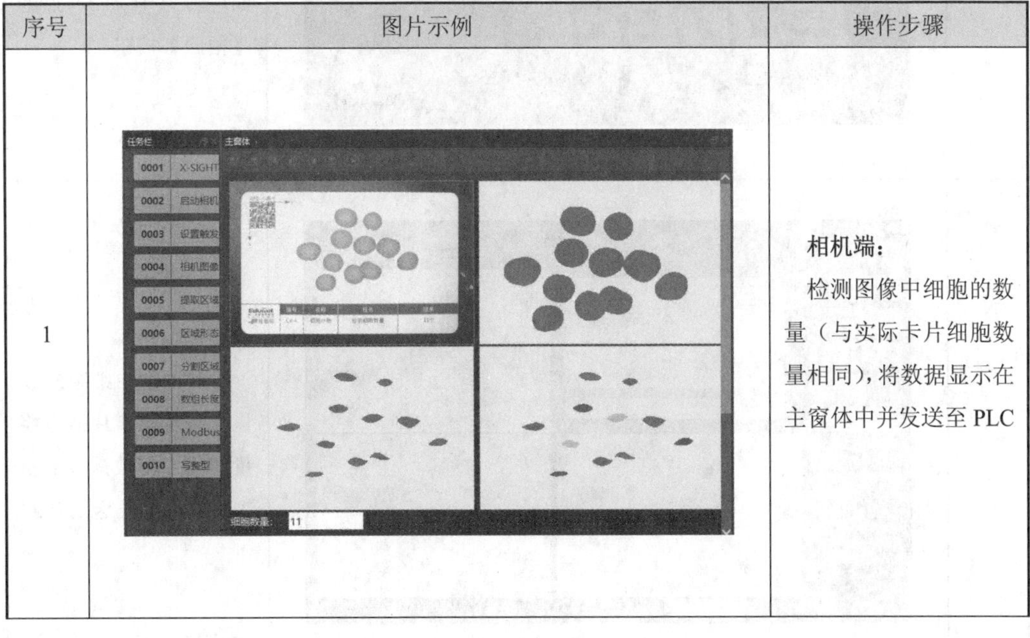	**相机端：** 检测图像中细胞的数量（与实际卡片细胞数量相同），将数据显示在主窗体中并发送至 PLC

续表 8.17

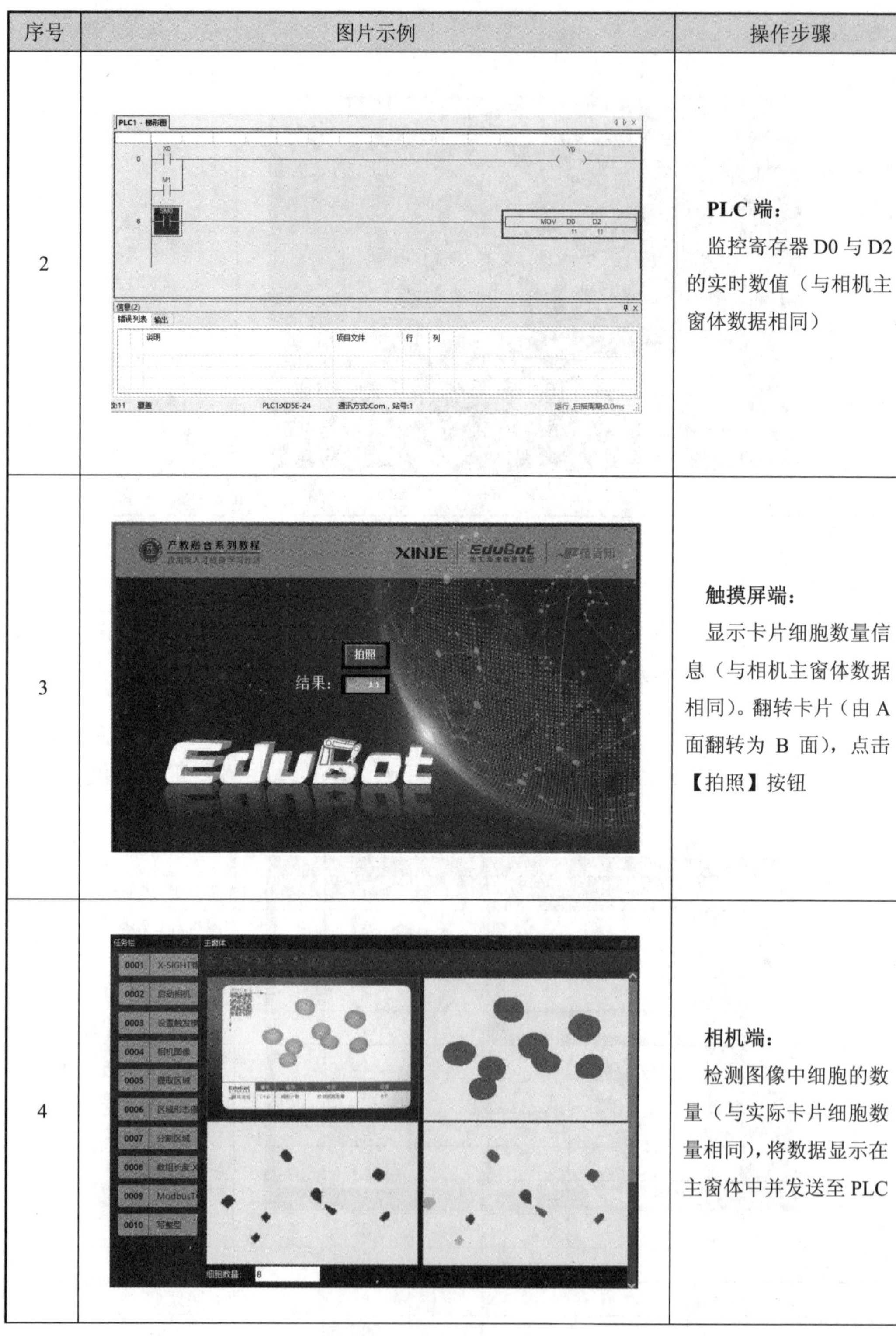

序号	图片示例	操作步骤
2		**PLC 端：** 监控寄存器 D0 与 D2 的实时数值（与相机主窗体数据相同）
3		**触摸屏端：** 显示卡片细胞数量信息（与相机主窗体数据相同）。翻转卡片（由 A 面翻转为 B 面），点击【拍照】按钮
4		**相机端：** 检测图像中细胞的数量（与实际卡片细胞数量相同），将数据显示在主窗体中并发送至 PLC

续表 8.17

序号	图片示例	操作步骤
5	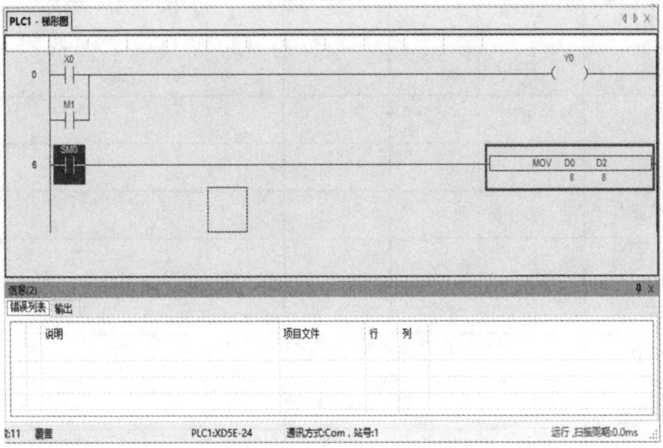	**PLC 端：** 监控寄存器 D0 与 D2 的实时数值（与相机主窗体数据相同）
6		**触摸屏端：** 显示卡片细胞数量信息（与相机主窗体数据相同）

8.6　项目总结

8.6.1　项目评价

项目评价见表 8.18。

表 8.18　项目评价表

项目指标		分值	自评	互评	评分说明
项目分析	1. 硬件架构分析	6			
	2. 软件架构分析	6			
	3. 项目流程分析	6			
项目要点	1. 阈值提取	8			
	2. 形态处理	8			
项目步骤	1. 应用系统连接	8			
	2. 应用系统配置	8			
	3. 主体程序设计	8			
	4. 关联程序设计	8			
	5. 项目程序调试	8			
	6. 项目运行调试	8			
项目验证	1. 效果验证	9			
	2. 数据验证	9			
合计		100			

8.6.2　项目拓展

通过对智能视觉系统形态处理技术的学习与应用，可以进行以下的项目拓展。

1. 药品数量检测项目

（1）项目思路。

在相机的视野中，放入 B1 号视觉应用卡——药品检测，使用提取区域指令、区域分割指令、区域形态侵蚀指令和数组指令检测识别药品的数量，配合编辑框控件将数据信息显示在主窗体中，如图 8.11 所示。

（2）操作步骤。

①使用 X-SIGHT 智能相机指令、启动相机指令、设置触发模式指令和相机图像指令加载实时图像。

②使用图形显示控件将实时图像显示在软件主窗体中。

③使用提取区域指令检测所提取图像中符合条件的区域。

④使用区域形态侵蚀指令和分割区域指令将区域分割为单独的个体。

⑤使用创建数组指令和获取数组项指令获取区域中药品个体数量。

⑥使用标签控件和编辑框控件将数量信息显示在主窗体中。

⑦使用 ModbusTCP 指令和写寄存器指令将数据发送至 PLC。

⑧PLC 将数据发送至触摸屏。

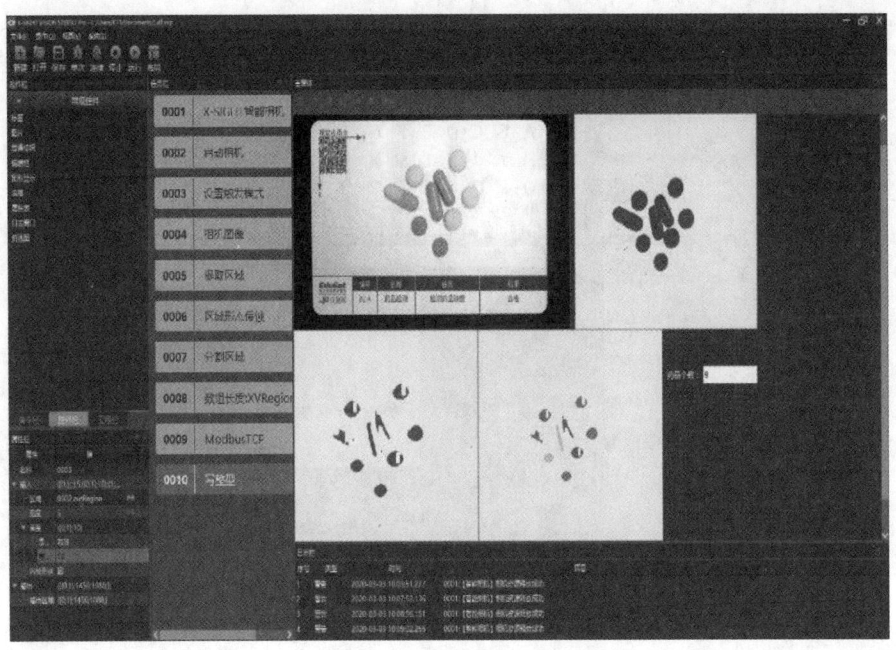

图 8.11　药品数量检测效果

2. 字符数量检测项目

（1）项目思路。

在相机的视野中，放入 D3 号视觉应用卡——字符识别，使用提取区域指令、区域分割指令和数组指令检测识别字符的数量，配合编辑框控件将数量信息显示在主窗体中，如图 8.12 所示。

（2）操作步骤。

①使用 X-SIGHT 智能相机指令、启动相机指令、设置触发模式指令和相机图像指令加载实时图像。

②使用图形显示控件将实时图像显示在软件主窗体中。

③使用提取区域指令检测所提取图像中符合条件的区域。

④使用分割区域指令将区域分割为单独的个体。

⑤使用创建数组指令和获取数组项指令获取区域中字符个体的数量。

⑥使用标签控件和编辑框控件将数量信息显示在主窗体中。

⑦使用 ModbusTCP 指令和写寄存器指令将数据发送至 PLC。

⑧PLC 将数据发送至触摸屏。

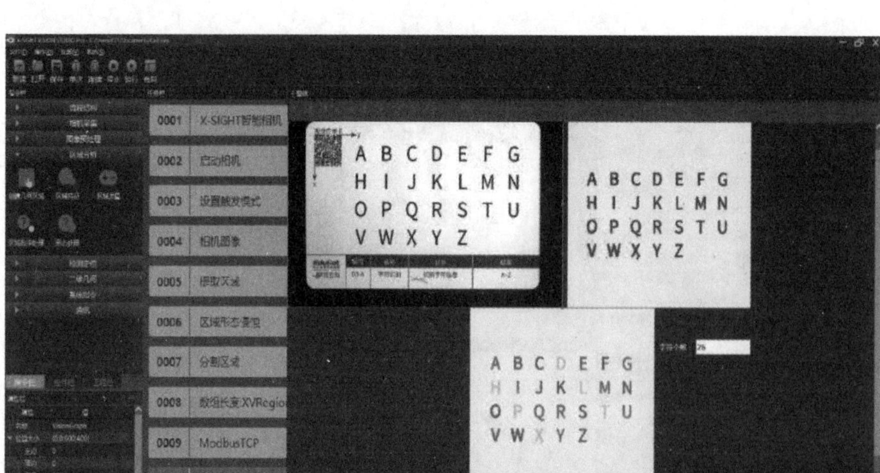

图 8.12　字符数量检测效果

第 9 章　基于定位检测的物流分类项目

※ 物流分类项目介绍

9.1　项目目的

9.1.1　项目背景

在物流配送领域，根据仓库的规模、订单数量和货物种类，分类方式分为人工分类和视觉自动分类。人工分类是物流最初的形态，以人工为主，设备投入成本较少。但随着物流产业的发展，订单分类数量迅速增大，且人工成本、处理速度、管理效率和用户体验等需求都发生了变化，纯人工分类无法满足大规模分类的要求，视觉自动分类应运而生。视觉自动分类使用智能视觉系统进行产品图像读取、图像分析识别、输出结果，再通过外部执行单元把产品放置到对应位置，从而实现物流分类的智能化、现代化、自动化。典型物流分类应用如图 9.1 所示。

（a）顺丰速运单号识别

（b）邮政物流单号识别

图 9.1　智能视觉物流分类应用

9.1.2　项目需求

基于定位检测的物流分类项目选用 D6 号视觉应用卡—— 快递单识别来辅助完成，如图 9.2 所示。

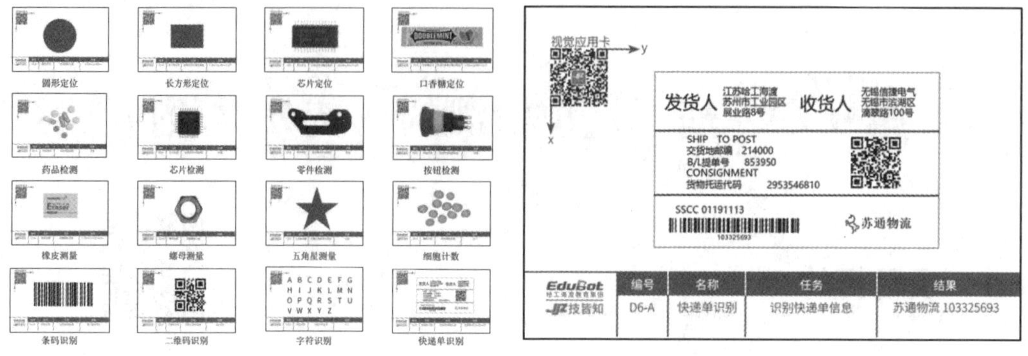

图 9.2　D6 号视觉应用卡——物流分类

本项目通过 SPV-SmartCam 智能相机的图形定位功能与图形码识别功能，将物流品牌与物流单号信息显示在主窗体中并通过 ModbusTCP 通信协议发送至 PLC 与触摸屏，效果如图 9.3 所示。

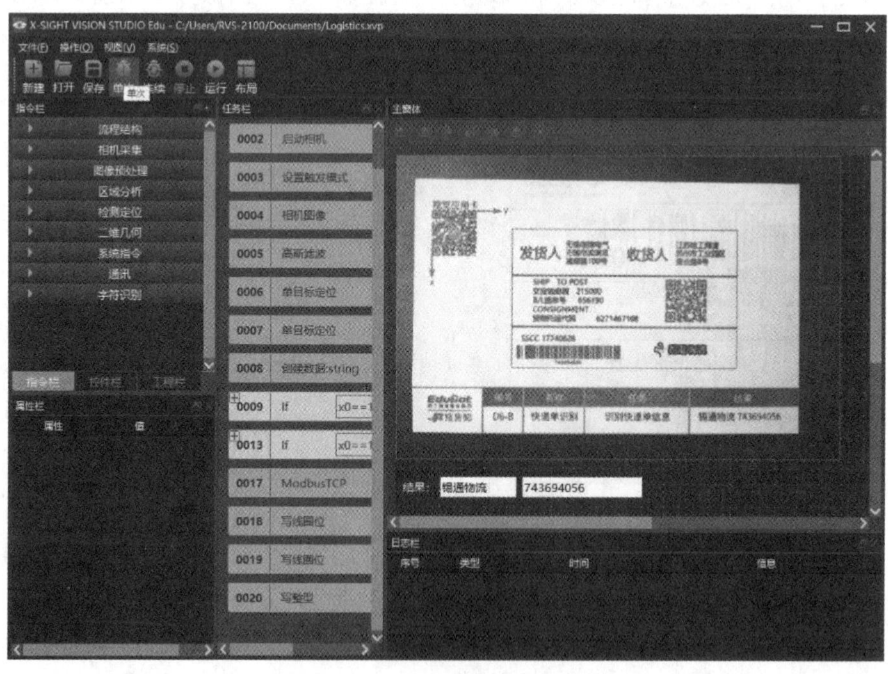

图 9.3　物流分类效果

9.1.3　项目目的

（1）掌握高斯模糊指令的使用方法。

（2）掌握单个条形码指令的使用方法。

9.2　项目分析

9.2.1　项目构架

本项目为基于定位检测的物流分类项目，选用智能视觉产教应用平台的电源模块、按钮、PLC、触摸屏、I/O 模块、相机模块和显示模块，如图 9.4 所示。其中，电源模块为 I/O 模块、PLC 和触摸屏提供 24 V 电源；按钮触发 PLC 的启动信号；PLC 触发相机拍照和与相机的数据交互；触摸屏交换 PLC 的数据信息；I/O 模块为相机模块供电，并集成 USB、通信接口供外部使用；相机模块采集、处理并输出图像信息；显示模块显示图像和数据信息。项目构架如图 9.5 所示。

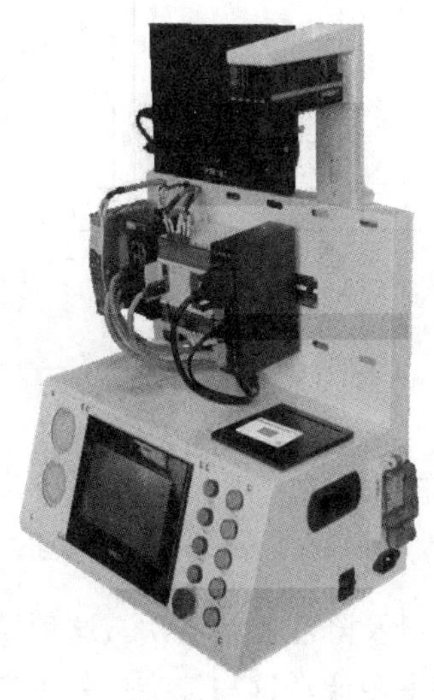

图 9.4　智能视觉产教应用平台

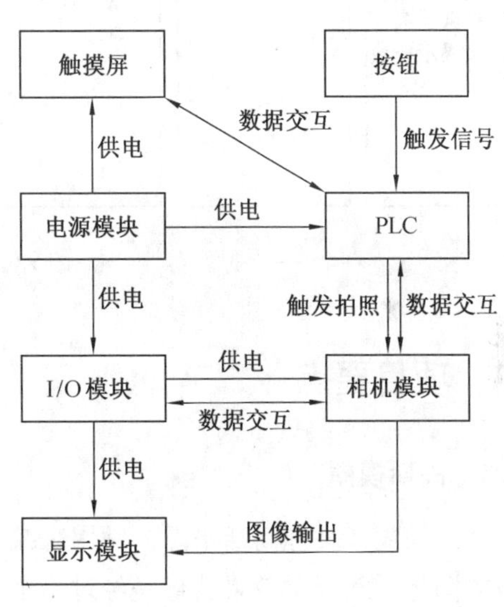

图 9.5　项目构架

9.2.2　项目流程

基于智能视觉系统模板定位技术与图形码识别技术，定位物流单号在图像中的位置姿态，并识别条形码文本信息，将位置姿态信息与物流单号文本信息显示在主窗体中，然后通过 ModbusTCP 通信协议将识别结果发送至 PLC 与触摸屏，具体内容如下：

①使用 X-SIGHT 智能相机指令、启动相机指令、设置触发模式指令、相机图像指令和图形显示控件将实时图像显示在软件主窗体中。

②使用高斯模糊指令减少图像噪声以及降低图像层次。

③使用单目标定位指令判断物流品牌信息。

④使用 If 语句指令、创建数据指令和变量赋值指令将不同数据信息输出。

⑤使用单个条形码指令识别图像中条形码的文本信息。

⑥使用标签控件和编辑框控件将结果信息显示在主窗体中。

⑦使用 ModbusTcp 指令和写寄存器指令将数据发送至 PLC。

⑧PLC 将数据发送至触摸屏进行显示。

基于定位检测的物流分类项目流程如图 9.6 所示。

Step1 应用系统连接	Step2 应用系统配置	Step3 主体程序设计	Step4 关联程序设计	Step5 项目程序调试	Step6 项目总体运行
①连接电源模块 ②连接PLC与按钮 ③连接触摸屏 ④连接I/O模块与相机模块 ⑤连接显示模块	①新建工程 Logitics.xvp	① 添加程序所用指令和控件 ② 修改指令及控件属性参数	①编写PLC辅助程序 ②编写触摸屏辅助程序	① 保存工程 ② 单次或持续执行程序	①外部触发相机程序运行

图 9.6　项目流程

9.3　项目要点

※ 物流分类项目要点

9.3.1　高斯模糊

高斯模糊（又称高斯平滑）常用来减少图像噪声以及降低细节层次。这种模糊技术生成的图像，其视觉效果就像是经过一个毛玻璃在观察图像，这与镜头焦外成像效果以及普通照明阴影中的效果都不同。高斯滤波指令效果如图 9.7 所示，指令属性见表 9.1。

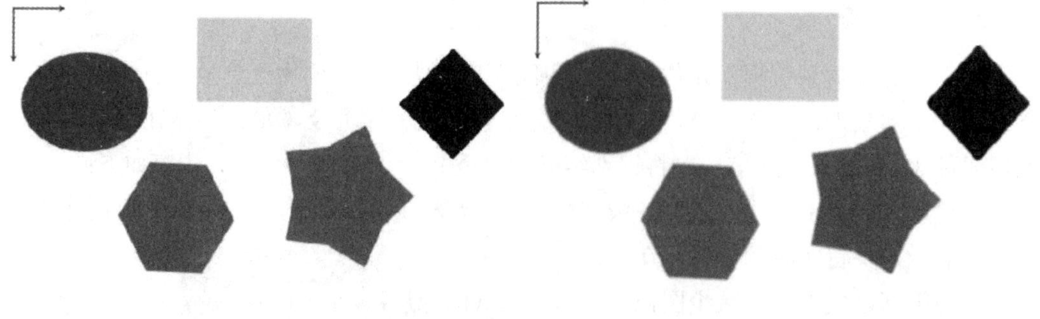

（a）原图像　　（b）转化后图像

图 9.7　高斯滤波指令效果

表 9.1　高斯模糊指令属性

属性	类型	范围	说　明
输入图像	图像		输入待转化的图像
区域	区域		要计算的输出像素的范围
水平平滑标准差	浮点型	0.0～+∞	水平平滑标准差
垂直平滑标准差	浮点型	0.0～+∞	垂直平滑标准差
标准偏差的倍数	浮点型	0.0～3.0	确定内核大小的标准偏差的倍数
输出图像	图像		输出图像
高斯水平半径	整型		高斯水平半径
高斯垂直半径	整型		高斯垂直半径

9.3.2　条形码

条形码（也称一维条码）作为图形码的一种，常见类型如图 9.8 所示。

图 9.8　常见一维条码类型

条形码是将宽度不等的多个黑条和空白，按照一定的编码规则排列，用以表达一组信息的图形标识符。常见的条形码是由反射率相差很大的黑条（简称条）和白条（简称空）排成的平行线图案。条形码由字母和数字组成，最多可容纳 30 个字符，多用于表示物品的生产国、制造厂家、商品名称、类别、日期等信息，因而在商品流通、图书管理、邮政管理、银行系统等许多领域都得到广泛的应用。

软件 X-SIGHT Vision Studio EDU 的单个条形码指令用来检测和识别条形码，其属性见表 9.2。

表 9.2　单个条形码指令属性

属性	类型	取值范围	说　　明
输入图像	图像		输入图像
输入范围	2D 矩形		感兴趣的区域
坐标系	坐标系		将感兴趣的区域调整到被检测对象的位置
条形码格式	条形码格式		条形码的类型（例如 EAN13、EAN8 等）
最小梯度长	浮点型	0.0～+∞	用于检测条形码边缘像素的最小梯度长度
最细条宽	整型	1～+∞	最细黑条的宽度（估计）
扫描线数	整型	1～+∞	用于检测条形码的扫描线数
扫描次数	整型	1～+∞	第一次成功读取所执行的扫描次数
扫描宽度	整型	1～+∞	单次扫描宽度
边缘最小强度	浮点型	0.0～+∞	提取边缘的最小强度
高斯平滑标准偏差	浮点型	0.0～+∞	每次扫描提取轮廓的高斯平滑的标准偏差
条形码位置	2D 矩形		实际图像中条形码的位置
文本	字符型		实际图像中条形码的内容
条形码格式	条形码格式		实际图像中条形码的类型（例如 EAN13 等）
变换后的相对位置	变换后的相对位置		转换后输入 ROI（在图像坐标系中）
梯度方向图像	图像		梯度方向的图像
高梯度值的地方	2D 矩形数组		具有高梯度值的地方将进一步调查
预计扫描段	2D 线段数组		预计扫描段

9.4　项目步骤

9.4.1　应用系统连接

基于定位检测的物流分类项目所需电气元器件交互关系如图 9.9 所示，应用系统的连接分为 3 部分：I/O 分配、硬件接线图绘制和电气接线。

※ 物流分类项目步骤

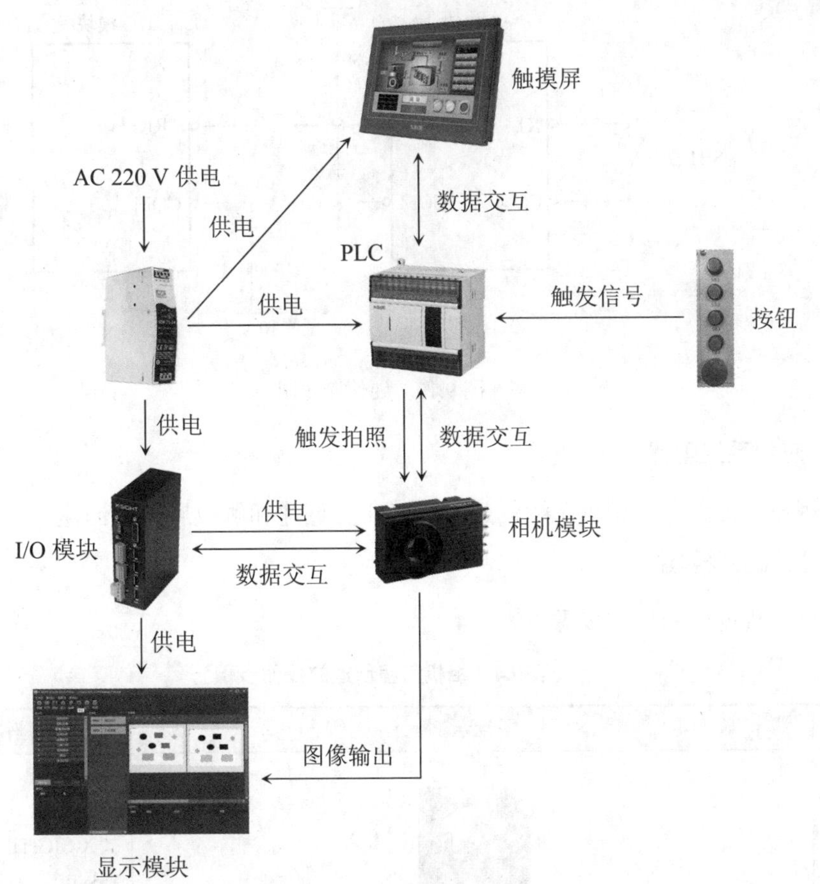

图 9.9　电气元器件组成

1. I/O 分配

I/O 分配见表 9.3。

表 9.3　I/O 分配

序号	PLC 地址	功能	说　明
1	X1	启动	按钮 SB1 信号
2	Y0	触发拍照	相机 Trigger 信号

2. 硬件接线图绘制

逻辑控制的硬件接线图如图 9.10 所示，硬件接线图绘制完成后，根据绘制的电气图，正确地对元器件进行接线。

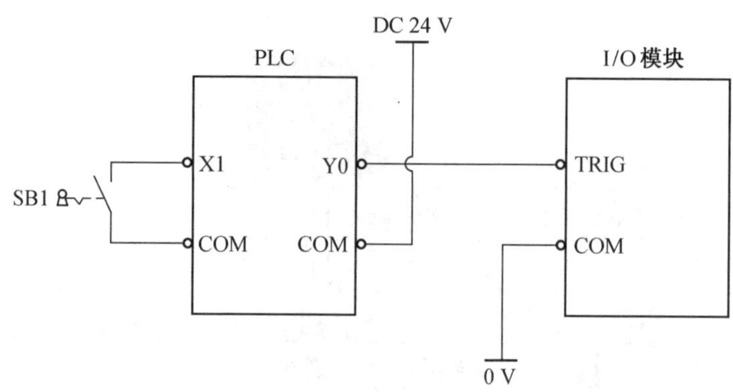

图 9.10　硬件接线图

9. 4. 2　应用系统配置

应用系统配置分为相机工程创建、PLC 工程创建和触摸屏工程创建。

1. 相机工程创建

相机工程创建的操作步骤见表 9.4。

表 9.4　相机工程创建的操作步骤

序号	图片示例	操作步骤
1	X-SIGHT Vision Studio EDU	双击桌面图标“X-SIGHT Vision Studio EDU”，打开软件主界面
2		点击工具栏【新建】按钮，新建工程

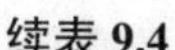

续表 9.4

序号	图片示例	操作步骤
3	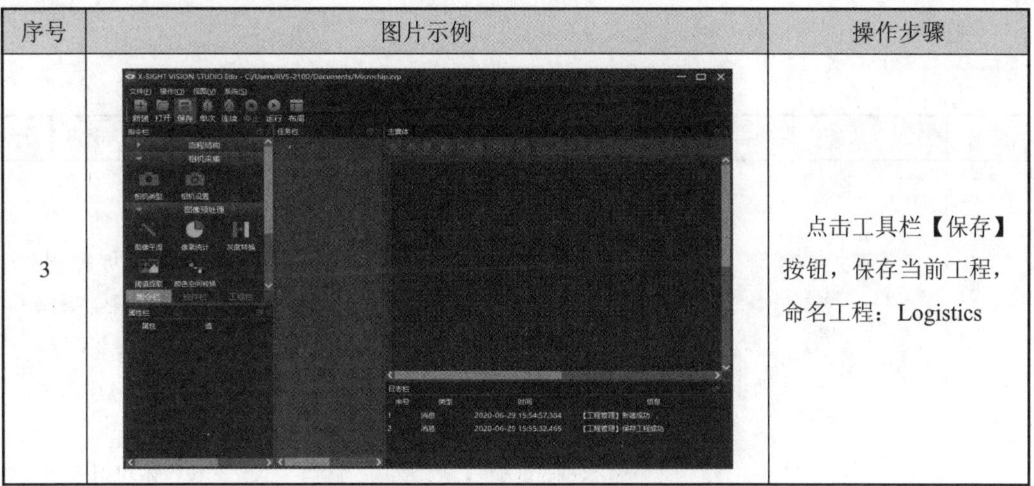	点击工具栏【保存】按钮，保存当前工程，命名工程：Logistics

2. PLC 工程创建

PLC 工程创建的操作步骤见表 9.5。

表 9.5　PLC 工程创建的操作步骤

序号	图片示例	操作步骤
1		打开 PLC 编程软件，执行以下基本配置： ①设定工程机型：XD5E-24； ②设定本地 IP 地址和子网掩码，连接 PLC
2		点击菜单栏中“文件”，选择“保存工程”，命名工程：物流分类

3. 触摸屏工程创建

触摸屏工程创建的操作步骤见表 9.6。

表 9.6　触摸屏工程创建的操作步骤

序号	图片示例	操作步骤
1		打开触摸屏编程软件，执行以下基本配置：①选择显示器：TGM765(S)-MT/UT/ET/XT/NT；②设定本机 IP 地址，连接触摸屏；③设定以太网通信：IP 地址 192.168.6.6，子网掩码 255.255.255.0
2	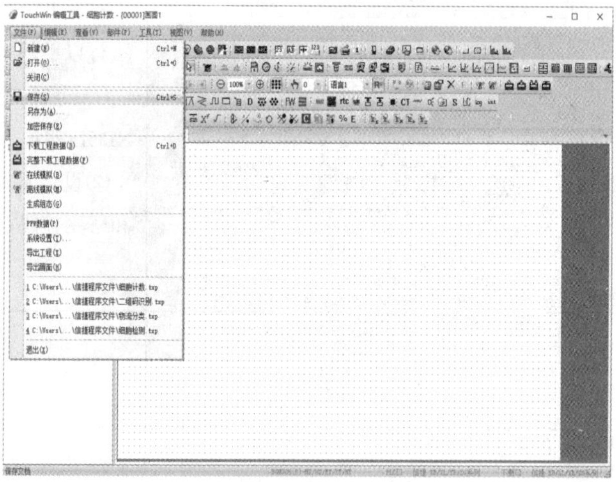	点击菜单栏中“文件”，选择“保存”，命名工程：物流分类

9.4.3　主体程序设计

分析程序需使用的指令和控件，见表 9.7。

表 9.7　程序指令和控件

属性	名称	说　　明
指令	高斯模糊	减少图像的噪声以及降低图像的细节层次
	单目标定位	定义物流品牌作为目标模板对象，并建立相对坐标系
	创建数据	创建 string 类型的变量
	If 语句	根据条件判断以下指令是否执行
	变量赋值	给 string 类型变量赋值“苏通”或“锡通”
	写线圈位	写入线圈状态，判断物流品牌信息
	单个条形码	在图像中检测和识别单个条形码
	ModbusTCP	配置网口，实现与 PLC 的通信
	写整型	写入整型寄存器，存放条形码文本信息
控件	图形显示	显示相机采集的实时图像
	标签	在主窗体插入可编辑标签框
	编辑框	显示物流品牌与单号信息

程序编写的具体操作步骤见表 9.8。

表 9.8　主体程序编写的操作步骤

序号	图片示例	操作步骤
1	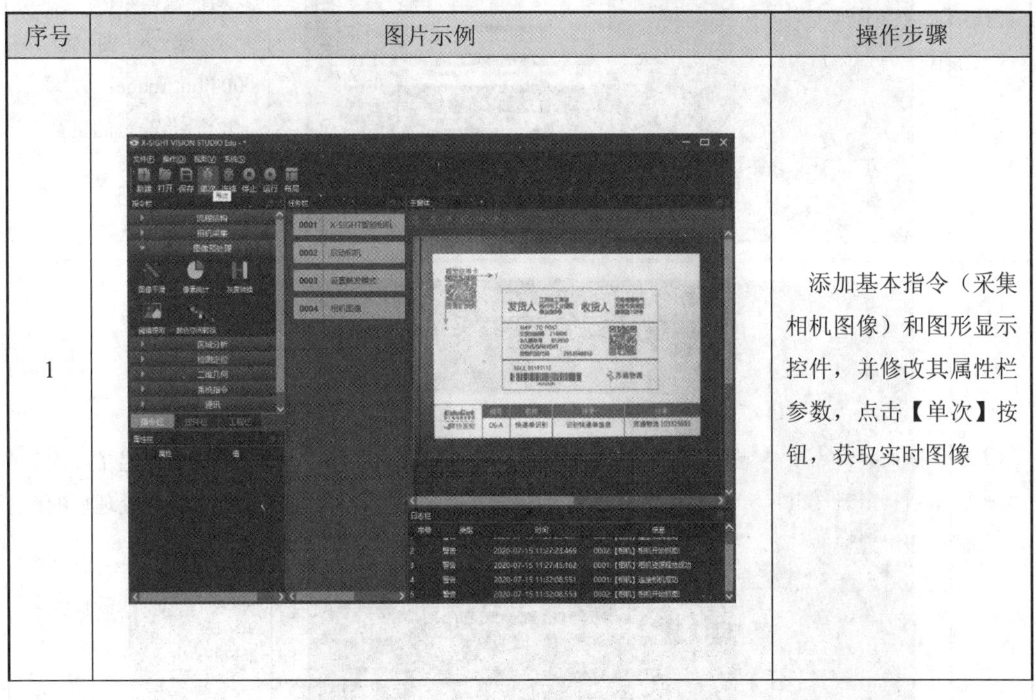	添加基本指令（采集相机图像）和图形显示控件，并修改其属性栏参数，点击【单次】按钮，获取实时图像

续表 9.8

序号	图片示例	操作步骤
2	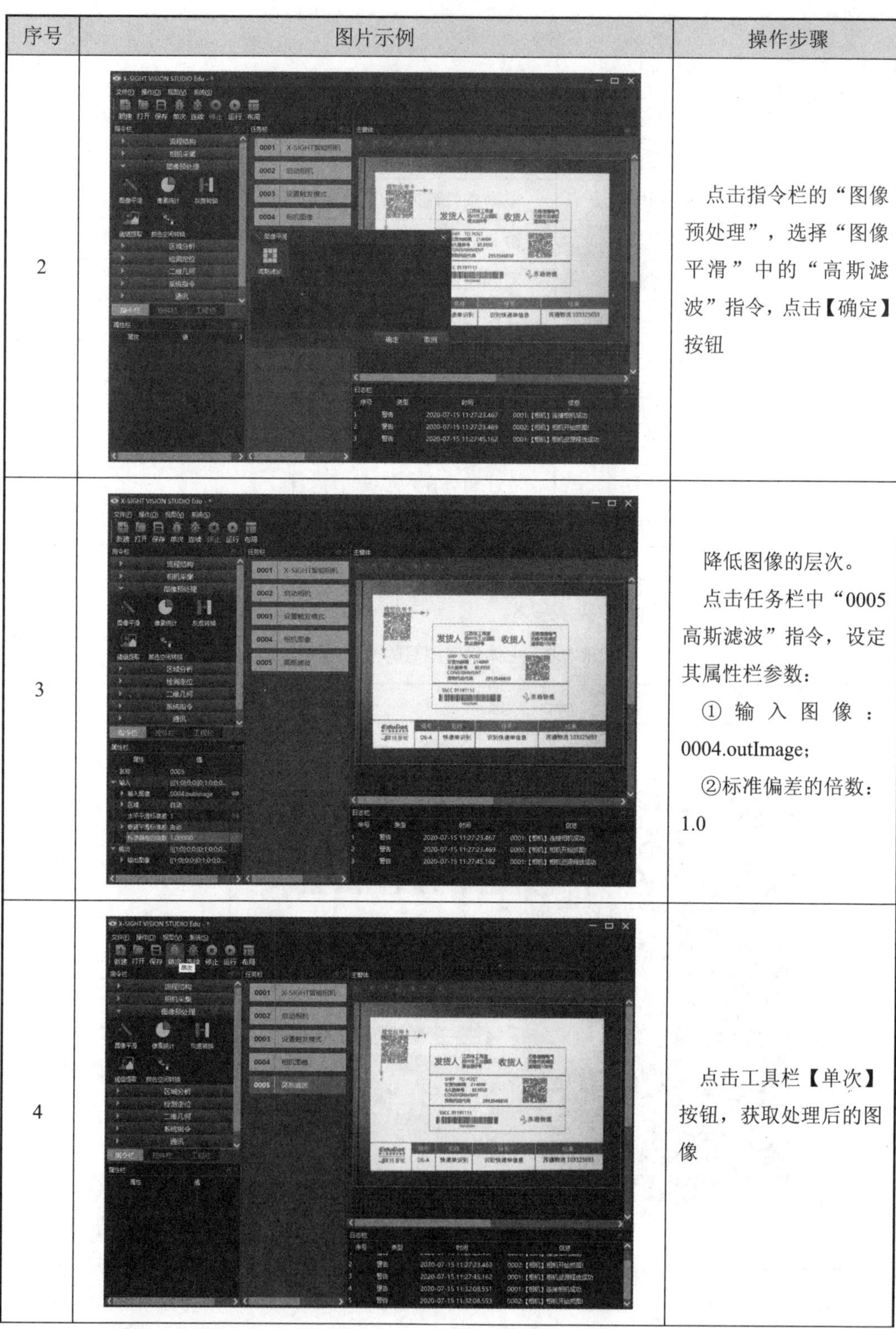	点击指令栏的“图像预处理”，选择“图像平滑”中的“高斯滤波”指令，点击【确定】按钮
3		降低图像的层次。 点击任务栏中“0005 高斯滤波”指令，设定其属性栏参数： ① 输入图像：0004.outImage; ②标准偏差的倍数：1.0
4		点击工具栏【单次】按钮，获取处理后的图像

续表 9.8

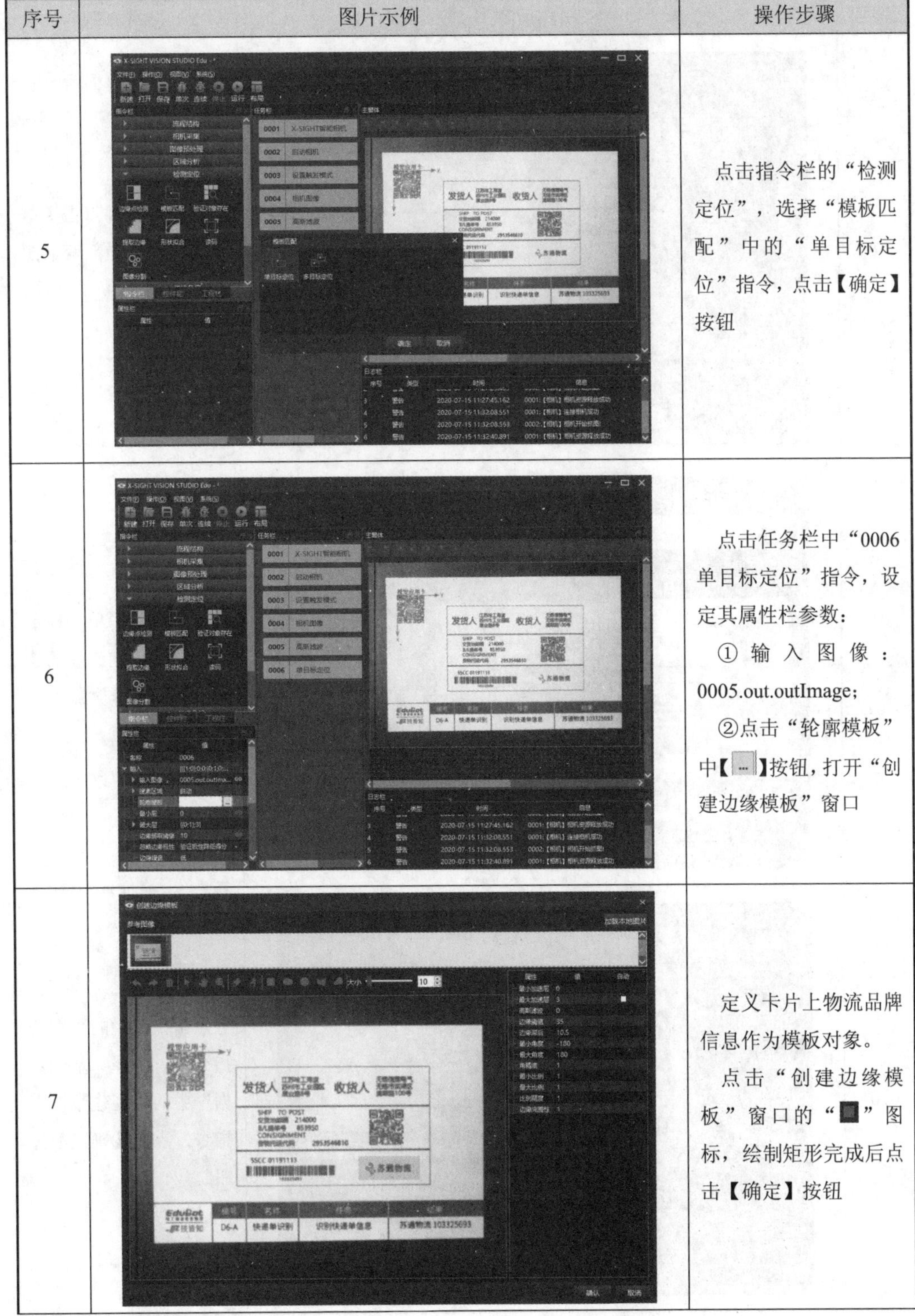

序号	图片示例	操作步骤
5		点击指令栏的“检测定位”，选择“模板匹配”中的“单目标定位”指令，点击【确定】按钮
6		点击任务栏中“0006 单目标定位”指令，设定其属性栏参数： ①输入图像：0005.out.outImage； ②点击“轮廓模板”中【...】按钮，打开“创建边缘模板”窗口
7		定义卡片上物流品牌信息作为模板对象。 点击“创建边缘模板”窗口的“■”图标，绘制矩形完成后点击【确定】按钮

续表 9.8

序号	图片示例	操作步骤
8	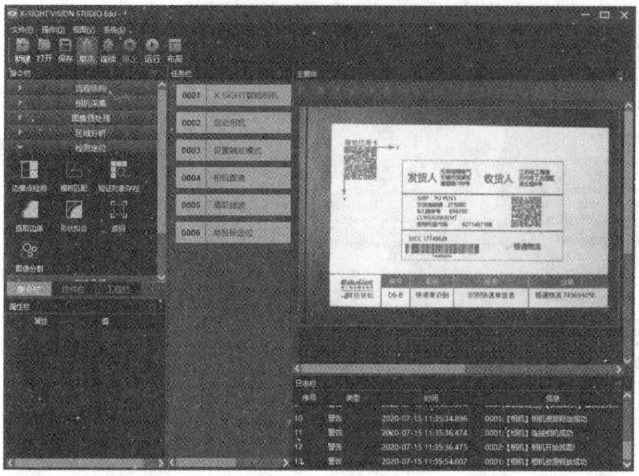	翻转卡片并点击【单次】按钮，重新获取图像
9	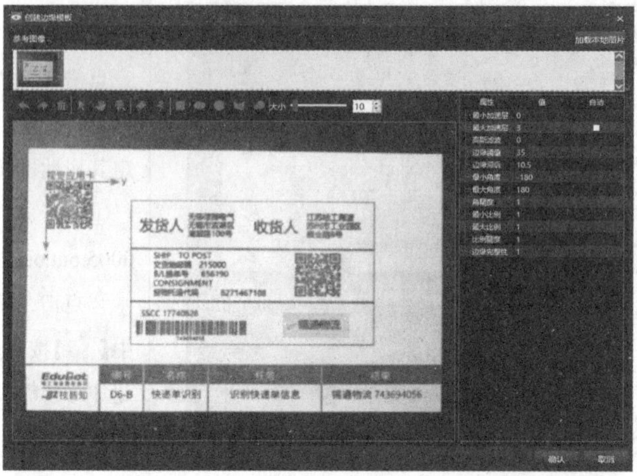	同理添加“单目标定位”指令，定义新的物流品牌信息作为新的模板对象
10	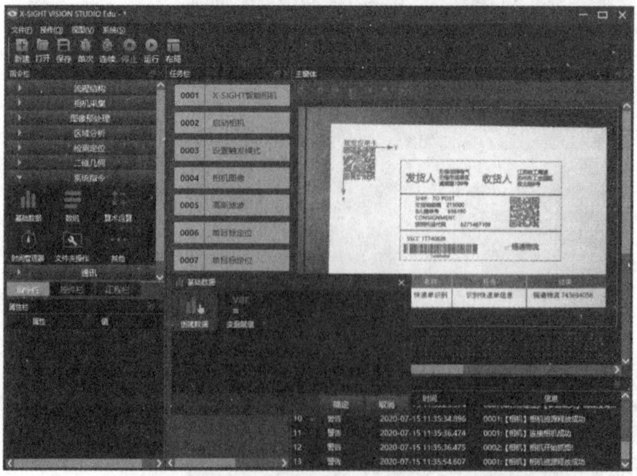	点击指令栏的“系统指令”，选择“基础数据”中的“创建数据”指令，点击【确定】按钮

续表 9.8

序号	图片示例	操作步骤
11	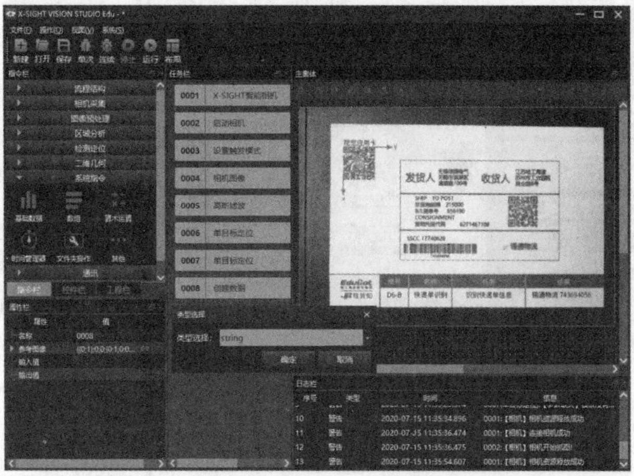	双击任务栏中“0008 创建数据”指令，修改其参数： ①类型选择：string
12	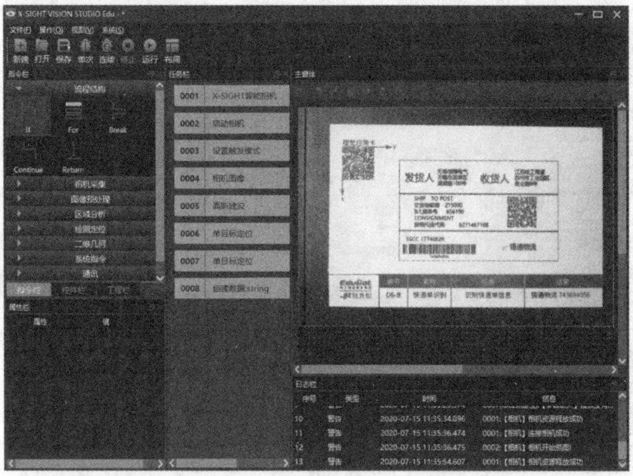	点击指令栏的“流程结构”选择“IF”指令
13	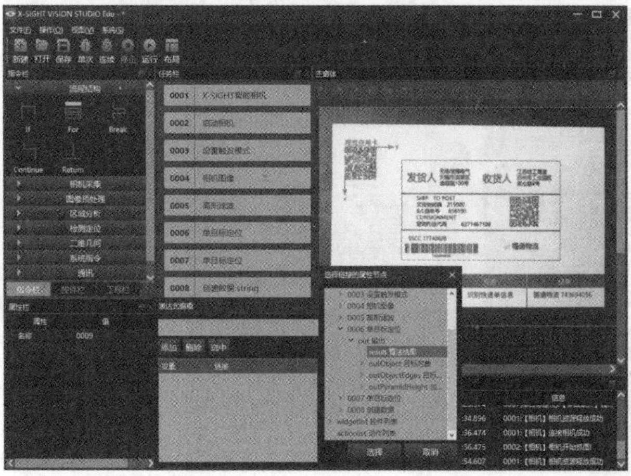	双击任务栏中“0009 If”指令，添加链接的属性节点：0006.out.result，用于条件判断 （节点“0006.out.result”输出 true 或 false 两种状态）

续表 9.8

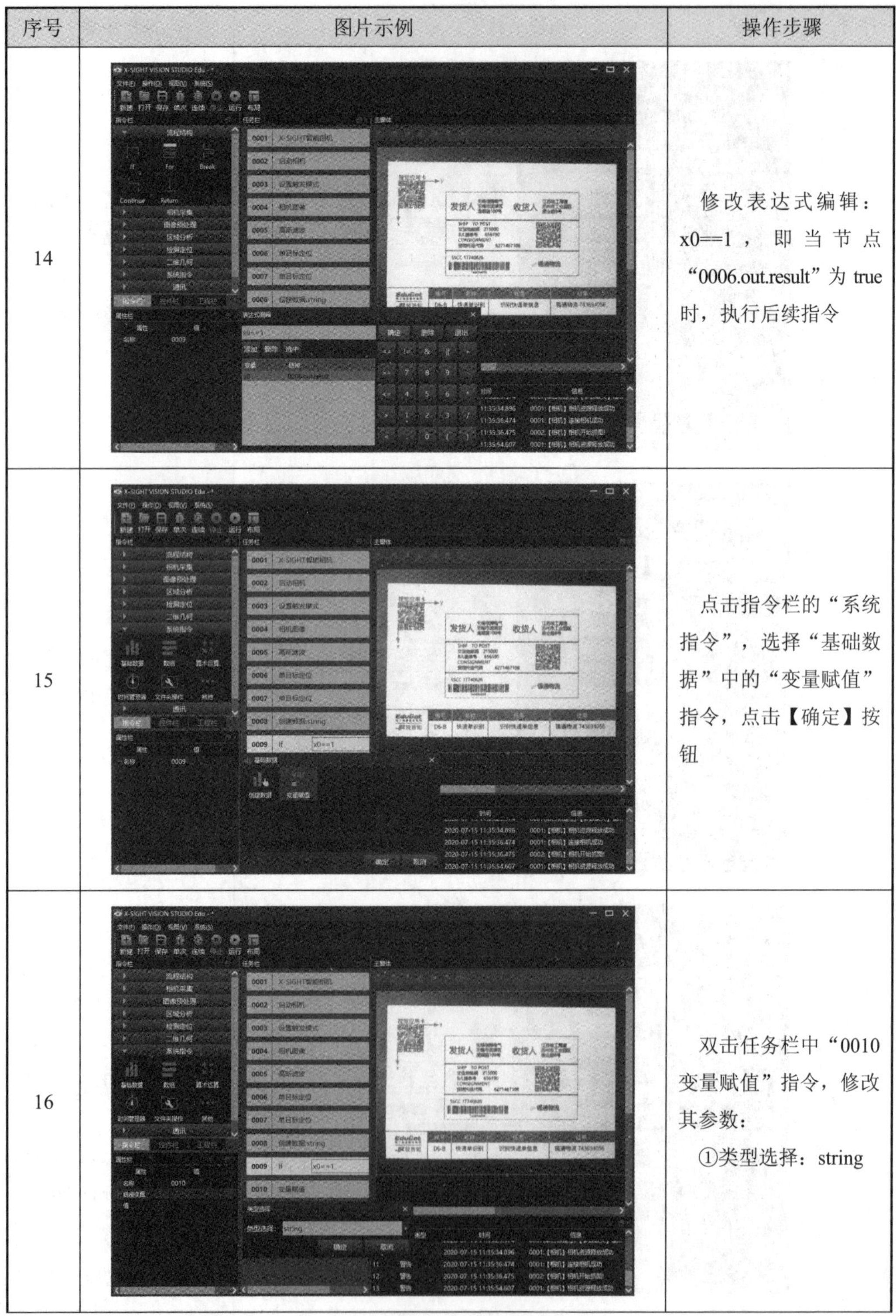

序号	图片示例	操作步骤
14		修改表达式编辑：x0==1，即当节点“0006.out.result”为 true 时，执行后续指令
15		点击指令栏的“系统指令”，选择“基础数据”中的“变量赋值”指令，点击【确定】按钮
16		双击任务栏中“0010 变量赋值”指令，修改其参数： ①类型选择：string

续表 9.8

序号	图片示例	操作步骤
17	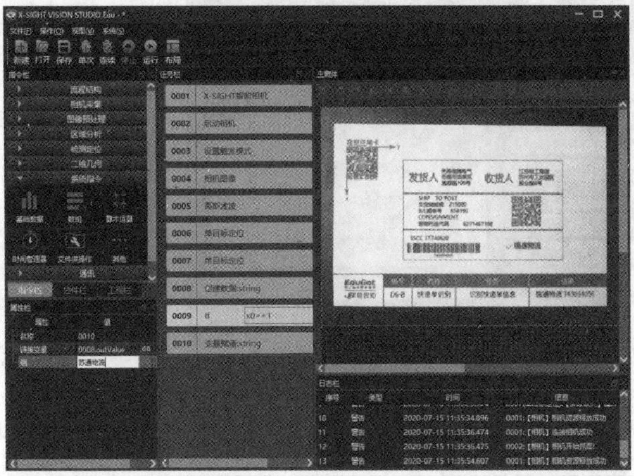	点击任务栏中“0010 变量赋值”指令，设定其属性栏参数： ①链接变量：0008.outValue； ②值：苏通物流
18	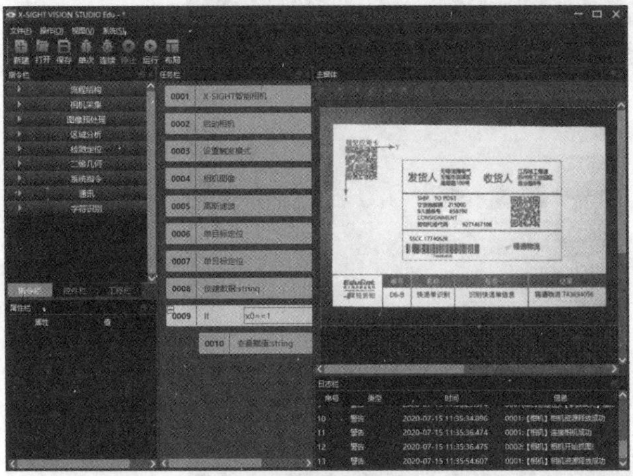	拖拽任务栏中“0010 变量赋值”指令到“0009 If”指令下方，使其成为判断条件后的执行语句
19	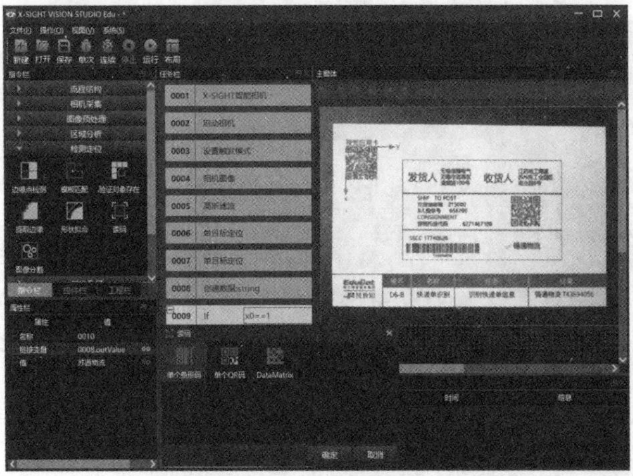	点击指令栏中“检测定位”，选择“读码”中的“单个条形码”指令，点击【确定】按钮

续表 9.8

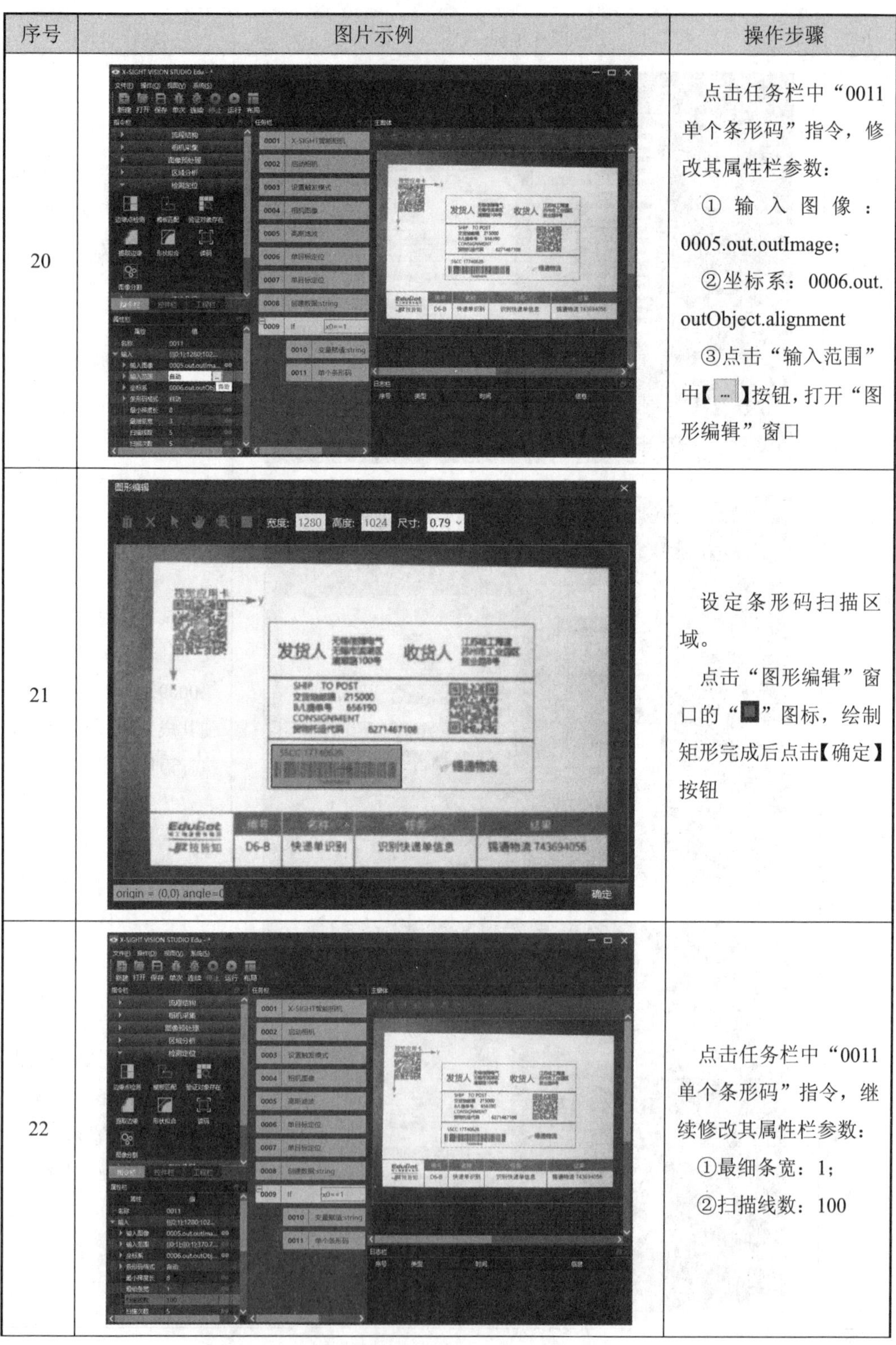

序号	图片示例	操作步骤
20		点击任务栏中“0011 单个条形码”指令，修改其属性栏参数： ① 输入图像：0005.out.outImage; ②坐标系：0006.out.outObject.alignment ③点击“输入范围”中【...】按钮，打开“图形编辑”窗口
21		设定条形码扫描区域。 点击“图形编辑”窗口的“■”图标，绘制矩形完成后点击【确定】按钮
22		点击任务栏中“0011 单个条形码”指令，继续修改其属性栏参数： ①最细条宽：1; ②扫描线数：100

续表 9.8

序号	图片示例	操作步骤
23	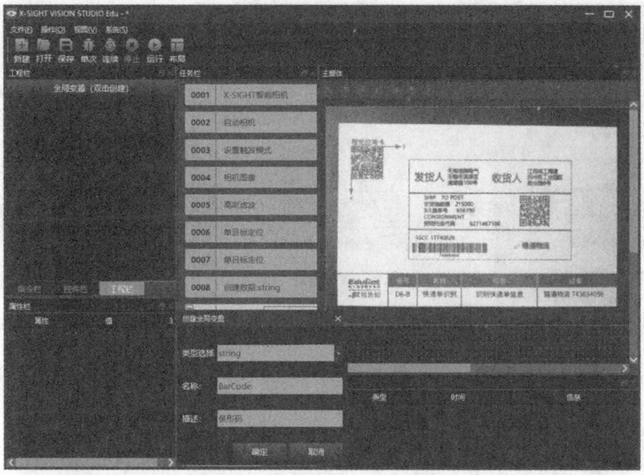	点击工程栏，双击创建全局变量，修改其参数： ①类型选择：string； ②名称：BarCode； ③描述：条形码； 点击【确定】按钮，完成创建
24	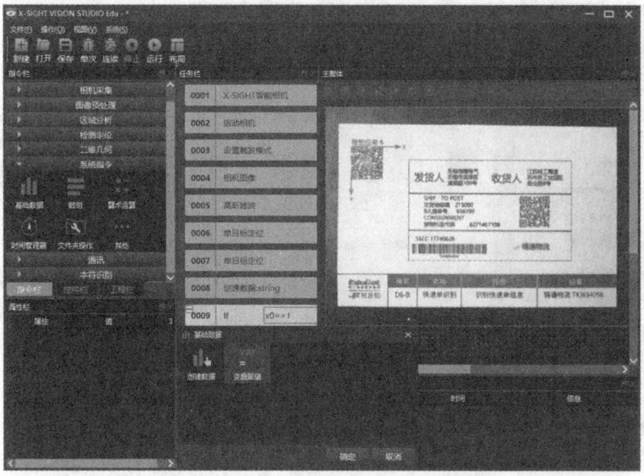	点击指令栏中“系统指令”，选择“基础数据”中的“变量赋值”
25	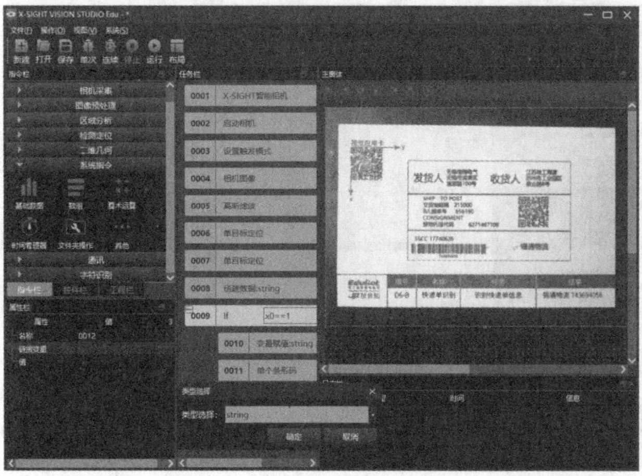	双击任务栏中“0012 变量赋值”指令，修改其参数： ①类型选择：string

续表 9.8

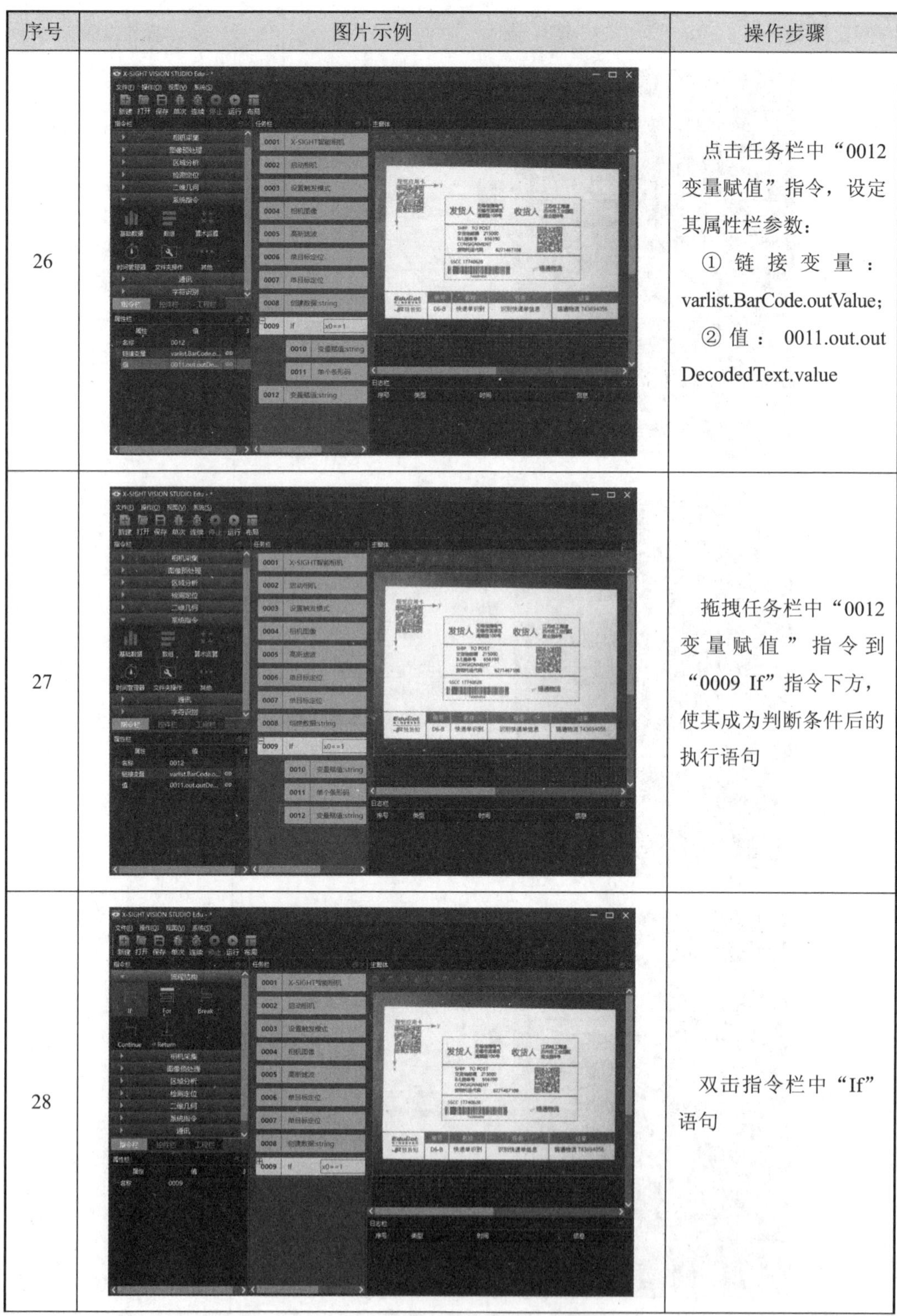

序号	图片示例	操作步骤
26		点击任务栏中“0012 变量赋值”指令，设定其属性栏参数： ① 链接变量：varlist.BarCode.outValue； ② 值：0011.out.outDecodedText.value
27		拖拽任务栏中“0012 变量赋值”指令到“0009 If”指令下方，使其成为判断条件后的执行语句
28		双击指令栏中“If”语句

续表 9.8

序号	图片示例	操作步骤
29	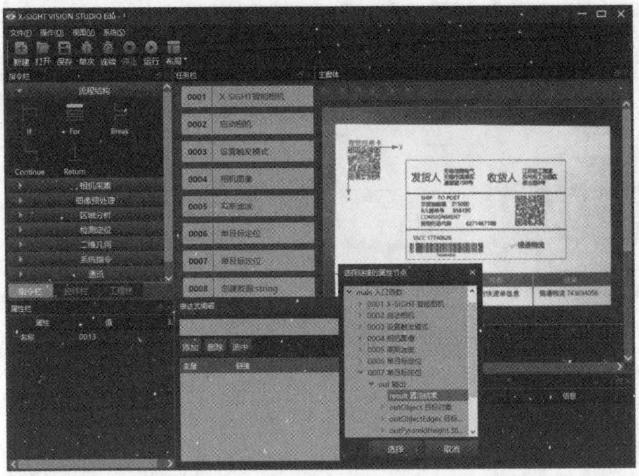	双击任务栏中“0013 If”指令，添加链接的属性节点：0007.out.result，用于条件判断（节点“0007.out.result”输出 true 或 false 两种状态）
30	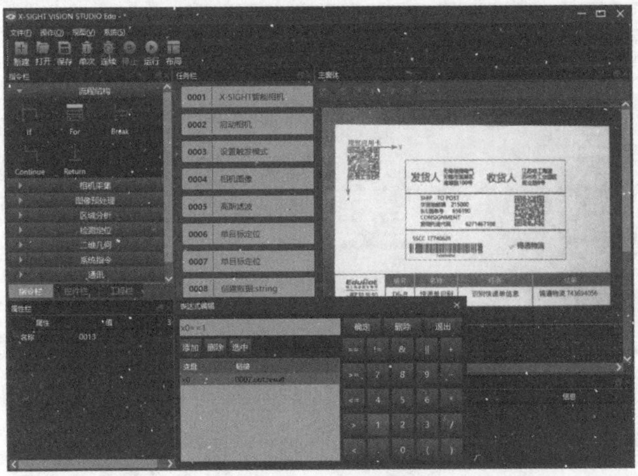	修改表达式编辑：x0==1，即当节点“0007.out.result”为 true 时，执行后续指令
31	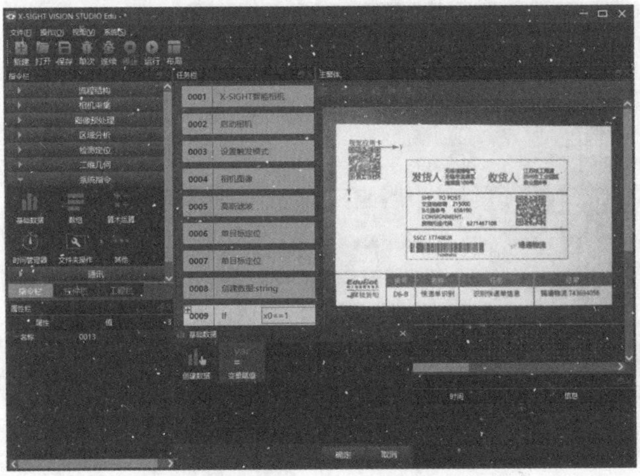	点击指令栏中“系统指令”，选择“基础数据”中“变量赋值”指令，点击【确定】按钮

续表 9.8

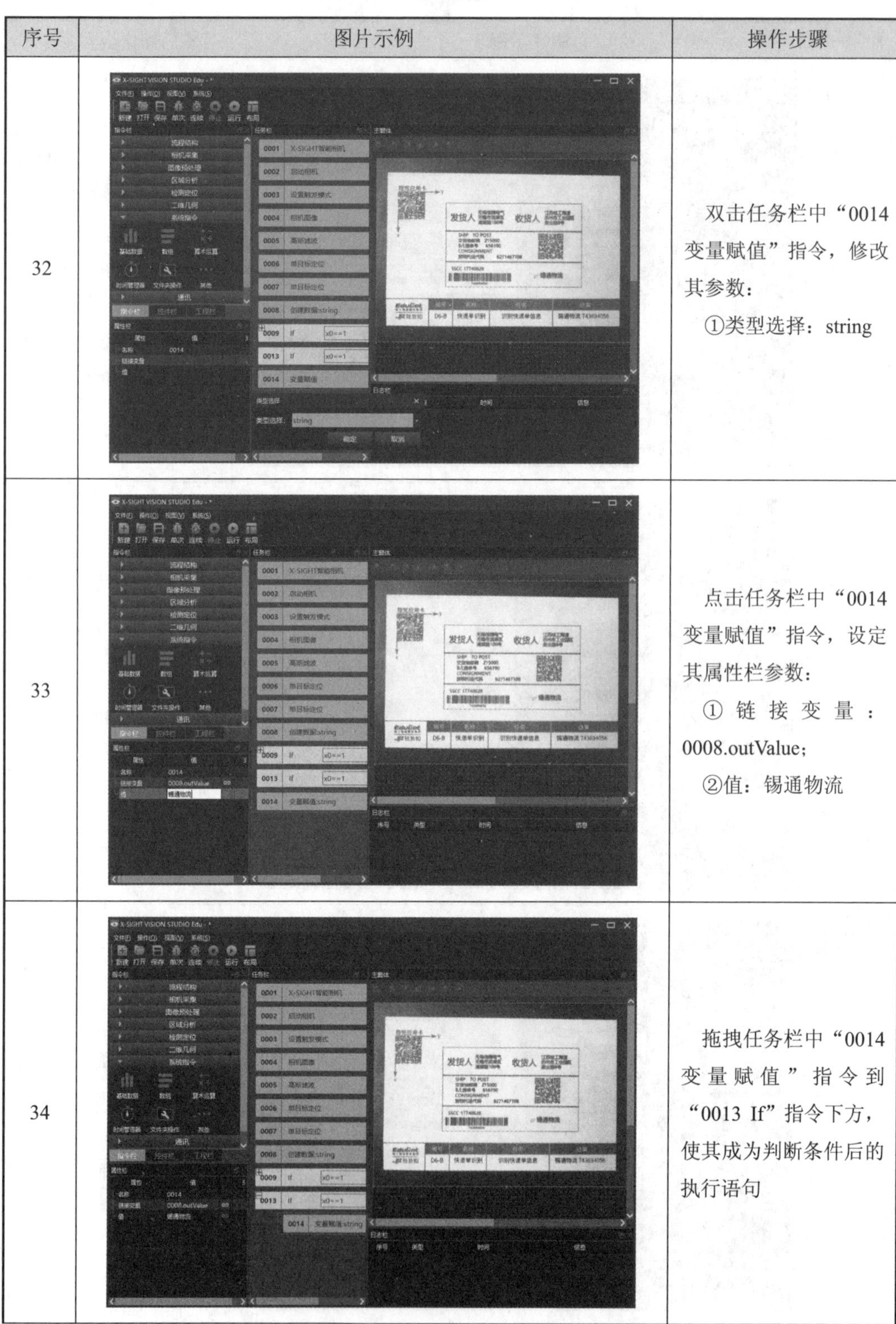

序号	图片示例	操作步骤
32		双击任务栏中“0014 变量赋值”指令，修改其参数： ①类型选择：string
33		点击任务栏中“0014 变量赋值”指令，设定其属性栏参数： ①链接变量：0008.outValue； ②值：锡通物流
34		拖拽任务栏中“0014 变量赋值”指令到“0013 If”指令下方，使其成为判断条件后的执行语句

续表 9.8

序号	图片示例	操作步骤
35	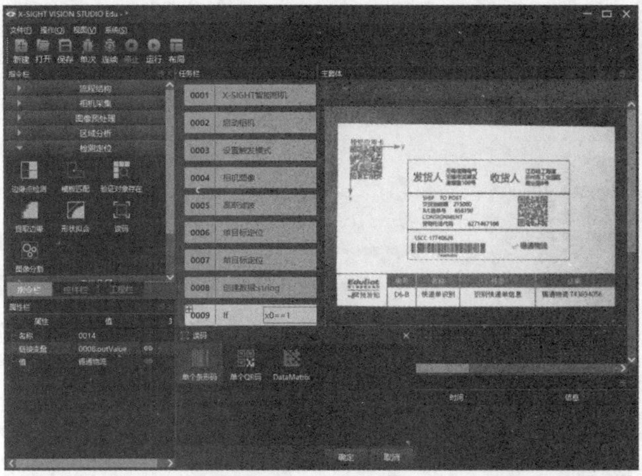	点击指令栏中“检测定位”，选择“读码”中的“单个条形码”指令，点击【确定】按钮
36	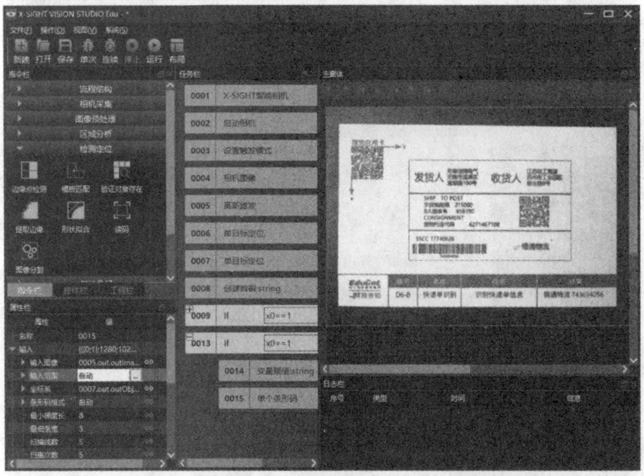	设定物流品牌作为条形码的相对坐标系。 点击任务栏中“0015 单个条形码”指令，修改其属性栏参数： ①输入图像：0005.out.outImage； ②坐标系：0007.out.outObject.alignment； ③点击“输入范围”中【...】按钮，打开“图形编辑”窗口
37	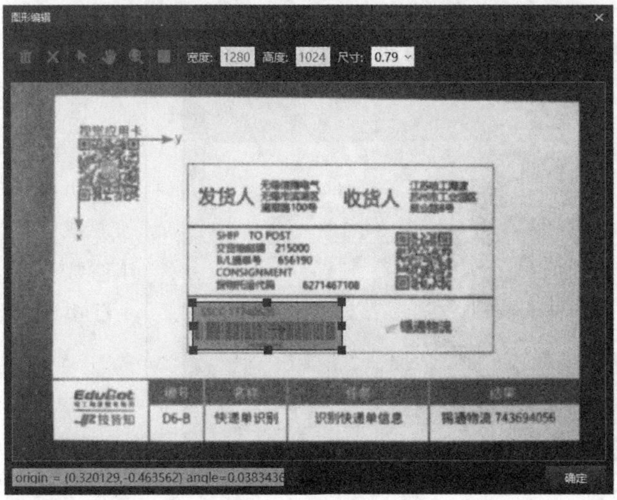	点击“图形编辑”窗口的“■”图标，绘制矩形完成后点击【确定】按钮

续表 9.8

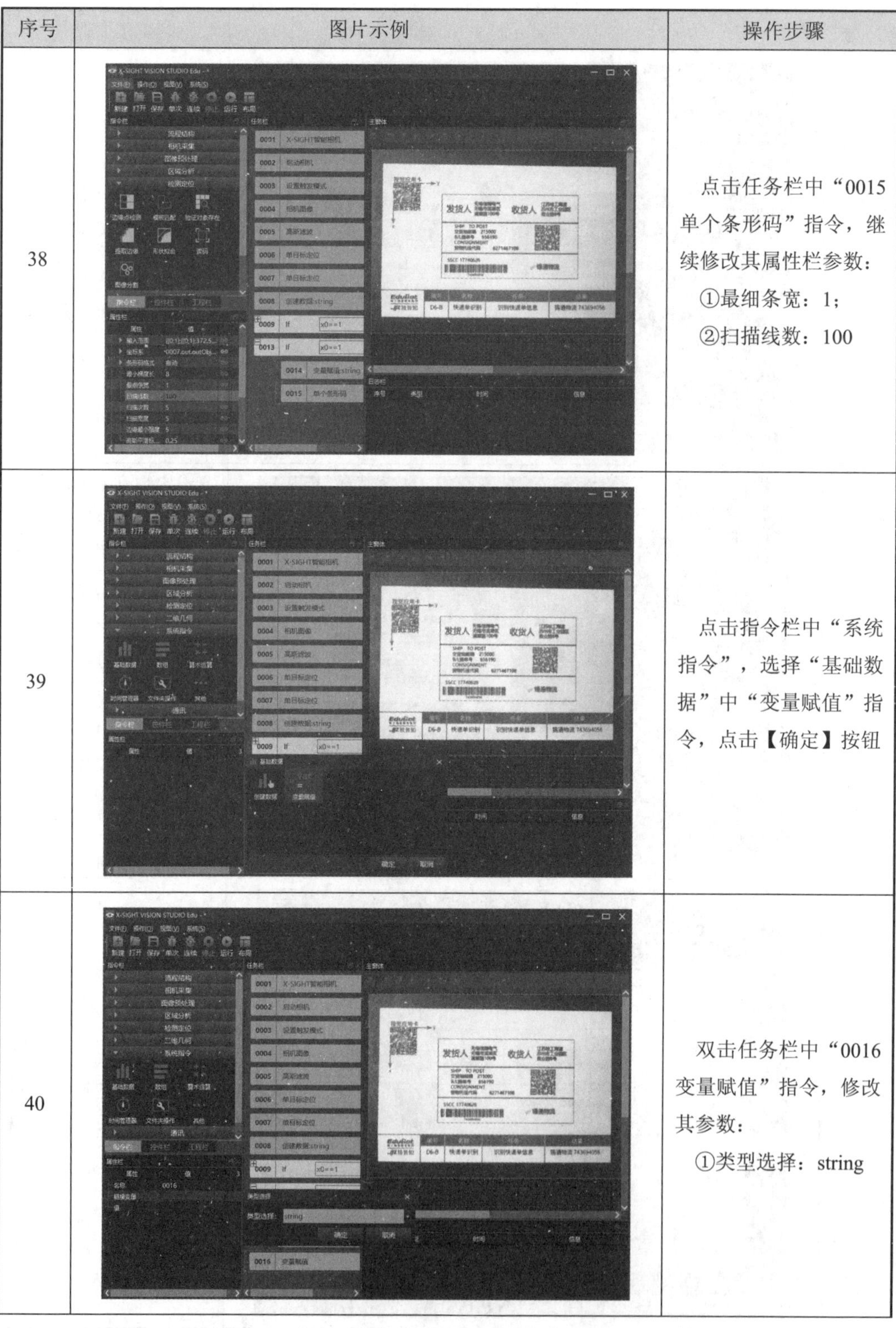

序号	图片示例	操作步骤
38		点击任务栏中“0015单个条形码”指令，继续修改其属性栏参数： ①最细条宽：1； ②扫描线数：100
39		点击指令栏中“系统指令”，选择“基础数据”中“变量赋值”指令，点击【确定】按钮
40		双击任务栏中“0016变量赋值”指令，修改其参数： ①类型选择：string

续表 9.8

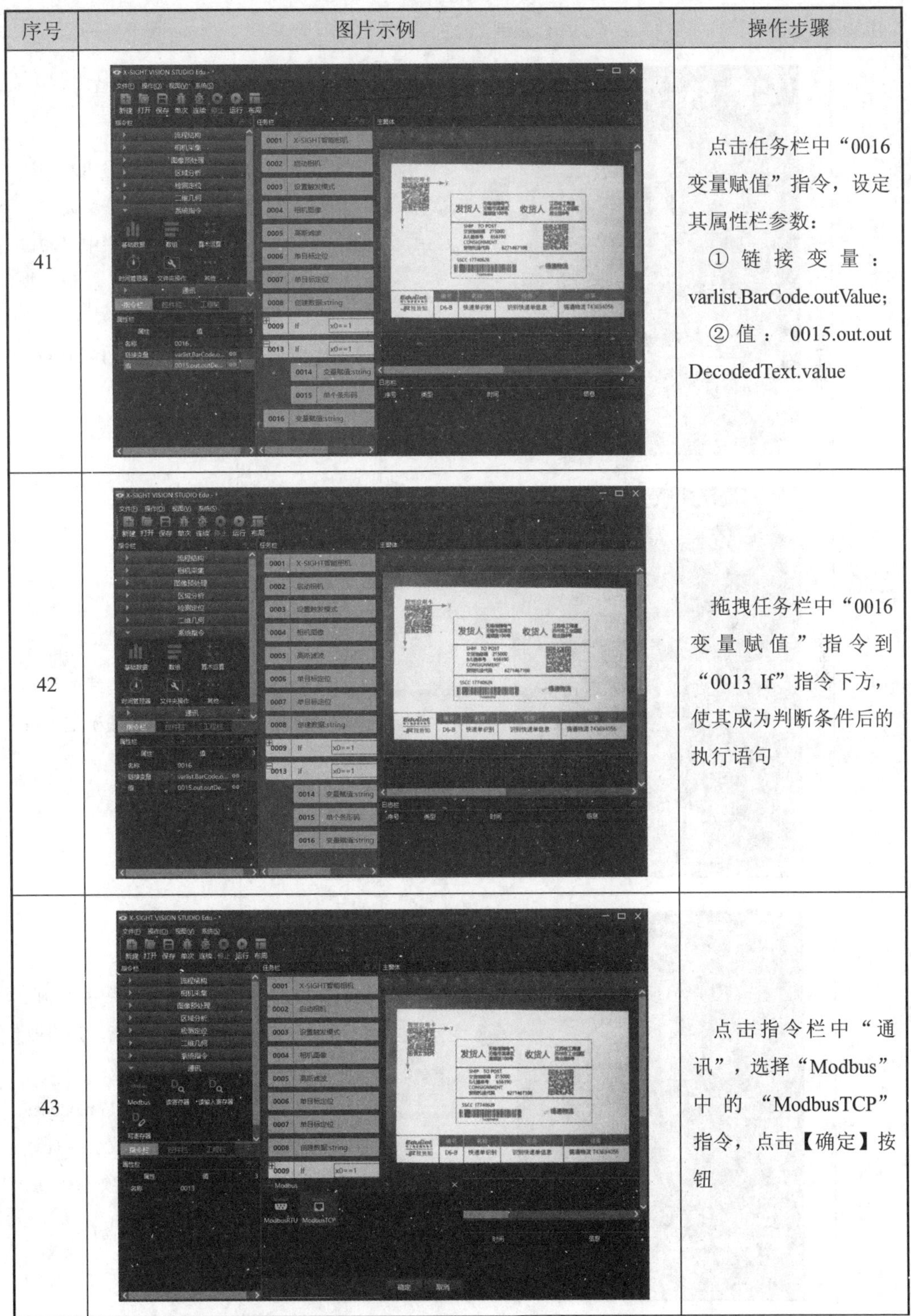

序号	图片示例	操作步骤
41		点击任务栏中“0016 变量赋值”指令，设定其属性栏参数： ① 链接变量：varlist.BarCode.outValue； ② 值：0015.out.outDecodedText.value
42		拖拽任务栏中“0016 变量赋值”指令到“0013 If”指令下方，使其成为判断条件后的执行语句
43		点击指令栏中“通讯”，选择“Modbus”中的“ModbusTCP”指令，点击【确定】按钮

续表 9.8

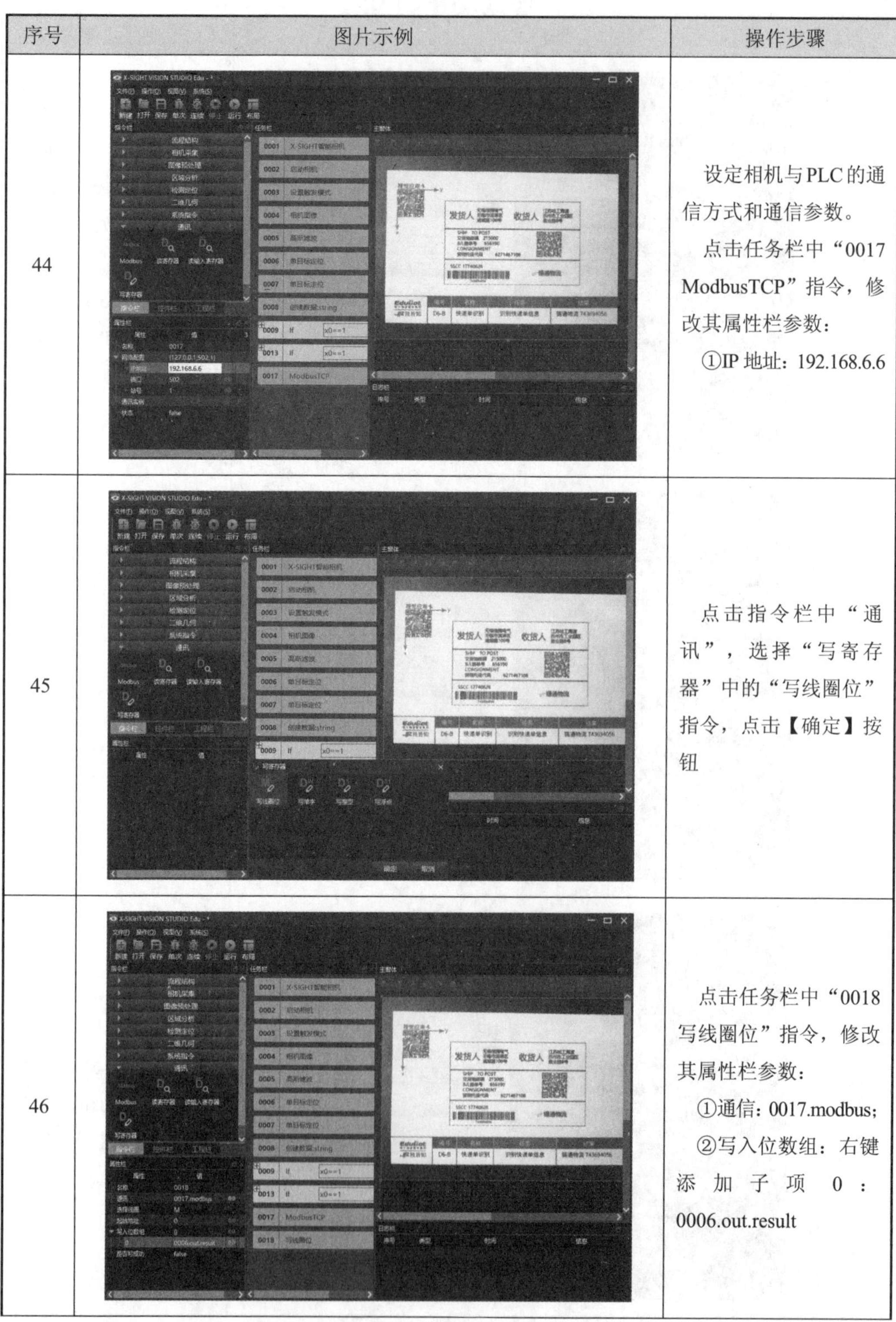

序号	图片示例	操作步骤
44		设定相机与PLC的通信方式和通信参数。 点击任务栏中“0017 ModbusTCP”指令，修改其属性栏参数： ①IP地址：192.168.6.6
45		点击指令栏中“通讯”，选择“写寄存器”中的“写线圈位”指令，点击【确定】按钮
46		点击任务栏中“0018 写线圈位”指令，修改其属性栏参数： ①通信：0017.modbus; ②写入位数组：右键添加子项 0：0006.out.result

续表 9.8

序号	图片示例	操作步骤
47	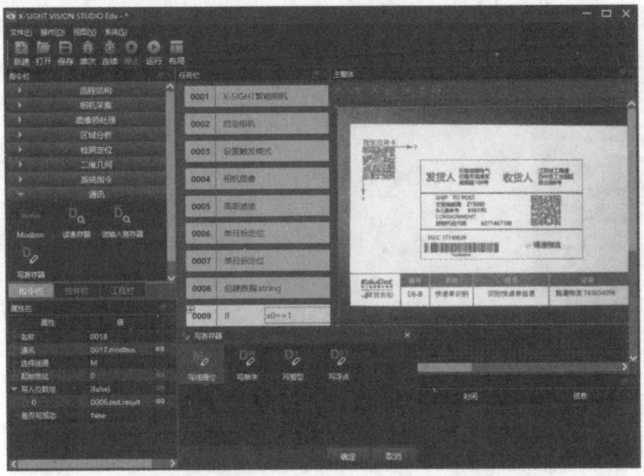	点击指令栏中“通讯”，选择“写寄存器”中的“写线圈位”指令，点击【确定】按钮
48	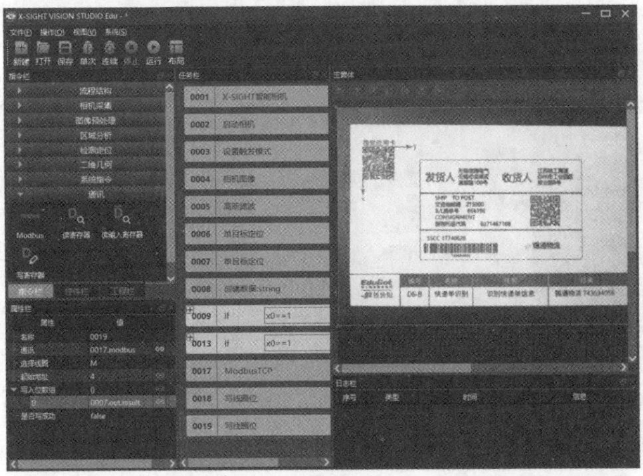	点击任务栏中“0019 写线圈位”指令，修改其属性栏参数： ①通信：0017.modbus； ②起始地址：4； ③写入位数组：右键添加子项 0：0007.out.result
49	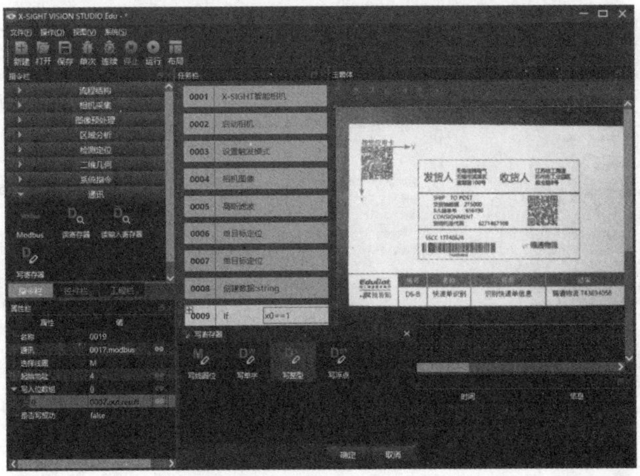	点击指令栏中“通讯”，选择“写寄存器”中的“写整型”指令，点击【确定】按钮

续表 9.8

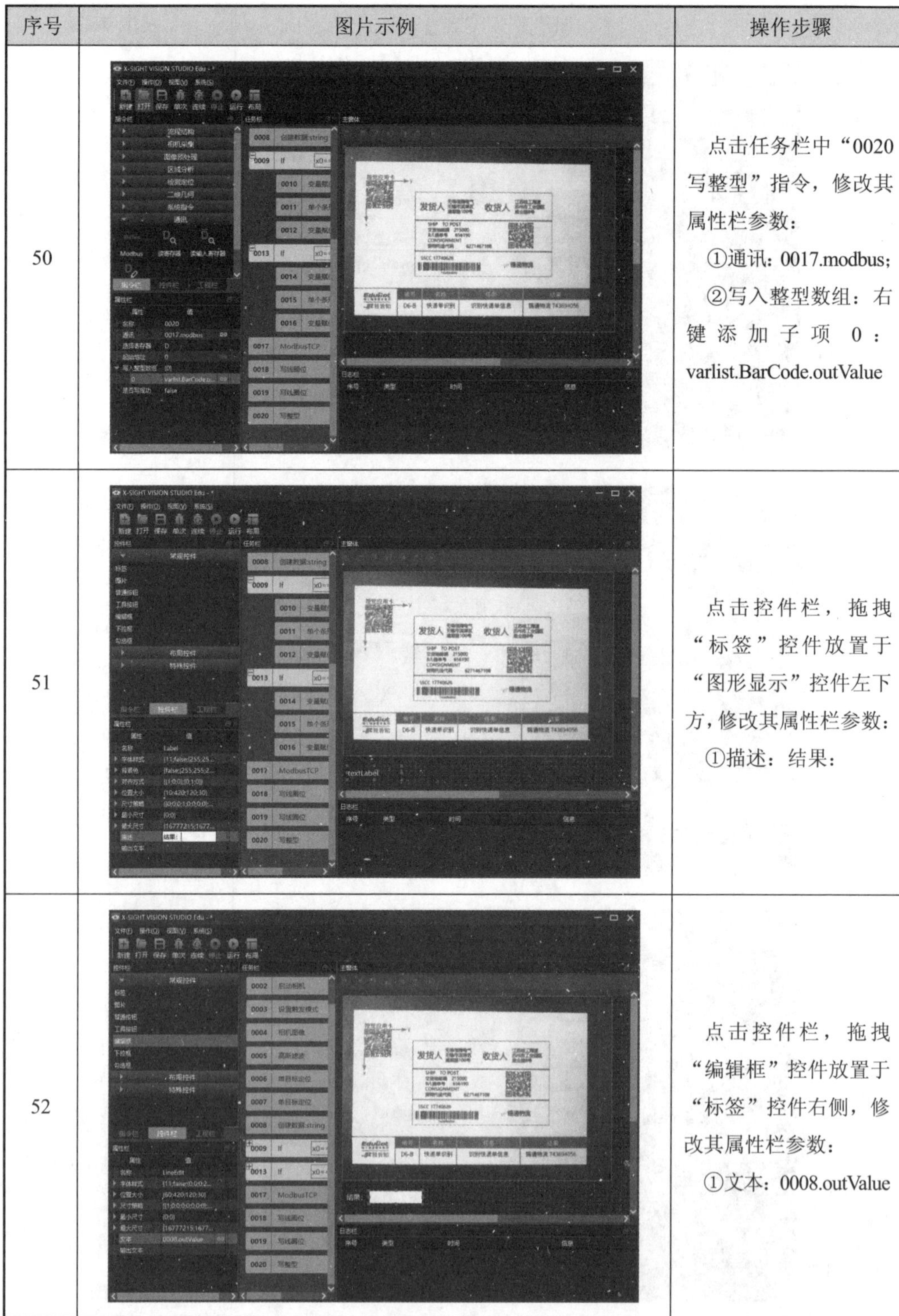

序号	图片示例	操作步骤
50		点击任务栏中“0020 写整型”指令，修改其属性栏参数： ①通讯：0017.modbus； ②写入整型数组：右键添加子项 0：varlist.BarCode.outValue
51		点击控件栏，拖拽“标签”控件放置于“图形显示”控件左下方，修改其属性栏参数： ①描述：结果：
52		点击控件栏，拖拽“编辑框”控件放置于“标签”控件右侧，修改其属性栏参数： ①文本：0008.outValue

续表 9.8

序号	图片示例	操作步骤
53	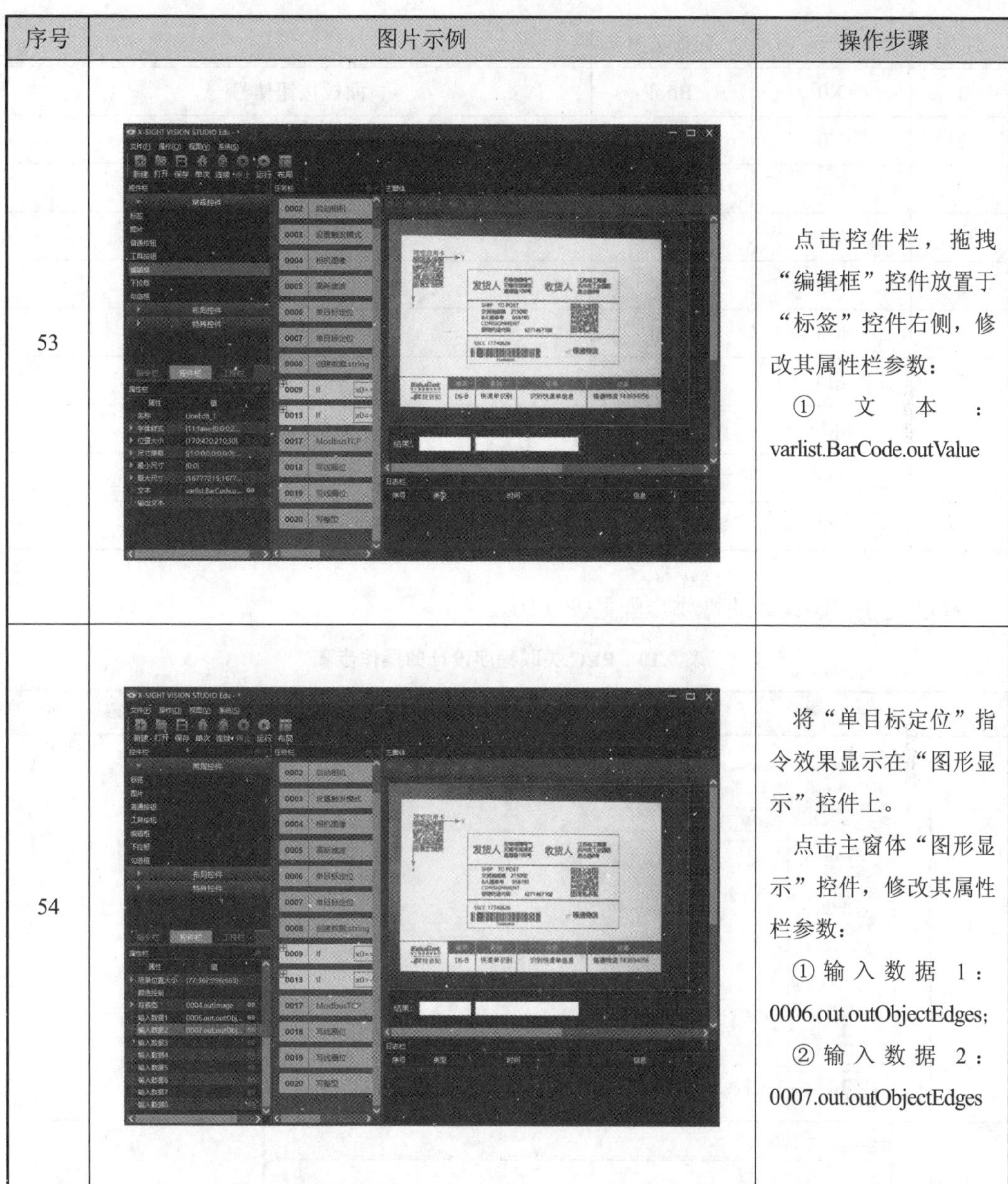	点击控件栏，拖拽“编辑框”控件放置于“标签”控件右侧，修改其属性栏参数： ① 文本：varlist.BarCode.outValue
54		将“单目标定位”指令效果显示在“图形显示”控件上。 点击主窗体“图形显示”控件，修改其属性栏参数： ① 输入数据 1：0006.out.outObjectEdges; ② 输入数据 2：0007.out.outObjectEdges

9.4.4 关联程序设计

在完成主体程序设计后需设计关联程序，关联程序设计分为 2 个部分：PLC 程序设计和触摸屏程序设计。

1. PLC 程序设计

PLC 程序编写之前首先建立变量表，见表 9.9。

表 9.9　变量表

序号	变量	数据类型	注　释
1	X0	Bool	面板按钮信号
2	Y0	Bool	相机 Trigger 信号
3	M0	Bool	品牌判断
4	M1	Bool	触摸屏按钮信号
5	M2	Bool	苏通物流
6	M3	Bool	锡通物流
7	M4	Bool	品牌判断
8	SM0	Bool	内部标志位
9	D0	Word	PLC 接收相机发送数据（条形码文本信息）
10	D2	Word	触摸屏接收 PLC 数据（条形码文本信息）

PLC 关联程序设计的操作步骤见表 9.10。

表 9.10　PLC 关联程序设计的操作步骤

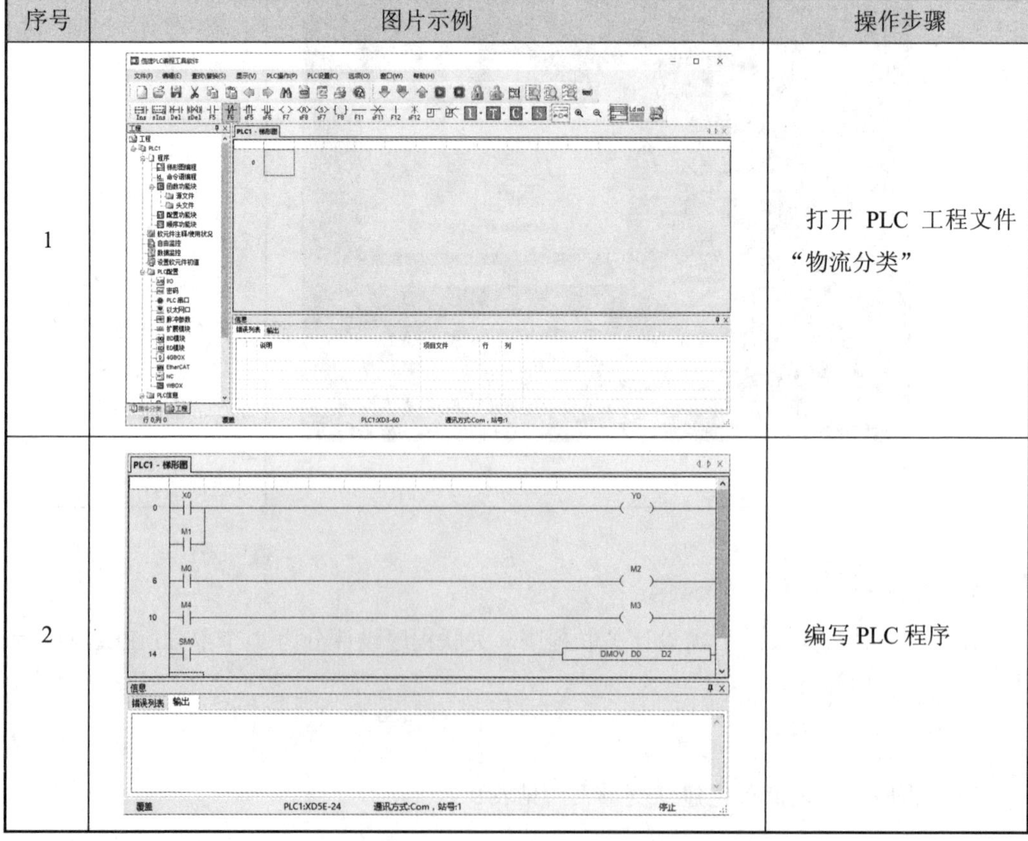

序号	图片示例	操作步骤
1		打开 PLC 工程文件“物流分类”
2		编写 PLC 程序

2. 触摸屏关联程序设计

触摸屏关联程序设计的操作步骤见表 9.11。

表 9.11　触摸屏关联程序设计的操作步骤

序号	图片示例	操作步骤
1		打开触摸屏工程文件“细胞检测”并添加背景图片
2	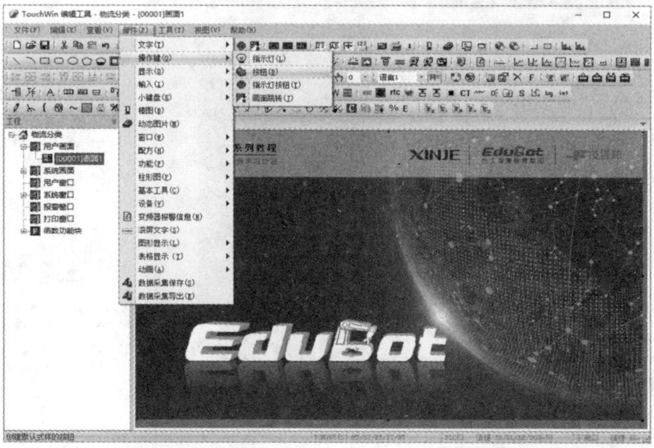	放置“按钮”（M1）用来触发相机 Trigger 信号。 触摸屏关联程序创建完成，点击菜单栏中“部件”→“操作键”→“按钮”
3	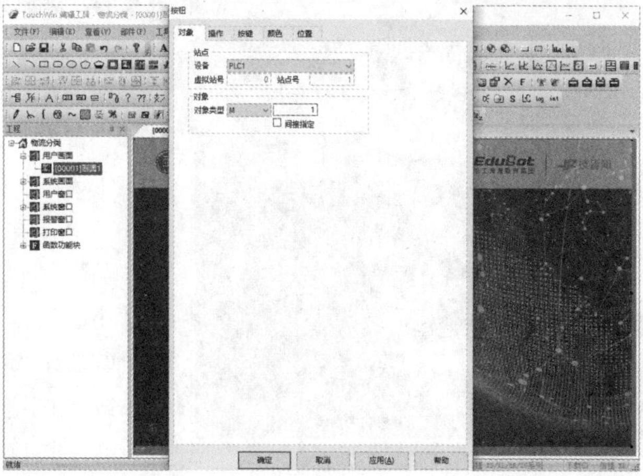	在“按钮”窗口中，修改“按钮”属性： ①选择“对象”栏，设备类型：PLC1，对象类型：M1； ②选择“操作”栏，按钮动作：瞬时 ON； ③选择“按键”栏，文字由“ON”修改为“拍照”； ④点击【确定】按钮

续表 9.11

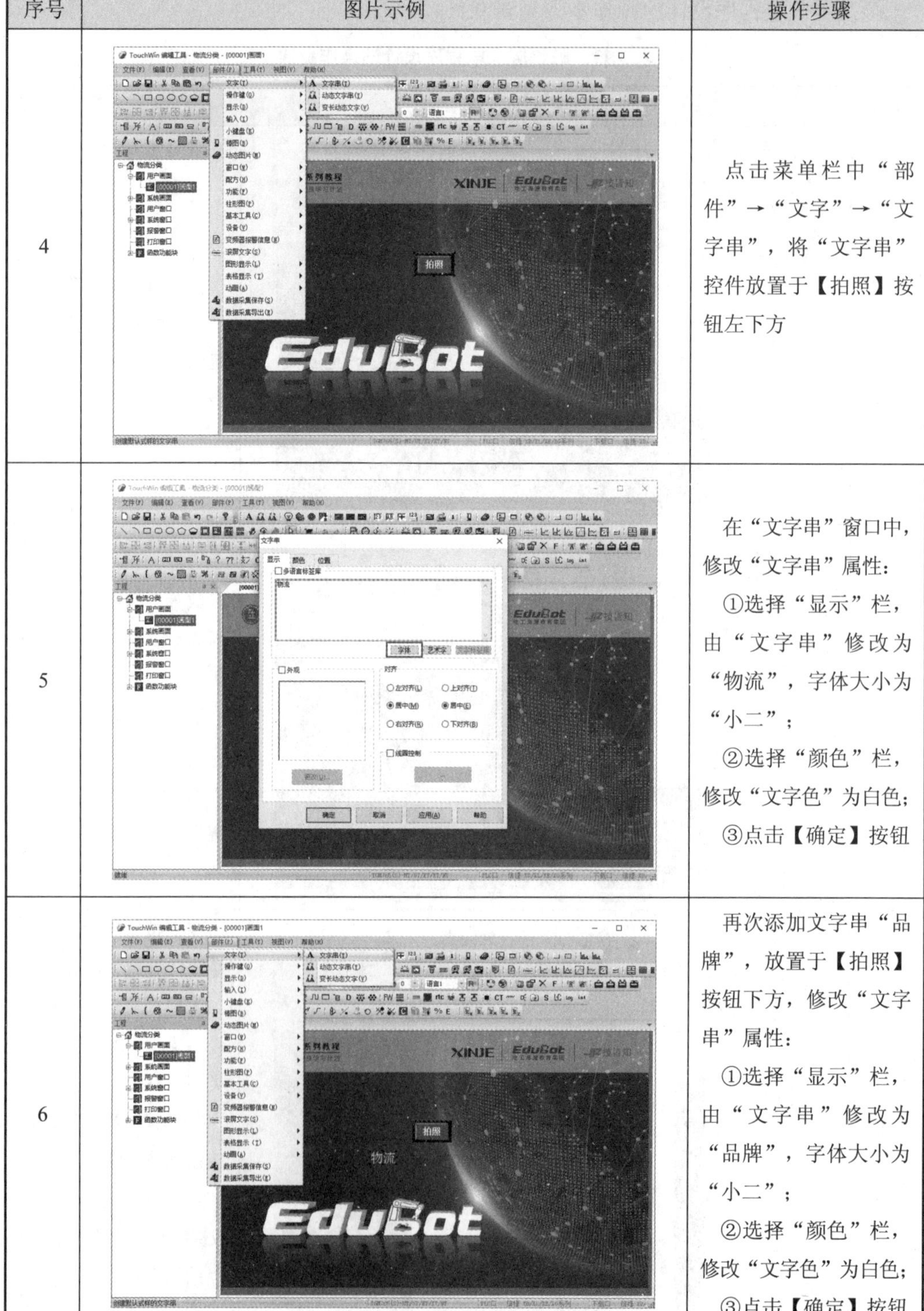

序号	图片示例	操作步骤
4		点击菜单栏中“部件”→“文字”→“文字串”，将“文字串”控件放置于【拍照】按钮左下方
5		在“文字串”窗口中，修改“文字串”属性： ①选择“显示”栏，由“文字串”修改为“物流”，字体大小为“小二”； ②选择“颜色”栏，修改“文字色”为白色； ③点击【确定】按钮
6		再次添加文字串“品牌”，放置于【拍照】按钮下方，修改“文字串”属性： ①选择“显示”栏，由“文字串”修改为“品牌”，字体大小为“小二”； ②选择“颜色”栏，修改“文字色”为白色； ③点击【确定】按钮

续表 9.11

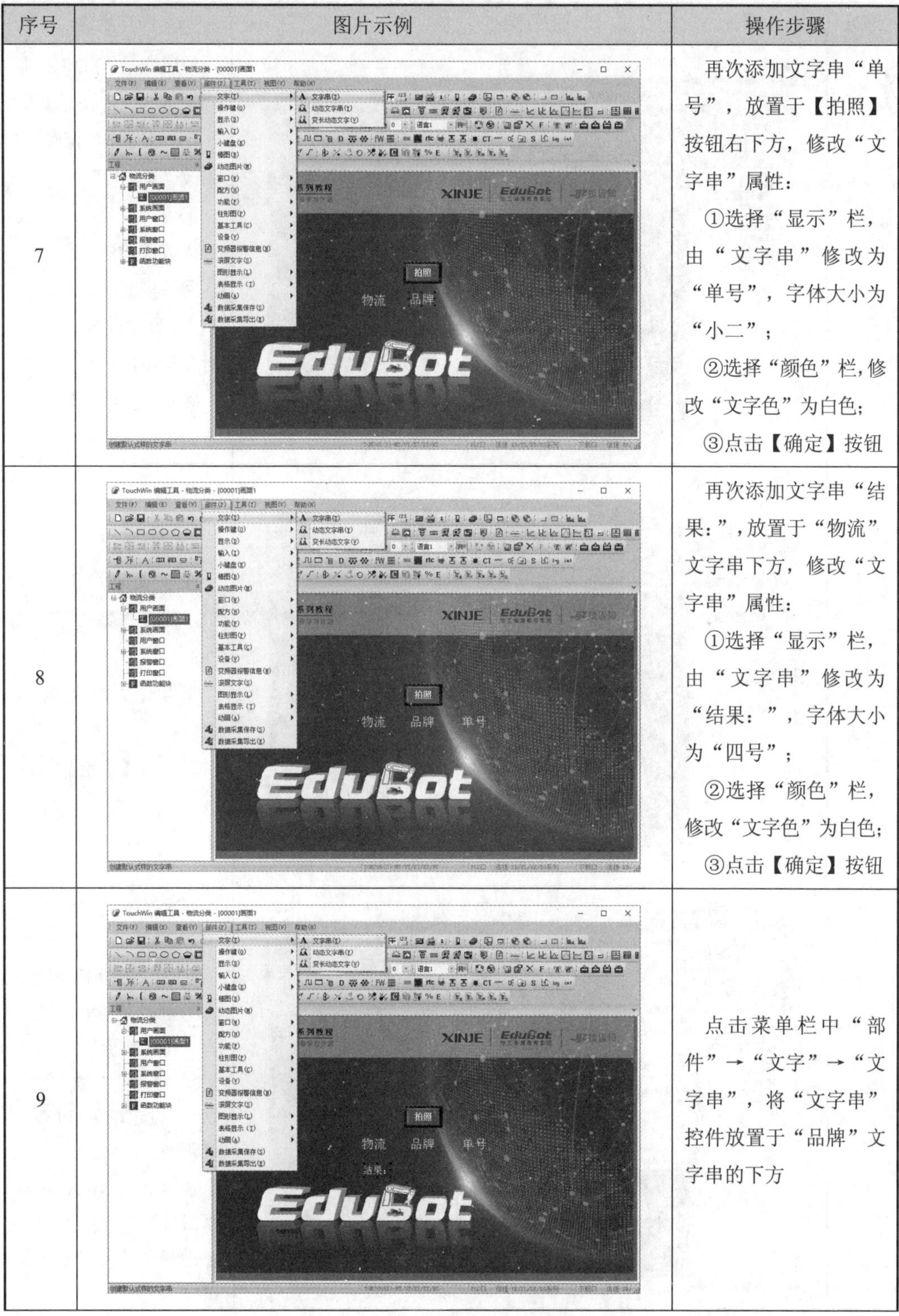

序号	图片示例	操作步骤
7		再次添加文字串“单号”，放置于【拍照】按钮右下方，修改“文字串”属性： ①选择“显示”栏，由“文字串”修改为“单号”，字体大小为“小二”； ②选择“颜色”栏，修改“文字色”为白色； ③点击【确定】按钮
8		再次添加文字串“结果:”，放置于“物流”文字串下方，修改“文字串”属性： ①选择“显示”栏，由“文字串”修改为“结果：”，字体大小为“四号”； ②选择“颜色”栏，修改“文字色”为白色； ③点击【确定】按钮
9		点击菜单栏中“部件”→“文字”→“文字串”，将“文字串”控件放置于“品牌”文字串的下方

续表 9.11

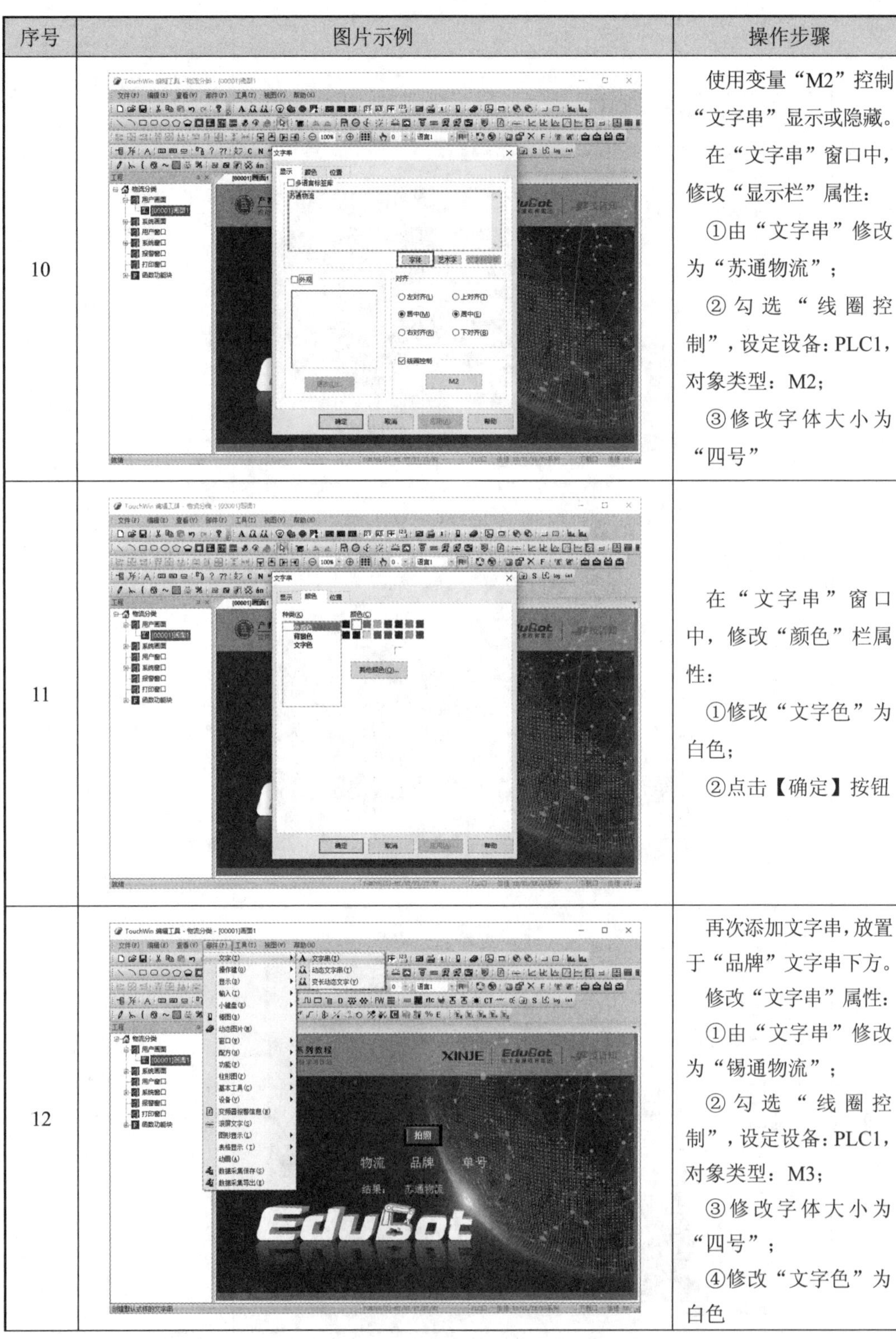

序号	图片示例	操作步骤
10		使用变量“M2”控制“文字串”显示或隐藏。 在“文字串”窗口中，修改“显示栏”属性： ①由“文字串”修改为“苏通物流”； ②勾选“线圈控制”，设定设备：PLC1，对象类型：M2； ③修改字体大小为“四号”
11		在“文字串”窗口中，修改“颜色”栏属性： ①修改“文字色”为白色； ②点击【确定】按钮
12		再次添加文字串，放置于“品牌”文字串下方。 修改“文字串”属性： ①由“文字串”修改为“锡通物流”； ②勾选“线圈控制”，设定设备：PLC1，对象类型：M3； ③修改字体大小为“四号”； ④修改“文字色”为白色

续表 9.11

序号	图片示例	操作步骤
13	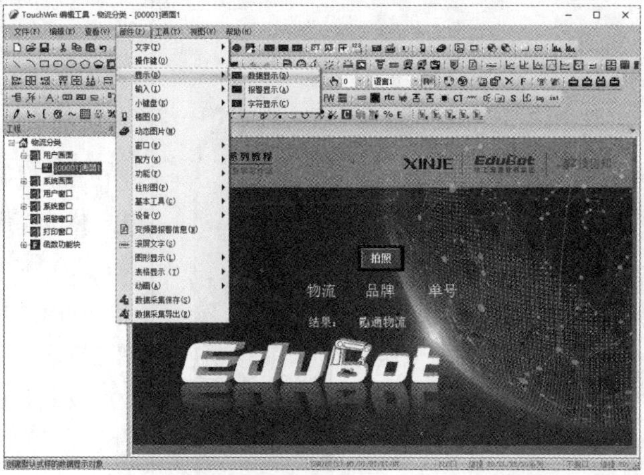	添加“数据显示”控件，显示条形码文本信息（即物流单号）。 点击菜单栏中“部件”→“显示”→“数据显示”，将“数据显示”控件放置于“单号”文字串的下方
14	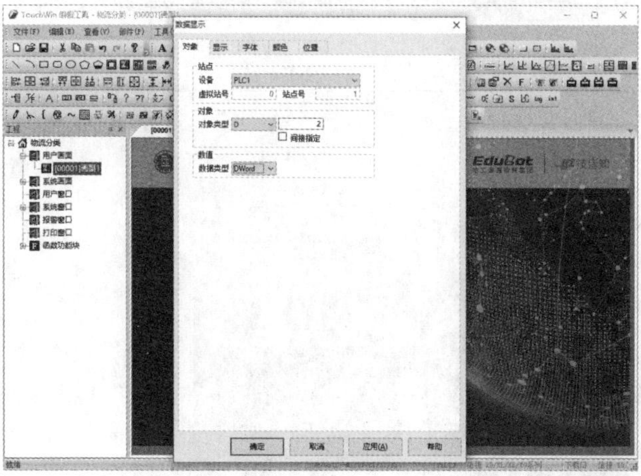	在“数据显示”窗口中，修改“对象”栏参数： ①选择“设备”型号为“PLC1”； ②选择“对象”类型为“D2”； ③数据类型：DWord
15	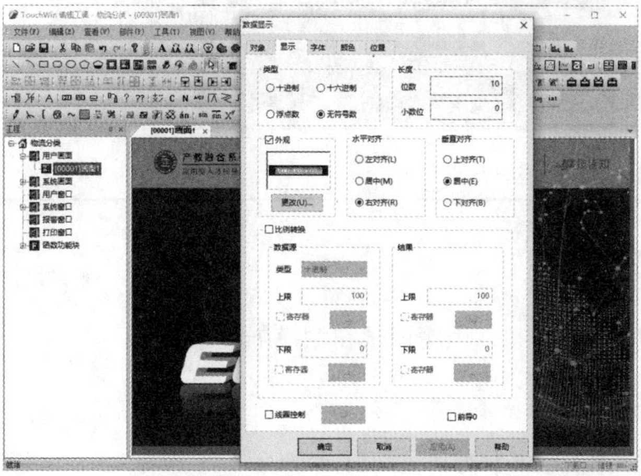	在“数据显示”窗口中，修改“显示”栏参数： ①修改“长度”中的“位数”为 10

续表 9.11

序号	图片示例	操作步骤
16	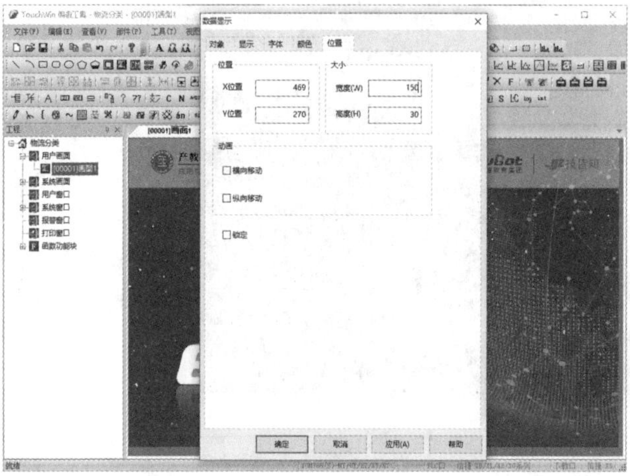	在“数据显示”窗口中，修改“位置”栏参数： ①修改“大小”中的“宽度”为 150； ②点击【确定】按钮
17		画面绘制完成

9.4.5 项目程序调试

程序调试分为相机程序调试、PLC 程序调试和触摸屏程序调试。

1. 相机程序调试

相机程序调试的操作步骤见表 9.12。

表 9.12　相机程序调试的操作步骤

序号	图片示例	操作步骤
1	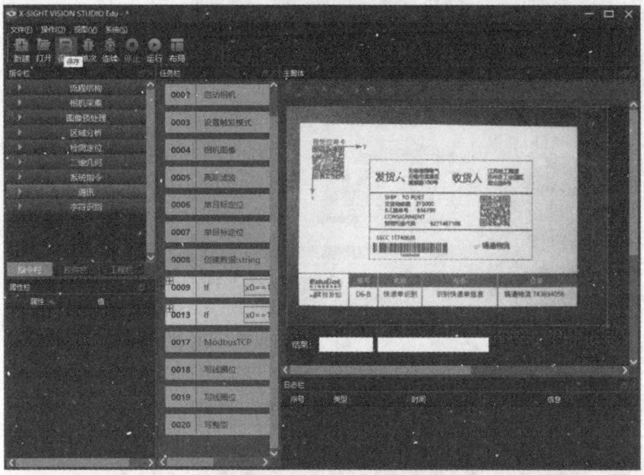	点击界面左上方【保存】按钮，保存当前工程
2	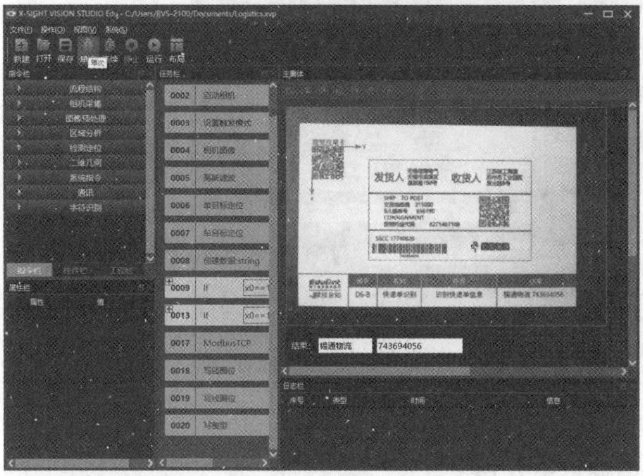	点击界面左上方【单次】或者【连续】按钮，调试检查程序有无异常
3	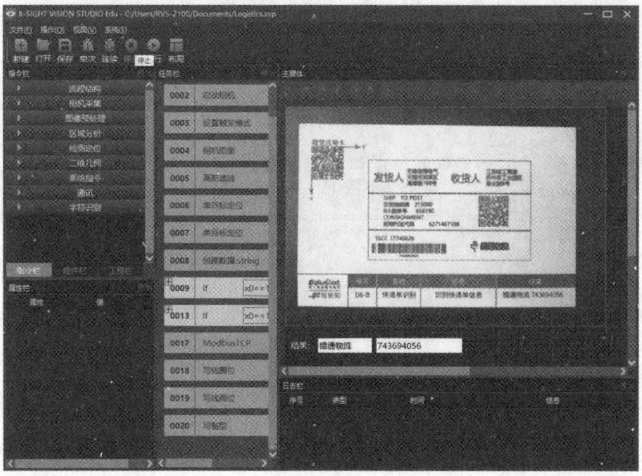	点击界面左上方【停止】按钮，停止程序运行并释放相机资源

续表 9.12

序号	图片示例	操作步骤
4	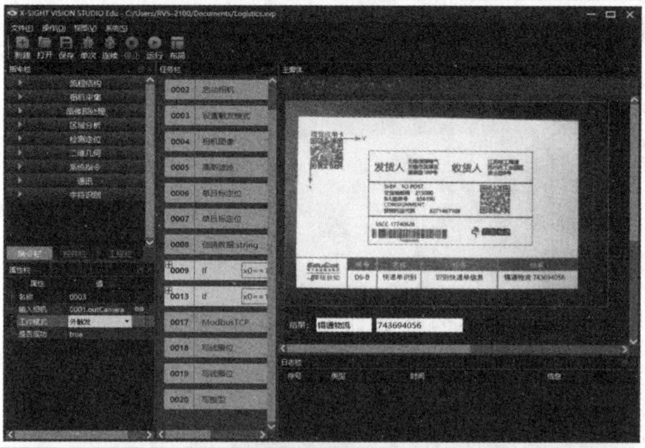	修改相机采集图像模式为面板按钮触发，点击任务栏中“0003 设置触发模式”指令，修改其属性栏参数： ①工作模式：外触发
5	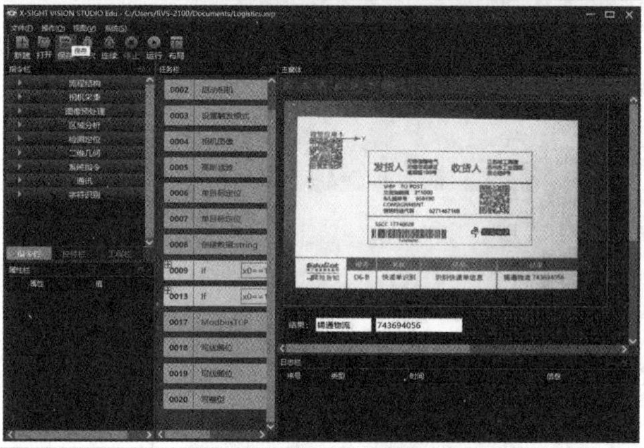	点击界面左上方【保存】按钮，保存当前工程

2. PLC 程序调试

PLC 程序调试的操作步骤见表 9.13。

表 9.13　PLC 程序调试的操作步骤

序号	图片示例	操作步骤
1	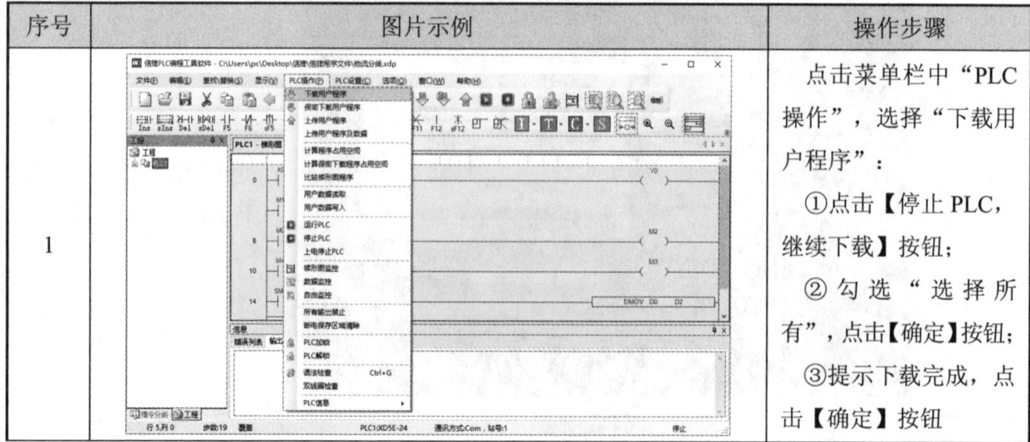	点击菜单栏中“PLC 操作”，选择“下载用户程序”： ①点击【停止 PLC，继续下载】按钮； ②勾选“选择所有”，点击【确定】按钮； ③提示下载完成，点击【确定】按钮

续表 9.13

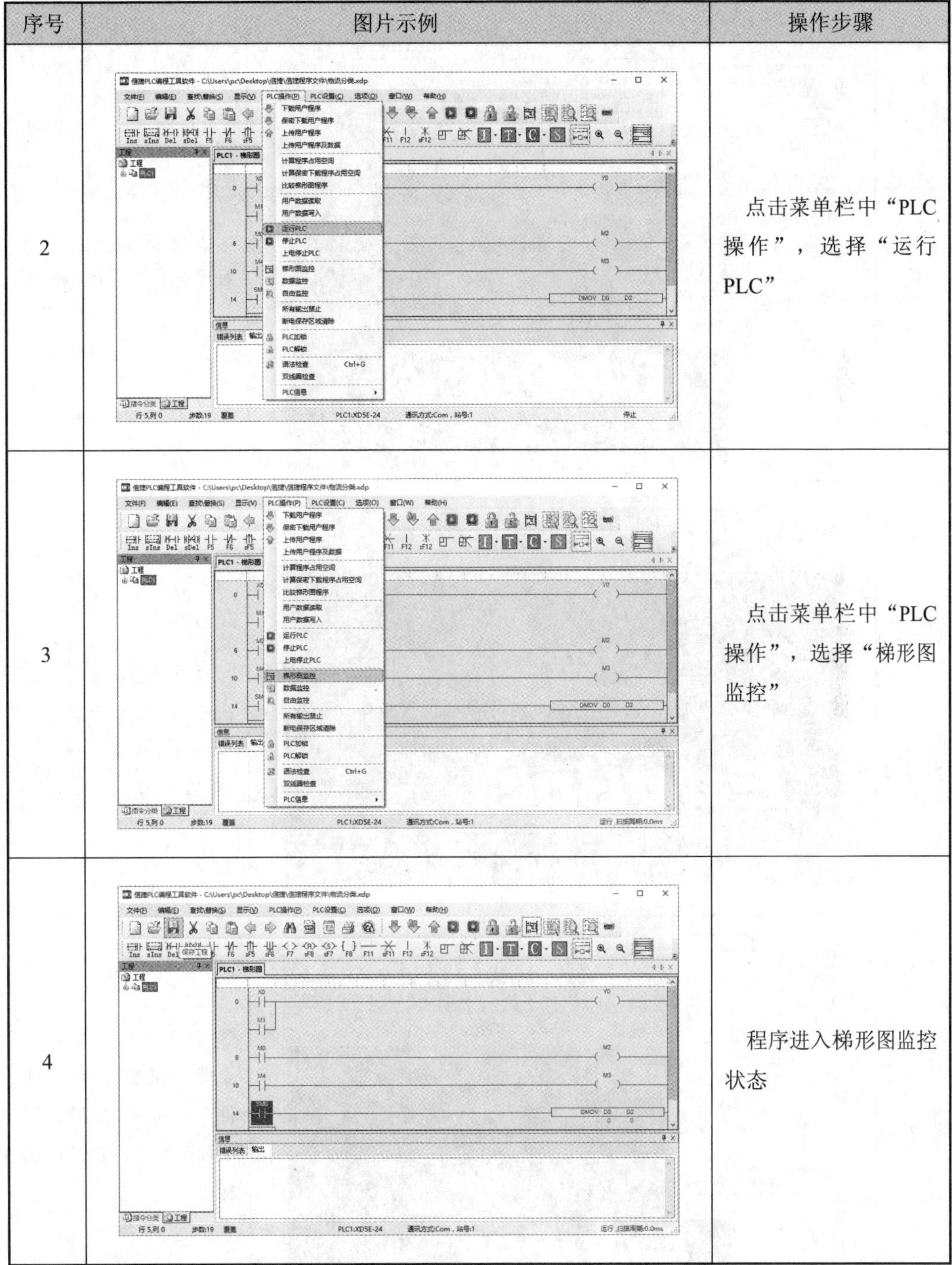

序号	图片示例	操作步骤
2		点击菜单栏中“PLC 操作”，选择“运行 PLC”
3		点击菜单栏中“PLC 操作”，选择“梯形图监控”
4		程序进入梯形图监控状态

3. 触摸屏程序调试

触摸屏程序调试的操作步骤见表 9.14。

表 9.14　触摸屏程序调试的操作步骤

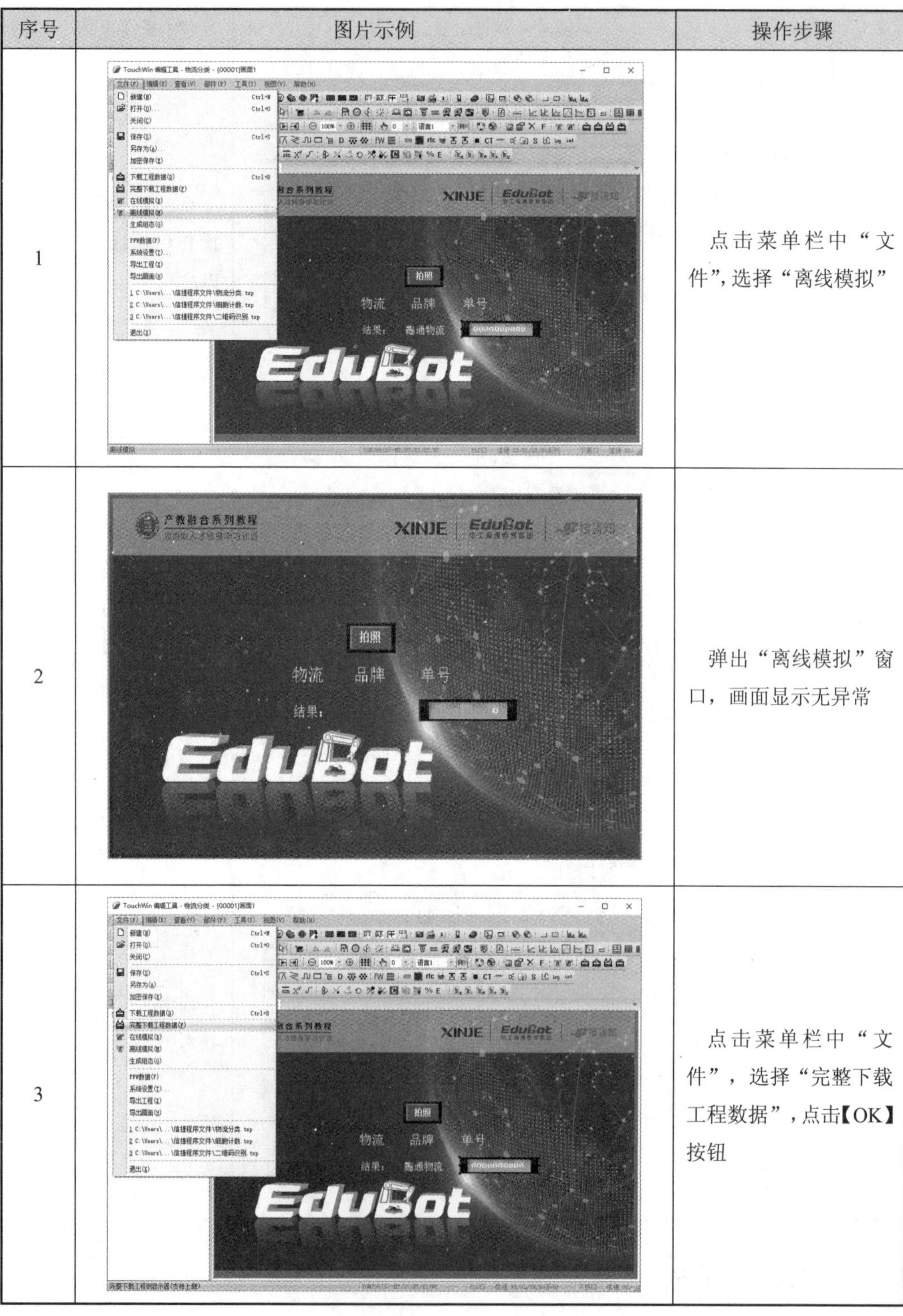

序号	图片示例	操作步骤
1		点击菜单栏中“文件”，选择“离线模拟”
2		弹出“离线模拟”窗口，画面显示无异常
3		点击菜单栏中“文件”，选择“完整下载工程数据”，点击【OK】按钮

9.4.6　项目总体运行

程序运行的具体操作步骤见表 9.15。

表 9.15　程序运行的操作步骤

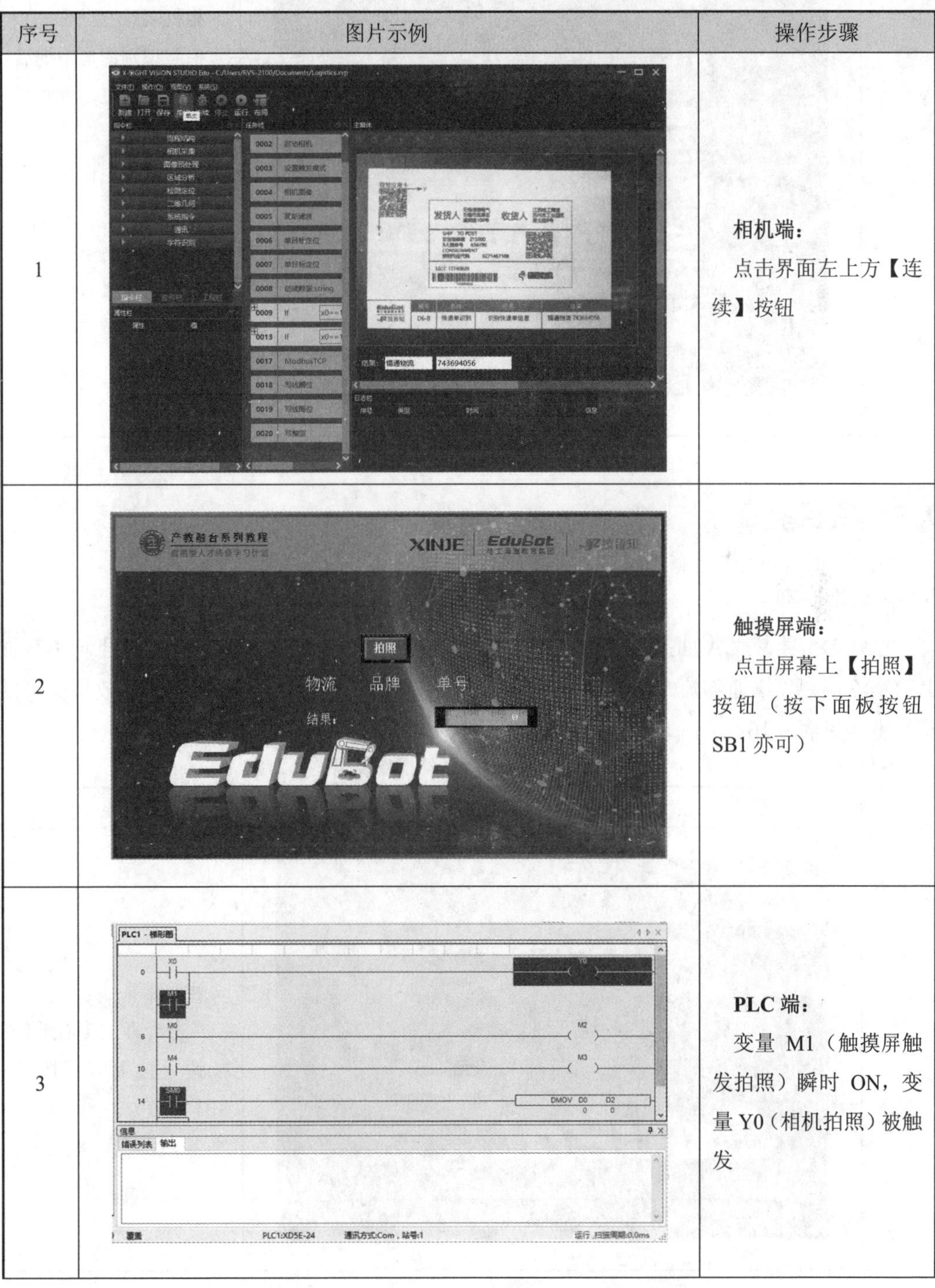

序号	图片示例	操作步骤
1		**相机端：** 点击界面左上方【连续】按钮
2		**触摸屏端：** 点击屏幕上【拍照】按钮（按下面板按钮 SB1 亦可）
3		**PLC 端：** 变量 M1（触摸屏触发拍照）瞬时 ON，变量 Y0（相机拍照）被触发

续表 9.15

序号	图片示例	操作步骤
4	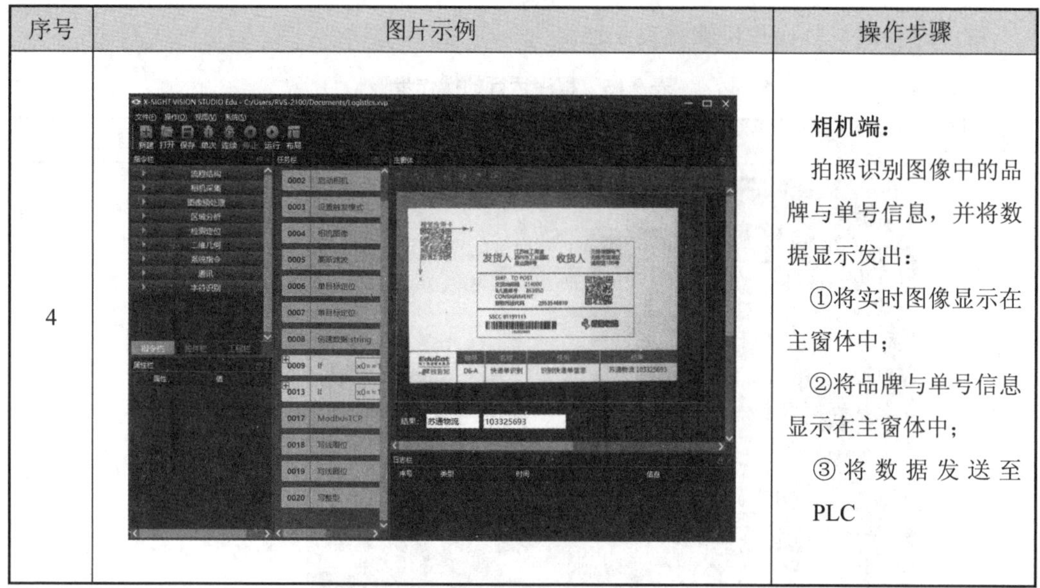	**相机端：** 拍照识别图像中的品牌与单号信息，并将数据显示发出： ①将实时图像显示在主窗体中； ②将品牌与单号信息显示在主窗体中； ③将数据发送至PLC

9.5　项目验证

9.5.1　效果验证

已知 D6 号卡片 A 面上的物流信息“苏通物流（单号 103325963）”，D6 号卡片 B 面上的物流信息“锡通物流（单号 743694056）”，基于定位检测的物流分类项目效果验证的操作步骤见表 9.16。

表 9.16　效果验证的操作步骤

序号	图片示例	操作步骤
1	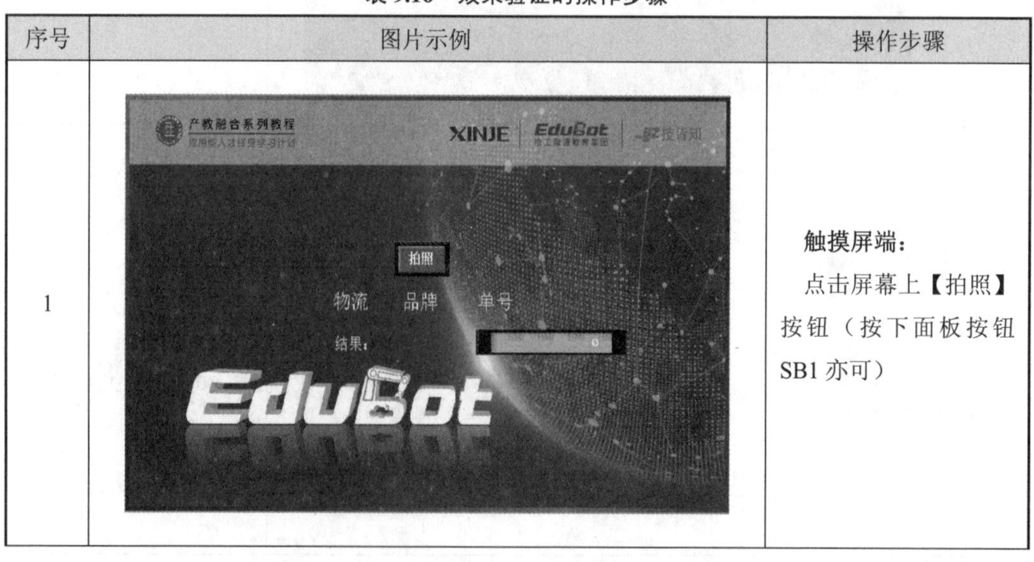	**触摸屏端：** 点击屏幕上【拍照】按钮（按下面板按钮 SB1 亦可）

续表 9.16

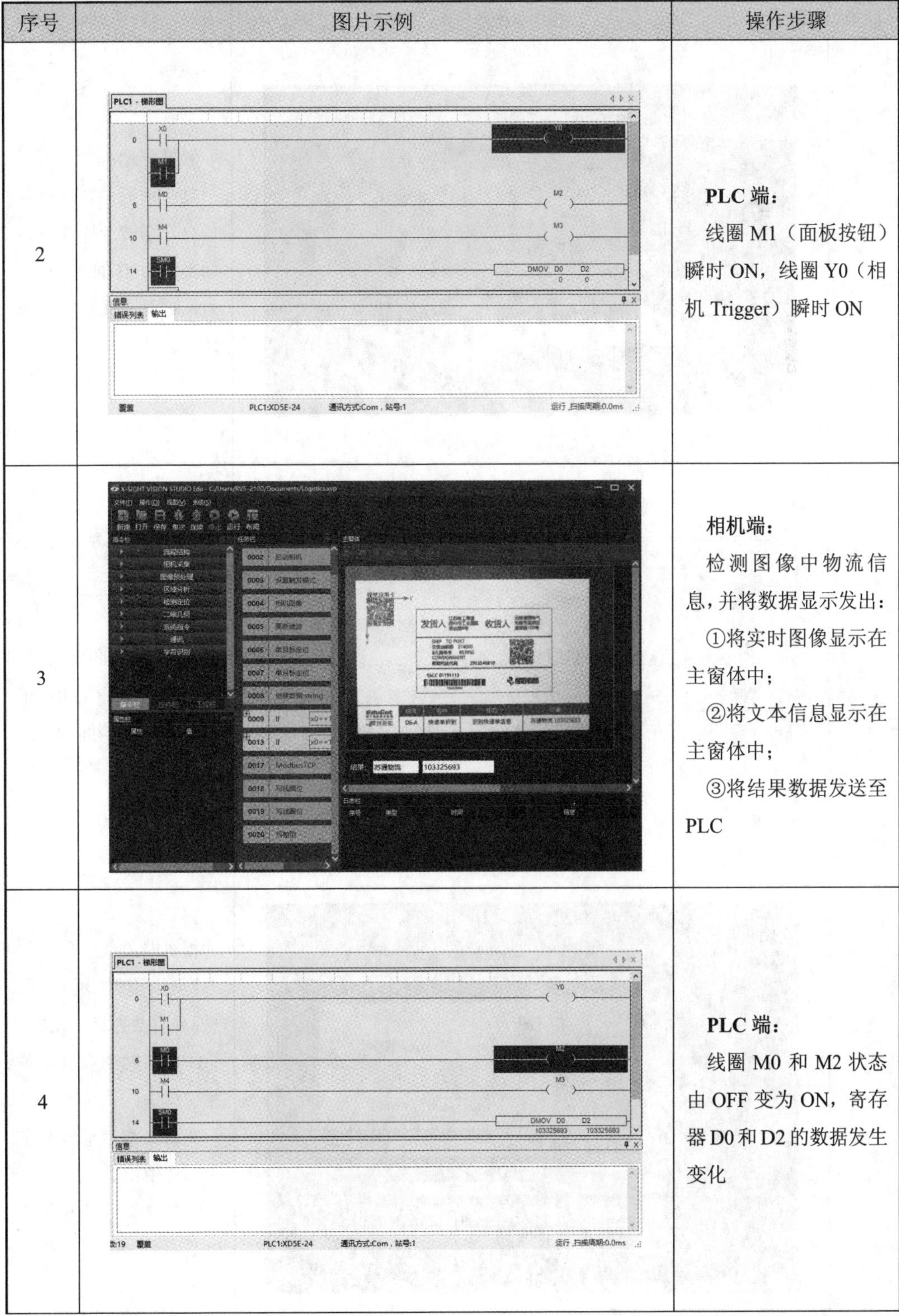

序号	图片示例	操作步骤
2		**PLC 端：** 线圈 M1（面板按钮）瞬时 ON，线圈 Y0（相机 Trigger）瞬时 ON
3		**相机端：** 检测图像中物流信息，并将数据显示发出： ①将实时图像显示在主窗体中； ②将文本信息显示在主窗体中； ③将结果数据发送至 PLC
4		**PLC 端：** 线圈 M0 和 M2 状态由 OFF 变为 ON，寄存器 D0 和 D2 的数据发生变化

续表 9.16

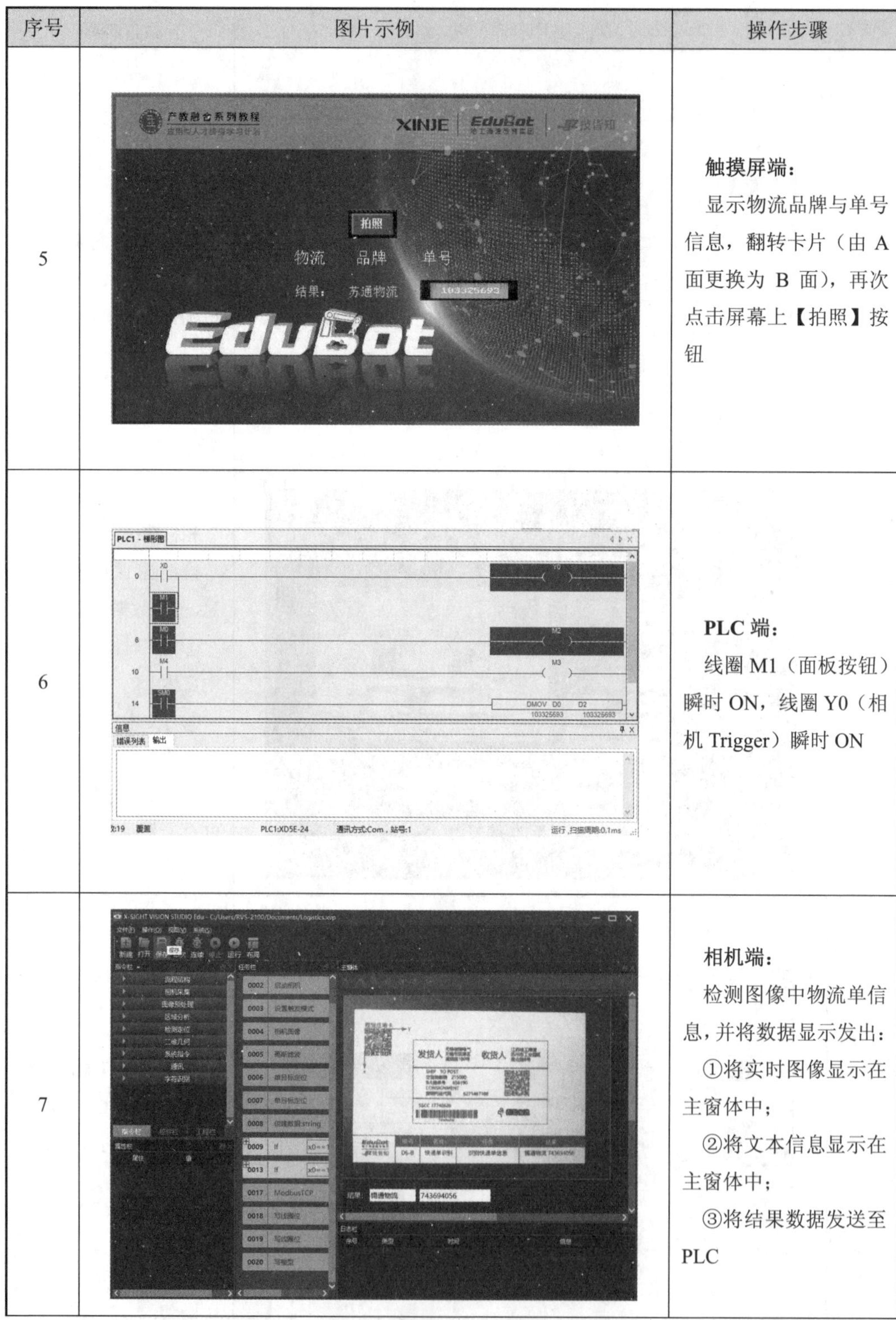

序号	图片示例	操作步骤
5		**触摸屏端：** 显示物流品牌与单号信息，翻转卡片（由 A 面更换为 B 面），再次点击屏幕上【拍照】按钮
6		**PLC 端：** 线圈 M1（面板按钮）瞬时 ON，线圈 Y0（相机 Trigger）瞬时 ON
7		**相机端：** 检测图像中物流单信息，并将数据显示发出： ①将实时图像显示在主窗体中； ②将文本信息显示在主窗体中； ③将结果数据发送至 PLC

续表 9.16

序号	图片示例	操作步骤
8	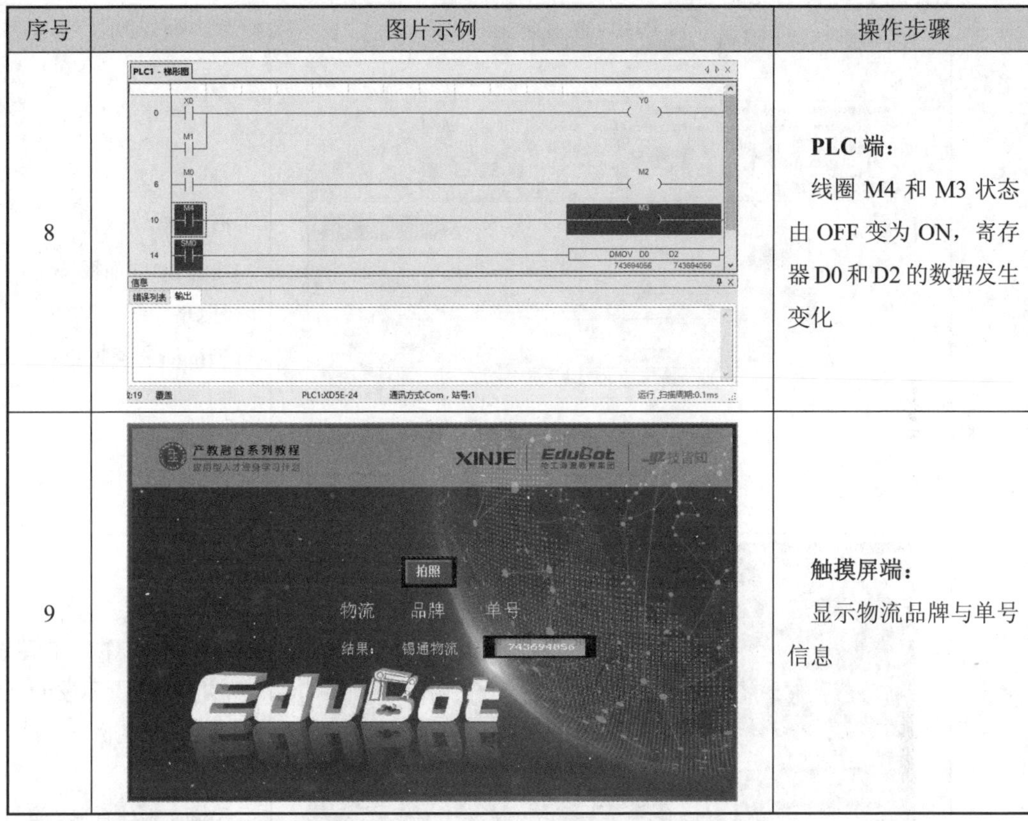	**PLC 端：** 线圈 M4 和 M3 状态由 OFF 变为 ON，寄存器 D0 和 D2 的数据发生变化
9		**触摸屏端：** 显示物流品牌与单号信息

9.5.2　数据验证

已知 D6 号卡片 A 面上的物流信息“苏通物流（单号 103325963）”，D6 号卡片 B 面上的物流信息“锡通物流（单号 743694056）”，基于定位检测的物流分类项目数据验证的操作步骤见表 9.17。

表 9.17　数据验证的操作步骤

序号	图片示例	操作步骤
1		**触摸屏端：** 点击屏幕上【拍照】按钮（按下面板按钮 SB1 亦可）

续表 9.17

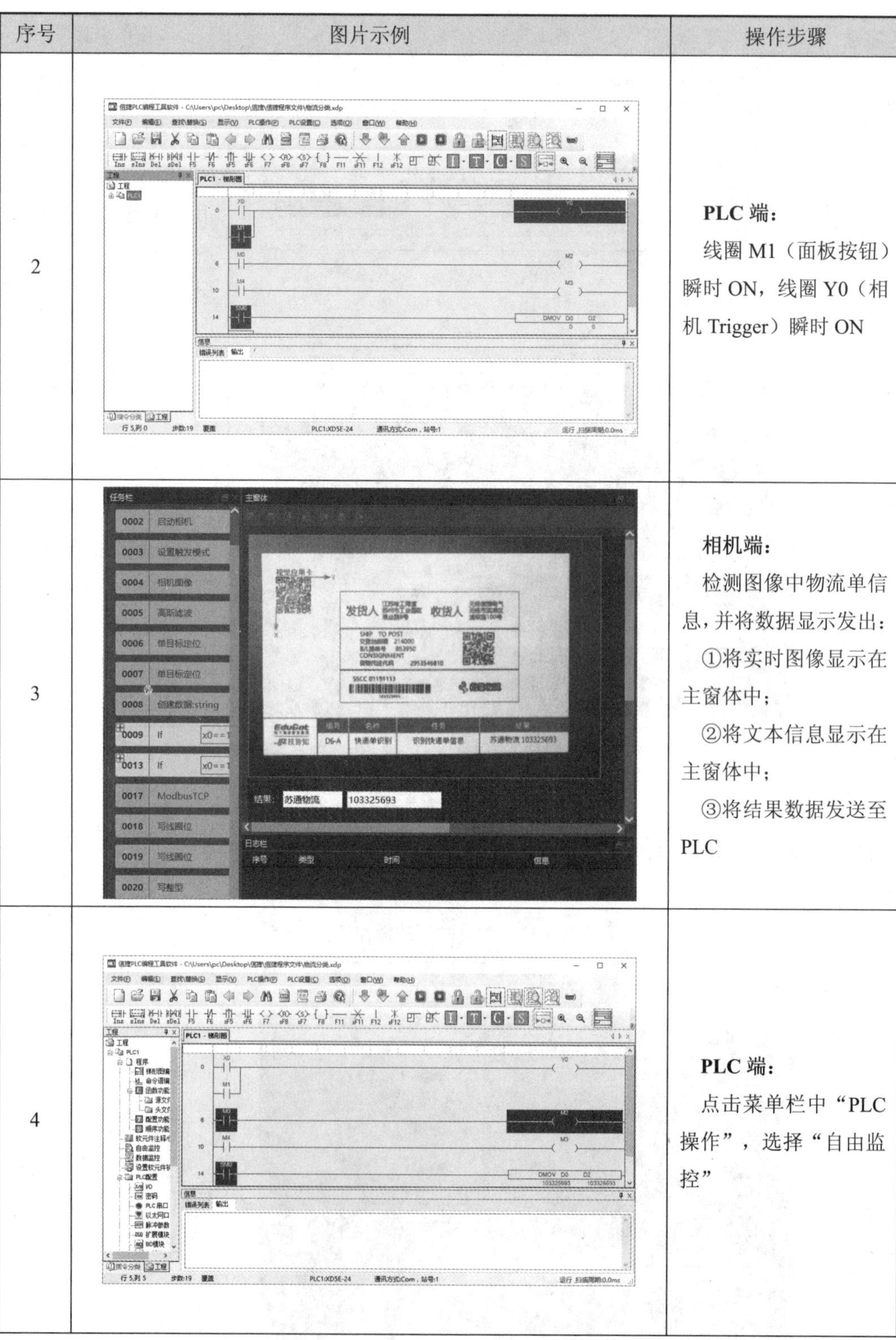

序号	图片示例	操作步骤
2		**PLC 端：** 线圈 M1（面板按钮）瞬时 ON，线圈 Y0（相机 Trigger）瞬时 ON
3		**相机端：** 检测图像中物流单信息，并将数据显示发出： ①将实时图像显示在主窗体中； ②将文本信息显示在主窗体中； ③将结果数据发送至 PLC
4		**PLC 端：** 点击菜单栏中“PLC 操作”，选择“自由监控”

续表 9.17

序号	图片示例	操作步骤
5	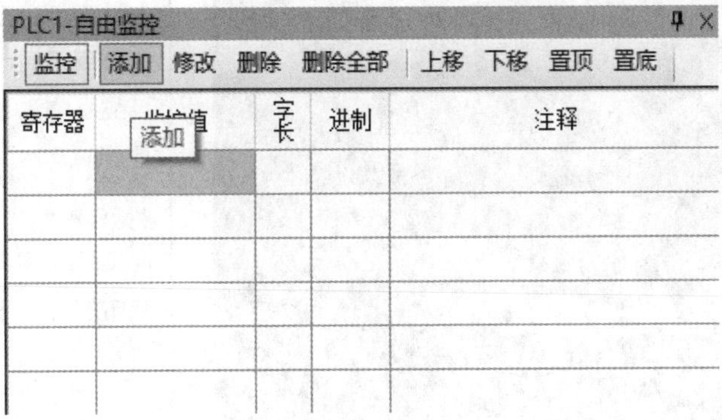 PLC1-自由监控 监控 添加 修改 删除 删除全部 上移 下移 置顶 置底 寄存器 监控值 字长 进制 注释	**PLC 端：** 选择"PLC1-自由监控"窗口，点击【添加】按钮
6	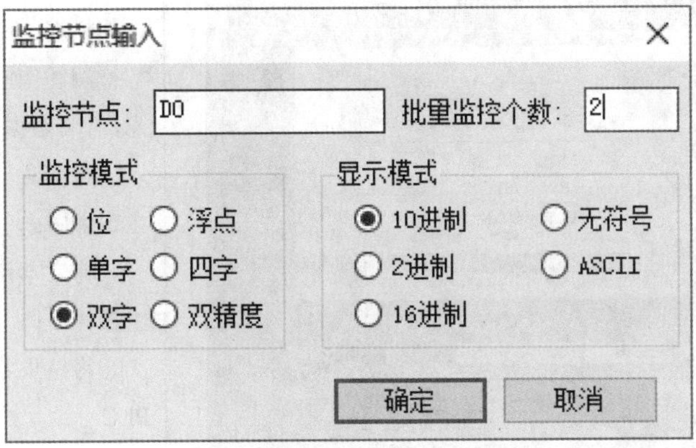 监控节点输入 监控节点：D0 批量监控个数：2 监控模式：位 浮点 单字 四字 双字 双精度 显示模式：10进制 无符号 2进制 ASCII 16进制 确定 取消	**PLC 端：** 选择"监控节点输入"窗口，修改其参数： ①监控节点：D0 ②批量监控个数：2 ③监控模式：双字 ④点击【确定】按钮
7	 PLC1-自由监控 监控 添加 修改 删除 删除全部 上移 下移 置顶 置底 寄存器 监控值 字长 进制 注释 D0 103325693 双字 10进制 D2 103325693 双字 10进制	**PLC 端：** 在"PLC1-自由监控"窗口中，查看寄存器 D0 与 D2 的实时数值（与相机主窗体数据相同）

续表 9.17

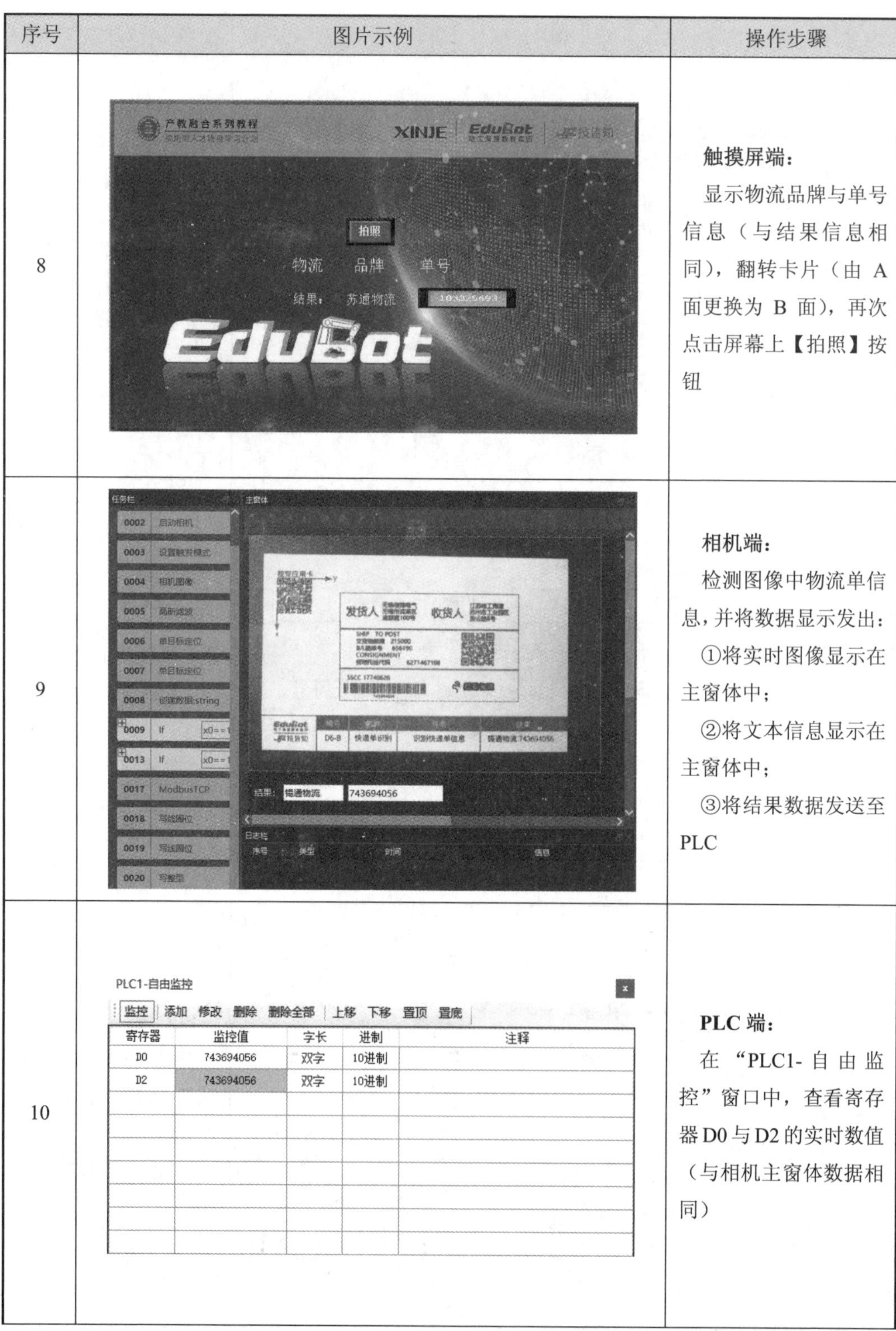

序号	图片示例	操作步骤
8		**触摸屏端：** 显示物流品牌与单号信息（与结果信息相同），翻转卡片（由 A 面更换为 B 面），再次点击屏幕上【拍照】按钮
9		**相机端：** 检测图像中物流单信息，并将数据显示发出： ①将实时图像显示在主窗体中； ②将文本信息显示在主窗体中； ③将结果数据发送至 PLC
10		**PLC 端：** 在“PLC1- 自由监控”窗口中，查看寄存器 D0 与 D2 的实时数值（与相机主窗体数据相同）

续表 9.17

序号	图片示例	操作步骤
11	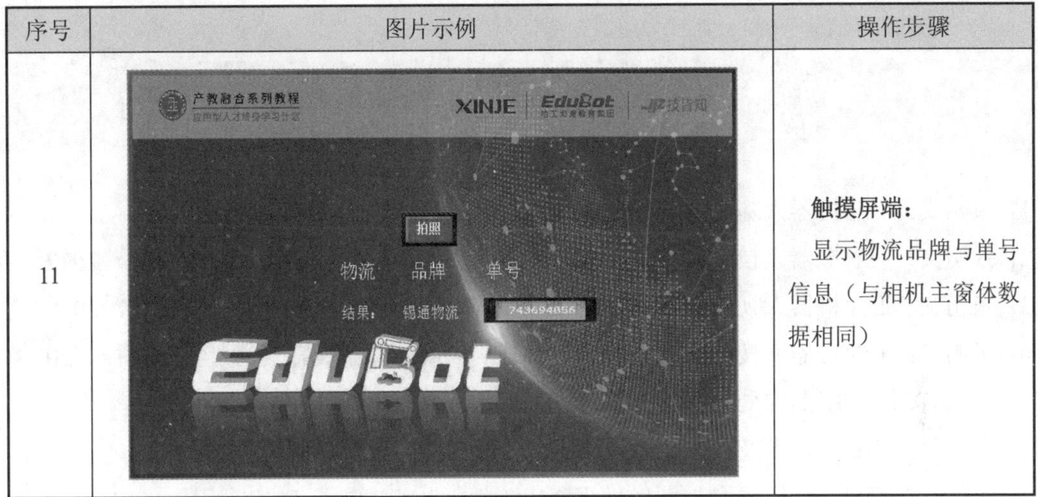	**触摸屏端：** 显示物流品牌与单号信息（与相机主窗体数据相同）

9.6　项目总结

项目评价见表 9.18。

表 9.18　项目评价表

项目指标		分值	自评	互评	评分说明
项目分析	1. 硬件架构分析	6			
	2. 软件架构分析	6			
	3. 项目流程分析	6			
项目要点	1. 高斯模糊	8			
	2. 条形码	8			
项目步骤	1. 应用系统连接	8			
	2. 应用系统配置	8			
	3. 主体程序设计	8			
	4. 关联程序设计	8			
	5. 项目程序调试	8			
	6. 项目运行调试	8			
项目验证	1. 效果验证	9			
	2. 数据验证	9			
合计		100			

参考文献

[1] 张明文. 工业机器人基础与应用[M]. 北京：机械工业出版社，2018.

[2] 张明文. 工业机器人技术基础及应用[M]. 哈尔滨：哈尔滨工业大学出版社，2017.

[3] 张明文. 工业机器人视觉技术及应用[M]. 哈尔滨：哈尔滨工业大学出版社，2019.

[4] 张明文. 工业机器人技术人才培养方案[M]. 哈尔滨：哈尔滨工业大学出版社，2017.

[5] 冈萨雷斯. 数字图像处理[M]. 3 版. 北京：电子工业出版社，2017.

[6] 张宪民. 机器人技术及其应用[M]. 2 版. 北京：机械工业出版，2017.

[7] 实英，杨高波. 特征提取与图像处理[M]. 2 版. 北京：电子工业出版社，2010.

[8] 无锡信捷电气股份有限公司. X-SIGHT VISION STUDIO 视觉软件用户手册. 无锡信捷电气股份有限公司，2019.

观看教学视频

步骤一

登录“技皆知网”

www.jijiezhi.com

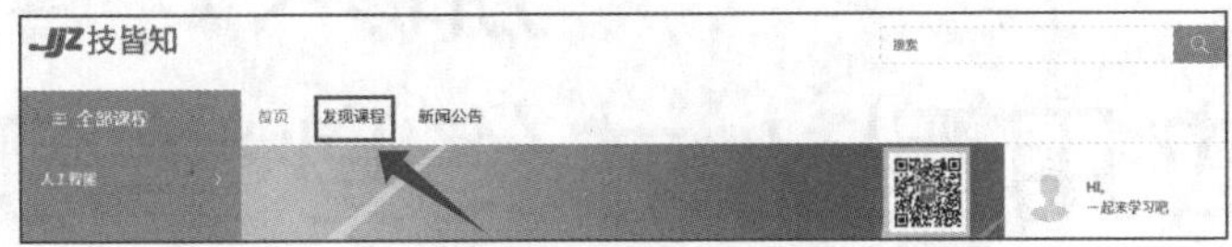

步骤二

搜索教程对应课程

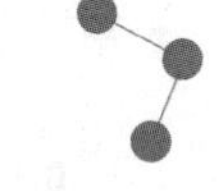

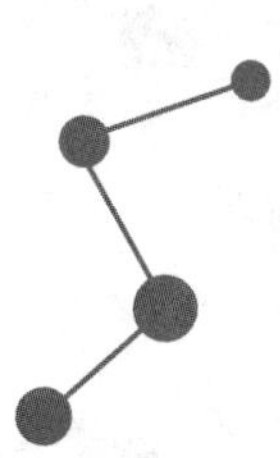

咨询与反馈

尊敬的读者：

感谢您选用我们的教程！

本书有丰富的配套教学资源，凡使用本书作为教程的教师可咨询有关实训装备事宜。在使用过程中，如有任何疑问或建议，可通过电子邮箱（market@jijiezhi.com）或扫描右侧二维码，提交咨询信息。

（书籍购买及反馈表）

加入产教融合
《应用型人才终身学习计划》

—— 越来越多的**企业**加入

Jjz 技皆知

EduBot
哈工海渡教育集团

FESTO

BOZHON 博众

如e定制
RUECUSTOMIZED

…

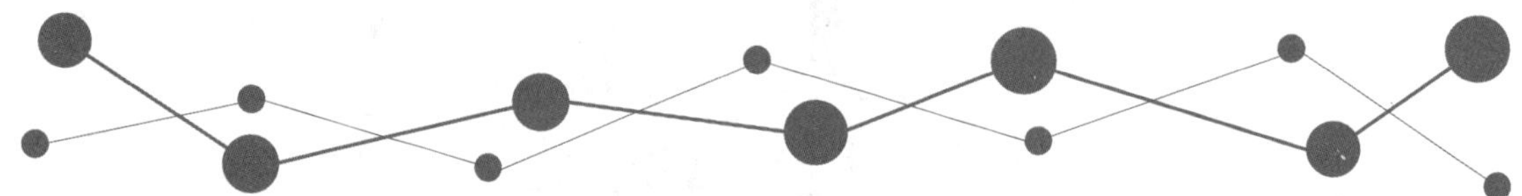

—— 越来越多的**工程师**加入

收获：

- 获得主编席位
- 收获广大读者
- 成为产教融合专家
- 成为行业高技能人才

加入产教融合《应用型人才终身学习计划》

网上购书：www.jijiezhi.com